AF297248

LES
ASSOCIATIONS AGRICOLES

SYNDICATS, COOPÉRATIVES, MUTUALITÉS

ET LES

NOUVELLES LOIS SOCIALES AGRICOLES

PAR

G. LÉCOLLE

PROPRIÉTAIRE-AGRICULTEUR

AVOCAT A LA COUR D'APPEL DE PARIS

Préface de M. le Comte DE ROCQUIGNY
Membre de la Société Nationale d'Agriculture

PARIS

LIBRAIRIE J.-B. BAILLIÈRE ET FILS

19, RUE HAUTEFEUILLE, 19

1912

LES

ASSOCIATIONS AGRICOLES

SYNDICATS, COOPÉRATIVES, MUTUALITÉS

ET LES

NOUVELLES LOIS SOCIALES AGRICOLES

Encyclopédie Agricole

60 volumes in-18 de chacun 400 à 500 pages, illustrés de nombreuses figures.
Chaque volume : broché, **5** fr. ; cartonné, **6** fr.

I. — SCIENCES APPLIQUÉES A L'AGRICULTURE

Botanique agricole...................... MM. Schribaux et Nanot, prof. à l'Inst. agron.
Chimie agricole, 2 vol................. M. André, prof. à l'Inst. agron.
Géologie agricole...................... M. Cord, professeur d'agriculture.
Hydrologie agricole .... M. Diener, Ingénieur agronome.
Microbiologie agricole.............. M. Kayser, maître de conf. à l'Inst. agron.
Zoologie agricole...................... { M. G. Guénaux, répétiteur à l'Inst. agronomique.
Entomologie et Parasitologie agric.. { M. Guillin, dir. du lab. de la S. des agr. de France.
Analyses agricoles, 2 vol..............

II. — PRODUCTION ET CULTURE DES PLANTES

Agriculture générale, 2 vol........... M. P. Diffloth, professeur d'agriculture.
Engrais................................
Céréales.............................. } M. Garola, prof. d'agricult. d'Eure-et-Loir.
Prairies et plantes fourragères.......
Plantes industrielles................. M. Hitier, maître de conf. à l'Inst. agron.
Cultures potagères.................... MM. L. Bussard, prof. à l'Ec. d'hort. de Versailles.
Arboriculture fruitière............... MM. L. Bussard et G. Duval.
Sylviculture.......................... M. Fron, Inspecteur des eaux et forêts.
Viticulture........................... } M. Pacottet, chef de lab. à l'Instit. agron.
Cultures de serres....................
Cultures méridionales................. MM. Rivière et Lecq. insp. de l'agric., à Alger.
Maladies des plantes cultivées, 2 vol.. I. Delacroix. — II. Delacroix et Maublanc.

III. — PRODUCTION ET ÉLEVAGE DES ANIMAUX

Zootechnie générale...................
   —   spéciale................... }
   —   Races bovines............. } M. P. Diffloth, professeur d'agriculture.
   —   Races chevalines..........
   —   Moutons. Chèvres. Porcs.
   --   Lapins, Chiens, Chats....
Aviculture............................ M. Voitellier, maître de conf. à l'Inst. agron.
Apiculture............................ M. Hommell, professeur d'apiculture.
Pisciculture.......................... M. G. Guénaux, répétiteur à l'Inst. agronomique.
Sériciculture......................... M. Vieil, insp. de la séricic. de l'Indo-Chine.
Alimentation des animaux............. M. R. Gouin, ing. agronome.
Hygiène et Maladies du bétail........ MM. Cagny, med. véter., et R. Gouin.
Hygiène de la ferme.................. MM. Regnard et Portier.
Élevage et dressage du cheval........ M. G. Bonnefont, officier des haras.
Chasse, Élevage du gibier, Piégeage.. M.A. de Lisse, ing. agronome.

IV. — GÉNIE RURAL

Machines agricoles, 2 vol............. } M. Coupan, répétiteur à l'institut agronomique.
Moteurs agricoles .... }
Matériel viticole..................... M. Brunet, Introduction par M. Viala.
Constructions rurales................. M. Dangny, dir. des études de l'Ecole de Grignon.
Arpentage et Nivellement............. M. Muret, professeur à l'Institut agronomique.
Drainage et Irrigations............... MM. Risler et Wéry.
Électricité agricole.................. M. Petit, ingénieur agronome.

V. — TECHNOLOGIE AGRICOLE

Sucrerie, Meunerie, Boulangerie..... M. Saillard, prof. à l'Ecole des ind. agr. de Douai.
Industries agric. de fermentation....
Brasserie............................. } M. Boullanger, chef de lab. à l'Inst. Past. de Lille.
Distillerie...........................
Pomologie et Cidrerie............... M. Warcollier, dir. de la stat. pomolog. de Caen.
Vinification .... M. Pacottet, chef de lab. à l'Inst. agron.
Laiterie.............................. M. Ch. Martin, anc. dir. de l'Ecole d'ind. lait.

VI. — ÉCONOMIE ET LÉGISLATION RURALES

Economie rurale....................... } M. Jouzier, prof. à l'Ecole d'agric. de Rennes.
Législation rurale.................... }
Comptabilité agricole................. M. Convert, professeur à l'Institut agronomique.
Le Livre de la Fermière............. Mme O. Bussard.
Le Livre agricole des Instituteurs.... }
Lectures agricoles .... } M. Seltensperger, professeur d'agriculture.
Dictionnaire d'agriculture et de viti-
   culture, 2 vol.................... }

LES
ASSOCIATIONS AGRICOLES

SYNDICATS, COOPÉRATIVES, MUTUALITÉS

ET LES

NOUVELLES LOIS SOCIALES AGRICOLES

PAR

G. LÉCOLLE

PROPRIÉTAIRE-AGRICULTEUR

AVOCAT A LA COUR D'APPEL DE PARIS

Préface de M. le Comte DE ROCQUIGNY
Membre de la Société Nationale d'Agriculture

PARIS

LIBRAIRIE J.-B. BAILLIÈRE ET FILS

19, RUE HAUTEFEUILLE, 19

1912

PRÉFACE

—

Dès la fin du siècle dernier, lorsque se fut affirmée l'ampleur du mouvement des syndicats agricoles, on pouvait pressentir, et on l'a dit souvent, que le xxᵉ siècle serait, pour le monde agricole, le siècle des associations. Les habitants des campagnes, répudiant peu à peu leur antique esprit d'individualisme, de méfiance et de routine, ont enfin compris quelle puissance leur donne le groupement de leurs efforts pour atteindre un but commun, la satisfaction de leurs intérêts et l'amélioration de leur sort. Leur mentalité s'est élargie, ils ont acquis la notion d'une vie supérieure et ils viennent en foule à l'Association qui les y conduira.

On peut estimer qu'à l'heure actuelle les diverses associations agricoles, anciennes et nouvelles, c'est-à-dire les sociétés d'agriculture et les comices, les associations syndicales ayant pour objet l'exécution ou l'entretien de travaux d'intérêt collectif, les syndicats agricoles, les sociétés coopératives agricoles de consommation, les sociétés coopératives agricoles de production et de vente, les sociétés de crédit agricole, les sociétés d'assurances mutuelles agricoles et les sociétés de secours mutuels rurales, atteignent en France le nombre global d'environ 40.000. Ce développement prodigieux des associations témoigne bien qu'un esprit nouveau souffle sur nos campagnes. Lorsque, dans une commune rurale, on rencontre, comme il arrive souvent, fonctionnant côte à côte et s'entraidant, plusieurs institutions agricoles telles que syndicat, caisse de crédit, société coopérative, société d'assurance, etc., on reconnaît que le paysan moderne n'a qu'une parenté bien lointaine avec celui qu'a dépeint La Bruyère; on entrevoit le temps où le village deviendra un centre mutualiste et coopératif.

Cet idéal ne pourra être atteint que lorsque les divers types d'association agricole et les services qu'ils peuvent rendre seront parfaitement connus des cultivateurs. Tel est le but qu'a visé M. Gabriel Lécolle en publiant ce livre: c'est un ouvrage de saine vulgarisation qui favorisera assurément la force d'expansion inhérente au mouvement d'association rurale. Les principaux types d'association sont ici analysés avec soin et, comme il importe surtout, l'auteur les considère dans le dernier état de leur perfectionnement et dans leurs plus récentes initiatives.

Les syndicats agricoles, qui, au début, étaient de simples collecteurs de commande d'engrais, se sont peu à peu mis à la disposition de leurs adhérents pour leur faciliter par les services les plus divers l'exercice de l'industrie agricole. Ils ne s'en sont pas tenus là et leurs efforts ont tendu à améliorer les conditions d'existence des cultivateurs, à développer leur instruction technique et pratique, à élever leur mentalité, à leur inculquer les vertus de prévoyance et de solidarité sociale. Dans un esprit de progrès, de concorde et de justice, ils ont abordé les problèmes les plus ardus, tels que la réglementation amiable des conditions du travail et la solution pacifique des conflits dans les syndicats mixtes de patrons et d'ouvriers agricoles, la création de sociétés rurales d'habitation à bon marché, l'organisation des retraites pour la vieillesse, l'extension bienfaisante du rôle social de la femme à la campagne, etc. On doit aujourd'hui considérer les syndicats agricoles comme réalisant une véritable organisation professionnelle des populations agricoles, appelée à devenir plus complète encore dans l'ordre économique et même social, de même qu'on ne saurait leur refuser qualité pour constituer, devant l'opinion et les pouvoirs publics, la représentation spontanée des intérêts et besoins de l'agriculture.

Notre législation a pris avec raison le groupement syndical comme base des institutions de crédit agricole et elle a édifié ainsi une organisation à deux degrés, très habilement combinée, celle des caisses locales et des caisses régionales de crédit agricole mutuel, à laquelle on peut cependant reprocher d'avoir exagéré l'intervention favorable de l'Etat s'exerçant sous la forme d'avance gratuite. Quoi qu'il en soit, il est indéniable que ce système a puissamment contribué à propager chez nos agriculteurs la haine pratique du crédit appliqué aux opérations courantes de leur profession. Ceux d'entre eux qui, par leurs aptitudes techniques et leur valeur morale, méritent d'obtenir du crédit peuvent le trouver à des conditions très modérées, et le progrès cultural s'en est déjà largement ressenti, de même que le niveau moyen des bénéfices de l'exploitation rurale. Le crédit individuel ordinaire s'est très heureusement complété par le crédit collectif accordé aux syndicats et par les prêts à long terme qu'une loi spéciale a autorisé au profit des sociétés coopératives agricoles de production et de vente. Enfin, une loi toute récente, la loi du 19 mars 1910, a institué le crédit individuel à long terme, en vue de faciliter l'acquisition, l'aménagement, la transformation et la reconstitution des petites exploitations rurales.

Les sociétés coopératives agricoles de production, de transformation et de vente, ont un rôle dont l'importance ira croissant, car elles fournissent aux cultivateurs associés le moyen d'écarter les intermédiaires parasites et de s'organiser commercialement pour l'écoulement avantageux des divers produits de l'exploitation agricole. Ce mouvement déjà ancien pour l'industrie laitière s'est étendu peu à peu à d'autres branches de la production. La France possède actuellement environ 2.600 sociétés coopératives de production agricole, dont 1.800 fromageries ou *fruitières*, 500 beurreries, 40 sociétés de vinification en commun ou caves coopératives, 34 féculeries, 20 sociétés oléicoles ou moulins à huile, des distilleries de vin et de marc, de betteraves et de plantes à parfum, des fabriques de sucre, des meuneries-boulangeries, des fabriques de conserves de fruits ou légumes, des sociétés ayant simplement pour objet de grouper les produits apportés par les sociétaires, de les expédier en bloc et de les faire vendre sur les marchés français ou étrangers, etc. La société coopérative de production agricole peut s'adapter aux buts les plus variés. On commence même à l'utiliser pour industrialiser la culture du sol et peut-être le temps n'est-il pas éloigné où des associations ouvrières se formeront pour affermer et exploiter en commun de grands domaines, à l'exemple des *Affêlanze collective* de l'Italie et des *Obste* de la Roumanie.

Les sociétés d'assurance mutuelles agricoles ont pris dans notre pays un développement prodigieux depuis que M. Méline, alors ministre de l'Agriculture, fit introduire en 1898 dans le budget un crédit spécial affecté à les subventionner et que M. Viger, lui aussi ancien ministre de l'Agriculture, présenta et fit voter la loi du 4 juillet 1900 qui a réduit au minimum les formalités de leurs constitutions. Elles sont aujourd'hui au nombre de près de 11.000 pour les branches de la mortalité du bétail et de l'incendie des bâtiments ruraux. Elles rendent de grands services, cela n'est pas douteux, et elles ont puissamment contribué à répandre les idées mutualistes. Mais cet énorme effort aurait besoin d'être consolidé, en ce qui concerne l'assurance du bétail, par l'amélioration des pratiques suivies, par l'adoption de principes fondamentaux communs dans toutes les sociétés et enfin par les garanties que peut seul fournir un bon système de réassurance. Quant aux assurances contre la grêle et contre les accidents du travail agricole, si utiles à la sécurité de l'habitant des campagnes, leur organisation est encore nulle.

Parmi les associations présentant un caractère d'utilité essentielle pour les milieux ruraux, il faut encore compter les société de secours mutuels, car elles instituent la garantie de la prévoyance à l'encontre des aléas et insécurités qui pèsent sur la vie des travailleurs, notamment la maladie, l'infirmité et la vieillesse. Le cultivateur qui prend soin d'assurer son bétail, ses bâtiments d'exploitation, ses récoltes, devrait avoir un égal souci de se prémunir contre les dangers qui le menacent dans sa personne. Et cependant sur 25.000 sociétés de secours mutuels qui existent en France, on en compte 6.000 seulement fonctionnant dans les milieux ruraux, c'est-à-dire ayant le caractère d'association agricole. Un assez grand nombre de ces sociétés ont, il est vrai, leur siège dans un bourg du chef-lieu de canton et rayonnant sur plusieurs petites communes rurales. Mais, d'autre part, il est en France des régions entières où les sociétés de secours mutuels sont presque inconnues. Il faut donc souhaiter de voir ces organismes essentiels de la vie sociale des travailleurs se propager dans nos compagnes, avec leurs annexes habituels : caisses de retraites, mutualités maternelles, mutualités scolaires, caisses de dotation, etc.

M. Lécolle a eu grandement raison de compléter l'étude des associations agricoles par celle des lois sociales agricoles. Ces lois, déjà nombreuses, et dont le répertoire s'enrichit chaque année, ce sont souvent les associations agricoles elles-mêmes qui ont à les appliquer ou à en préparer l'application; toujours elles ont à faire, en ce qui les concerne, l'éducation des masses rurales appelées à en bénéficier.

Parmi les lois sociales agricoles, les unes constituent la charte des associations elles-mêmes : telles sont la grande loi sur le Syndicat professionnel, la loi sur les sociétés de secours mutuels, la loi sur les associations et les diverses lois organiques du crédit agricole. Les autres lois sociales qui intéressent l'agriculture fournissent un aliment à la propagande des associations agricoles et leur donnent les moyens d'étendre et compléter leur action bienfaisante : telles sont la loi sur les habitations à bon marché, la loi sur les retraites ouvrières et paysannes, les lois favorisant la constitution et la consolidation de la petite propriété (la loi du 10 avril 1908) (loi Ribot), sur la petite propriété et les maisons à bon marché, la loi du 12 juillet 1909 sur le bien de famille insaisissable, etc.

Le livre de M. Gabriel Lécolle contribuera à porter la lumière et le progrès dans nos campagnes. Les ressources nouvelles, si précieuses, que les associations diverses offrent aux paysans, leur sont encore mal connues et les lois sociales qui les touchent leur demeurent encore bien plus ignorées.

Comte de Rocquigny,
Membre de la Société nationale d'Agriculture,
Délégué au service agricole du Musée social.

Paris, le 29 juin 1911.

INTRODUCTION

De même que l'industrie et le commerce, l'agriculture a subi de profondes modifications dans ses divers rouages et, l'évolution économique et sociale aidant, elle a fait un grand pas vers les idées d'association et de mutualité. Bien vite les agriculteurs ont senti le besoin de relever cette branche de l'activité humaine qui menaçait de plier sous les charges de toutes sortes et sous la pression de la concurrence étrangère en s'unissant entre eux pour la défense de leurs intérêts communs et pour le relèvement de cette science qui, comme les physiocrates et la plupart des économistes l'ont prouvé, contribue pour une très grande part à la prospérité d'un pays.

En peu de temps, s'ébauchèrent des groupements agricoles qui, petit à petit, prirent plus de consistance et furent institués sur des bases économiques et juridiques bien déterminées. C'est ainsi que la loi de 1884 donna un rapide essor à nos syndicats dont on se plut à reconnaître les précieux avantages; puis le mouvement coopératif et mutuel faisant de rapides progrès, à côté des syndicats agricoles se créèrent des sociétés qui devaient, sous cette forme coopérative, séduire nos ruraux et les inciter à rendre leur vulgarisation de plus en plus grande. Le gouvernement vit alors qu'il avait un devoir à accomplir vis-à-vis de nos agriculteurs en les aidant dans leur tâche ardue, et ajouta aux premières lois qu'il avait élaborées d'autres lois modificatives et plus extensives, afin de rendre d'une application plus facile par des formalités moins complexes et moins ambiguës ces idées de coopération et d'association agricoles.

Malheureusement, ces réformes économiques et sociales apportées dans l'agronomie sont peu connues de nos ruraux, aux habitudes routinières et à l'émulation peu développée; ils apportent souvent peu d'attention au progrès moderne qui se fait loin de leurs yeux, manquant d'unité directrice et de conseils pour s'engager dans l'application des réformes faites pour eux. Ils considèrent trop l'agriculture comme une science aux principes immuables et craignent, pour la plupart, par suite d'une certaine ignorance de l'économie politique, les conséquences des transformations apportées aux coutumes ancestrales de la vie aux champs.

Aussi, c'est en pensant à eux que nous avons écrit cet ouvrage qui est comme la synthèse des idées principales d'associations agricoles. Nous nous sommes efforcé de résumer en quelques chapitres les études les plus importantes publiées sur cette question, en puisant nos documents parmi les textes de nos plus savants agronomes et de nos plus grands économistes, empruntant souvent à ceux-ci certains développements qui nous ont paru très clairs et remplis de justesse.

Notre travail est divisé en deux parties principales, dont la première, traitant des associations et de la mutualité agricoles, est la plus importante. La seconde partie renferme les lois sociales pouvant intéresser le plus nos agriculteurs qui doivent s'en pénétrer, y réfléchir et en faire une profonde étude. Enfin, comme annexe à notre ouvrage, nous avons donné les documents législatifs et autres, les plus utiles en la matière, avec des modèles de constitution d'associations agricoles.

Nous espérons que ces pages recevront l'approbation de nos sociétés d'agriculture, des municipalités rurales et de nos lecteurs, et nous serons heureux, pour ceux-ci, si notre livre a pu leur être d'une certaine utilité.

G. L.

LES ASSOCIATIONS AGRICOLES

PREMIÈRE PARTIE

LES ASSOCIATIONS AGRICOLES

SYNDICATS — COOPÉRATIVES — MUTUALITÉS

CHAPITRE PREMIER

LES SYNDICATS AGRICOLES

Faire l'historique complet des associations et syndicats agricoles serait un travail qui ne peut rentrer dans le cadre étroit de ce volume. Notre ambition est moins haute et nous ne voulons dans ces pages que donner un rapide aperçu de ces groupements professionnels, en insistant principalement sur le rôle, le but et l'utilité des syndicats et des coopératives en matière agricole.

Depuis longtemps, les agronomes et les hommes qui s'intéressent au progrès des méthodes de la production agricole avaient compris l'utilité de se grouper pour y travailler en commun. Tel fut le but des sociétés d'agriculture, nombreuses encore en certaines régions de la France, et dont quelques-unes, au cours d'une longue existence, ont rendu de brillants services.

Vers l'année 1830, commença à se propager un nouveau type d'association, le comice agricole, qui fut plus tard réglementé par la loi du 20 mars 1851. L'objet des comices était presque identique à celui des sociétés d'agriculture, peut-être un peu moins académique.

Associations agricoles. — A côté de ces anciennes et méritantes associations agricoles, il y a lieu de mentionner, mais seulement pour mémoire, les chambres consultatives d'agriculture instituées par le décret du 25 mars 1852 et qui n'ont, pour ainsi dire, jamais fonctionné.

LOI SUR LES SYNDICATS PROFESSIONNELS

Loi du 21 mars 1884. — Les sociétés d'agriculture et les comices agricoles étaient donc les seules institutions susceptibles d'exercer une influence générale sur le progrès des méthodes d'exploitation du sol lorsque la loi de 1884 sur les syndicats fut votée.

Le projet de loi sur les syndicats professionnels, présenté à la Chambre par le gouvernement en 1880, avait pour objet avéré d'autoriser les ouvriers de l'industrie à se grouper et à s'entendre pour faire prévaloir leurs intérêts, notamment dans leurs rapports avec les patrons. C'est afin de protéger la liberté du travail industriel qu'on proposait d'abroger la loi des 14-27 juin 1791 et l'article 416 du Code pénal, ainsi que de déclarer non applicables aux syndicats professionnels les articles 291 et 294 du Code pénal et la loi du 10 avril 1834, qui frappaient comme illicite toute association de vingt personnes formée sans l'agrément préalable du Gouvernement. Personne ne s'était avisé que la loi pût être applicable à l'agriculture quand, lors de la dernière délibération au Sénat, M. Oudet, sénateur du Doubs, demanda que l'article 3, portant : « Les syndicats professionnels ont exclusivement pour objet l'étude et la défense des intérêts économiques, industriels et commerciaux », fut complété par l'addition des mots *et agricoles*. Cette modification fut acceptée, et voilà par quelle petite porte les syndicats agricoles ont pénétré dans notre législation.

On peut présumer que 2.550 syndicats groupent approximativement 900.000 agriculteurs. Toutefois, il importe de remarquer que chaque agriculteur syndiqué est ordinairement le chef d'une famille rurale qui peut comprendre, en moyenne, cinq membres ; de telle sorte que les syndicats agricoles représentent un effectif total d'environ 4.500.000 personnes intéressées à leur fonctionnement.

Fondation d'un syndicat agricole.— La fondation d'un syndicat agricole se présente avec une extrême simplicité. On réunit quelques hommes de bonne volonté, on organise, s'il est nécessaire, une conférence afin d'exposer les principaux services rendus par le syndicat agricole en insistant spécialement sur ceux qui répondent le mieux aux besoins locaux. Puis on recueille les adhésions des fondateurs, on leur présente un modèle de statuts qui est discuté, modifié s'il y a lieu, et enfin adopté. Les personnes qui doivent être chargées de l'administration sont ensuite élues dans les conditions déterminées par ces statuts ; elles doivent posséder la qualité de français et jouir de leurs droits civils ; aucune autre condition n'est exigée. Cela fait, le syndicat agricole est constitué ; il pourra fonctionner conformément à la loi du 21 mars 1884 et aux prescriptions particulières de ses statuts. Il ne reste d'autre formalité à remplir que le dépôt des statuts imposé aux fondateurs.

Ce dépôt sera fait à la mairie du siège social en deux exemplaires sur papier libre ; il comprendra les noms des personnes qui, à un titre quelconque, sont chargées de l'administration ou de la direction ; un récépissé de la mairie en donnera constatation.

Avantages qu'offre un syndicat agricole. — Quels sont les avantages qu'offre la création d'un syndicat agricole ? Nous mentionnerons ici, à titre d'exemple, un extrait des statuts du Syndicat départemental, des agriculteurs de l'Indre, fondé à Châteauroux le 14 novembre 1885, par la Société d'agriculture de l'Indre et qui compte actuellement 6.000 adhérents environ :

« Le syndicat a pour objet général l'étude et la défense des intérêts économiques agricoles, et pour but spécial :

« 1° D'examiner et de présenter toutes réformes législatives et autres, toutes mesures économiques, de les soutenir auprès des pouvoirs publics et d'en réclamer la réalisation, notamment en ce qui concerne les charges qui pèsent sur la propriété foncière, les tarifs de chemins de fer, les traités de commerce, les tarifs douaniers, les octrois, les droits de place dans les foires et marchés ;

« 2° De propager l'enseignement agricole et les notions professionnelles, tant par des cours, conférences, distributions de brochures, installations de bibliothèques que par tous autres moyens ;

« 3° De provoquer et favoriser des essais de culture, d'engrais, de machines et instruments perfectionnés et de tous autres moyens propres à faciliter le travail, réduire les prix de revient et augmenter la production ;

« 4° D'encourager, de créer et d'administrer des institutions économiques, telles que sociétés de crédit agricole, sociétés de production et de vente, caisses de secours mutuels, caisses de retraite, assurances contre les accidents, offices de renseignements pour les offres et demandes de produits, d'engrais d'animaux, de semences, de machines et de travail;

« 5° De servir d'intermédiaire pour la vente des produits agricoles et pour l'acquisition d'engrais, de semences, d'instruments, d'animaux et de toutes matières premières ou fabriquées, utiles à l'agriculture, de manière à faire profiter ses membres des remises qu'il obtiendra;

« 6° De surveiller les livraisons faites aux membres du Syndicat ou effectuées par eux, pour en assurer la loyauté et réprimer les fraudes;

« 7° De donner des avis et des consultations sur tout ce qui concerne la profession agricole, de fournir des arbitres et experts pour la solution des questions économiques litigieuses. »

Le type de statuts adopté par les syndicats agricoles communaux du département du Doubs est plus explicite encore; quant à la haute portée morale de l'association.

« Le Syndicat a pour objet :

« 4° De remplir entre ses membres le rôle de société d'assistance, de fonder entre eux toutes coopératives, institutions mutuelles de prévoyance ou d'assurance, et toutes autres mutualités qui tendront au développement moral, intellectuel et professionnel de ses membres et à l'amélioration de leur situation matérielle. »

Le syndicat agricole étant constitué et investi par la loi de la personnalité civile, il faut qu'il puisse vivre, c'est-à-dire qu'il subvienne à ses frais généraux et qu'il travaille à se former un patrimoine qui lui servira à fonder, un jour, des institutions d'assistance et de prévoyance ou des œuvres de propagande destinées à faire progresser la pratique agricole.

Ressources d'un syndicat agricole. — Les ressources des syndicats sont formées des cotisations de leurs membres, des dons et libéralités qu'ils peuvent recevoir, des subventions que leur accordent parfois les conseils généraux et le ministre de l'Agriculture et enfin d'une redevance ou majoration assez généralement prélevée sur les achats ou les ventes qu'ils traitent pour le compte de leurs adhérents. Les cotisations sont minimes, le plus souvent fixées à 2 ou 3 francs par an; on les voit même s'abaisser jusqu'à 50 centimes.

Syndicats agricoles mixtes. — A côté des syndicats pour les patrons seuls, nous trouvons la création de syndicats mixtes, composés de patrons et d'ouvriers agricoles, et ceux-ci sont les plus nombreux. Grands propriétaires fonciers, fermiers, métayers, régisseurs, petits propriétaires ruraux, employés de culture, vignerons, simples ouvriers agricoles, font partie du même syndicat; ils y apprennent à se connaître, à s'entr'aider, à s'éclairer les uns les autres, à discuter leurs intérêts communs et à se concerter pour les faire triompher. Le syndicat mixte est l'idéal des associations corporatives puisque, par essence, il est un instrument d'accord et de solidarité et qu'il empêche les ferments malsains de se développer entre les hommes qu'il réunit. Il était bon, en instituant ces syndicats mixtes, de veiller à ce que l'ouvrier agricole ne pût entrer en rivalité avec son patron, sous l'influence des vaines promesses du socialisme agraire.

Voici le vœu soumis et adopté au congrès d'Angers, tenu en 1907 :

«... que les Syndicats agricoles s'appliquent à accentuer leur caractère de syndicats mixtes par tous les moyens en leur pouvoir, notamment en multipliant les institutions de prévoyance au profit des ouvriers ruraux, en appelant ces derniers à participer à l'administration du Syndicat lui-même. »

Les syndicats agricoles, dès 1886, créèrent entre eux des liens très étroits de solidarité et peu à peu, on vit ceux-ci se grouper en unions et associations que nous pouvons diviser en trois parties : l'Union Centrale, les Unions dites régionales et les Unions départementales ou autres petites Unions de moindre envergure.

Nous n'examinerons pas chacune de ces Unions ; ce qui demanderait un trop grand développement. Nous nous contenterons, au cours de ce chapitre, de mentionner les principaux syndicats faisant partie des Unions régionales et départementales.

Services du syndicat : 1° d'ordre matériel. — Les services que rendent les syndicats sont de deux sortes : il y a les services d'ordre matériel rendus à l'exploitation du sol ; et les services économiques et sociaux rendus aux populations rurales.

Les services du premier groupe sont ceux par lesquels l'activité du syndicat agricole s'est manifestée tout d'abord. « Le paysan, a dit M. Georges Bord (1), est un individualiste invétéré ; les avantages moraux et économiques de l'association lui échappent. Pour l'atteindre, il fallait lui offrir des avantages matériels et palpables. C'est à quoi s'appliquèrent immédiatement les syndicats. »

C'est par les achats collectifs de marchandises d'utilité professionnelle que les syndicats agricoles ont commencé à fonctionner, et parmi ces marchandises, les

____

(1) Le Mouvement syndical et coopératif agricole dans le Sud-Ouest. Bordeaux, 1896.

engrais commerciaux ont été visés tout d'abord ; puis ils cherchèrent à rendre à leurs membres un service analogue en facilitant et améliorant la vente des produits de l'exploitation rurale. On appréciera l'importance des ventes de produits agricoles traitées par certains syndicats, d'après les chiffres suivants : le Syndicat agricole du Calvados a vendu en 1908 pour 400.000 francs environ de chevaux et poulains, bestiaux cotentins, pommes, cidres et eaux-de-vie de cidre, pailles et foins, gros légumes, beurre et fromage ; le Syndicat des agriculteurs de la Manche place des bestiaux, pailles, cidres, grains, etc..., pour environ 150.000 fr. par an, etc.

Les syndicats agricoles exercent aussi une très heureuse influence sur les progrès de l'outillage agricole. Ils ont utilisé le groupement professionnel en acquérant, pour un usage commun successif, le matériel que son prix élevé ou son emploi trop rare dans l'exploitation rend inaccessible aux petits cultivateurs.

Mais disons que ce prêt d'outillage agricole est peu pratique ; des questions de jalousie, de personnalité, pouvant primer toute autre question utilitaire. Il faut, pour user de cet outillage syndical, que les cultivateurs s'inscrivent afin de déterminer le roulement suivant lequel ils sont admis à disposer des machines ; leur entretien et leur réparation, en cas d'accident survenu dans le travail, demeurent naturellement à la charge de celui qui les emploie.

Il est des syndicats qui sont intermédiaires pour divers travaux de l'exploitation rurale entre les entrepreneurs et leurs membres ; ils passent des traités avec ces entrepreneurs qui consentent des remises, sur leurs tarifs ordinaires, à tous les syndiqués disposés à utiliser leurs services.

Des syndicats spéciaux se sont aussi fondés dans le but de fournir à leurs membres les avantages de l'outillage perfectionné, comme le font les sociétés allemandes de travaux agricoles. Enfin quelques syndicats agricoles sont allés plus loin encore dans la voie de l'organisation de l'outillage collectif, en créant ou patronnant, entre cultivateurs d'une même commune, des associations locales autonomes, de forme coopérative, pour l'achat et l'usage de machines destinées à demeurer propriété commune des sociétaires.

Dans un autre ordre d'idées, les syndicats agricoles rendent d'autres services matériels. Ainsi ils exercent une action bienfaisante sur l'entretien et l'amélioration du bétail, afin d'accroître la valeur de la production animale et les ressources des agriculteurs. Ils facilitent à ces derniers l'acquisition des fourrages, pailles, grains et toutes substances destinées à la nourriture des animaux.

Enfin les syndicats ont rendu à la viticulture des services innombrables par les achats collectifs de tous les produits divers employés par les viticulteurs et par leur influence pour enseigner à leurs adhérents les connaissances techniques et pratiques sans lesquelles la culture de la vigne, assaillie par tant de fléaux, ne saurait être productive, préparer et faciliter l'œuvre de la reconstitution des vignobles phylloxérés, améliorer les procédés de vinification et combattre les causes de mévente des vins.

2° Services d'ordre moral. — Passons aux services économiques et d'ordre moral rendus par les syndicats agricoles aux populations rurales. Comme nous les étudierons spécialement dans la suite de cet ouvrage, nous nous contenterons ici d'en faire le simple exposé.

Les syndicats agricoles jouent un très grand rôle

dans la diffusion de l'enseignement agricole, dans la création de sociétés coopératives de consommation et de production, dans l'organisation des caisses de crédit agricole, dans les assurances diverses contre l'incendie, assurances agricoles proprement dites, contre la grêle, la mortalité du bétail et les accidents. Ils enseignent aussi aux cultivateurs la prévoyance et la pratique de l'aide mutuelle ou collective.

3º *Services d'ordre social.* — L'œuvre sociale des syndicats agricoles ne tend pas seulement à maintenir et à étendre la petite propriété, à consolider la famille rurale, à attacher les cultivateurs à la terre en accroissant leur bien-être, à combattre la misère, à assurer des secours aux malades et la sécurité aux vieillards, à faire régner la concorde et la paix entre les possesseurs du sol et les travailleurs qui le cultivent.

Ils ont, de plus, donné aux classes rurales une organisation qui leur manquait et les ont élevées à une conception plus haute de leurs droits et de leurs devoirs, ainsi que du rôle qui leur appartient dans l'Etat. Ils ont été véritablement les éducateurs des paysans et les ont affranchis des servitudes que de longs siècles d'ignorance, de faiblesse et d'isolement faisaient peser sur eux.

Cet avènement des travailleurs ruraux au progrès général de notre civilisation est gros de conséquences pour l'avenir :

« Ce n'est qu'un commencement, a dit M. Paul Deschanel, et pourtant c'est déjà un monde nouveau qui surgit des profondeurs silencieuses ; c'est déjà le xxᵉ siècle qui se dresse devant nous (1). »

Action du syndicat agricole sur la vente des produits. — L'action des syndicats agricoles sur la vente des

(1) Discours sur le socialisme agraire prononcé à la Chambre des députés le 10 juillet 1897.

produits peut s'exercer de deux façons : par voie directe ou par voie indirecte. Examinons ces deux cas. Par l'exercice direct, le syndicat remplit le rôle de véritable commissionnaire pour le compte de ses membres. Il peut également opérer comme opérerait une société coopérative de vente. en se substituant à tous les vendeurs, il prend les ventes à son compte, et, au bout d'un certain temps, il partage les résultats de l'ensemble des opérations au prorata de la qualité et de la quantité des produits qui lui ont été apportés. Dans cette voie, certains syndicats, et particulièrement ceux des régions viticoles, ont obtenu des résultats très intéressants, en faisant connaître les produits de leur vente, en créant une sorte de marque syndicale qui inspirait confiance ou des bureaux de vente. Nous pourrions citer comme exemple de syndicats, s'étant ainsi organisés, ceux de l'Aude et de l'Hérault.

Par leur intervention directe dans la vente, les syndicats se font les intermédiaires des vendeurs, mais ici nous trouvons l'action des syndicats s'exerçant surtout pour des produits de second ordre. C'est ainsi, notamment, que, dans la région du Midi, nombre de syndicats ont obtenu de très beaux résultats ; le syndicat de Vallauris, dans l'arrondissement de Grasse, a entrepris d'une façon très fructueuse la vente des fleurs d'orangers ; il vend à l'heure actuelle pour 400.000 kilogr. de fleurs et 30.000 kilogr. de brindilles et réalise un bénéfice annuel de 240 à 250.000 francs. Ce syndicat opère sous la deuxième forme d'action de vente ; il ne joue que le rôle de commissionnaires pour ses membres qui lui apportent les fleurs, sous cette condition, obligatoire pour chacun d'eux, d'apporter au syndicat toute sa récolte.

Un autre syndicat très connu est le syndicat agricole

du Cointal. Il y a au sud de Carpentras une petite région où poussent des fraises particulièrement appréciées. On vend environ dans cette région 4 millions de kilogr. de ces fraises à 0 fr. 50 le kilogr., c'est-à-dire pour 2 millions de francs. Jusqu'en 1897, les ventes de ces fraises étaient faites exclusivement sur le marché de Paris. Une grande quantité était expédiée de Paris sur Londres et les bénéfices restaient entre les mains des commissionnaires parisiens. Le syndicat de Cointal, voulant conquérir directement le marché de Londres, passa des conventions avec les Compagnies des chemins de fer pour les transports en Angleterre et organisa un service de paniers spéciaux. Ce syndicat a en outre envoyé sur le marché de Londres un de ses commissionnaires. Les résultats de cette transformation commerciale ont été si considérables qu'on a pu, dans la région de Cointal, en moins de 10 ans, estimer la plus-value des terrains à 25 0/0 passés !

D'autres syndicats ont procédé exactement de la même façon et il convient de citer, dans cet ordre d'idées, celui des producteurs et jardiniers de la région d'Hyères. Les débouchés locaux étant devenus insuffisants en face des augmentations de production de légumes, il fallut songer à vendre au loin et à s'aboucher avec des commissionnaires. Mais le syndicat veillait, et, se faisant simple intermédiaire de vente, obtint que les frais de commission fussent réduits de 10 à 8 0/0, ainsi que ceux de manutention de paniers.

Il convient d'ajouter que les syndicats agricoles ne se sont pas toujours bornés à jouer le rôle très réduit que nous venons d'indiquer. Ainsi, un syndicat du Calvados s'est fait commissionnaire dans la vente des pommes et du cidre; il a fait des opérations se chiffrant par centaines de mille francs.

Dans ce rôle de commissionnaires, certains syndicats ont songé que le débouché naturel à des produits syndicaux, c'était le client collectif; aussi ont-ils cherché comme clients les autres syndicats agricoles; un syndicat agricole du Loiret, par exemple, s'est fait vendeur de semences et fournit nombre de syndicats dans toutes les régions françaises.

Enfin, non seulement on a essayé de faire vendre par les syndicats à d'autres syndicats, mais on a songé à des clients autrement importants : aux sociétés coopératives de consommation.

A un congrès coopératif de 1893, tenu à Grenoble, on s'était promis d'entrer rapidement dans cette voie. Une commission mixte fut nommée, composée à la fois de représentants des intérêts du syndicat et de représentants des intérêts des coopératives de consommation. Or, sur ce point, les syndicats ont trouvé beaucoup de résistance, car les sociétés coopératives de consommation, ayant des fournisseurs se pliant presque toujours aux exigences de leurs directeurs, n'ont pas voulu changer ces fournisseurs, dans la crainte de changements opérés dans les livraisons que leur feraient les syndicats.

En dehors des particuliers, des syndicats et des coopératives de consommation, les syndicats agricoles ont trouvé un autre client collectif : c'est l'Etat.

Lors du congrès de Versailles de 1900, l'attention de l'administration militaire fut appelée sur l'intérêt qu'il y aurait pour elle d'acheter directement aux syndicats agricoles; plusieurs tentatives furent faites, mais d'une façon peu fructueuse; aussi le service de l'Intendance préfère-t-il acheter directement aux agriculteurs eux-mêmes par voie d'adjudication ou de gré à gré.

Terminons cette revue des différents moyens d'action donnés aux syndicats en en citant un des plus curieux qui consiste pour eux à être préparateurs du produit, comme les syndicats pour la préparation des conserves de câpres et d'abricots, pour celle de l'huile d'olive, etc.

LES UNIONS DE SYNDICATS

1° L'Union des Syndicats des Agriculteurs de France. — Nous avons vu, au début de ce chapitre, à quel chiffre approximatif s'élevait le nombre de syndicats agricoles. Voyons maintenant quels sont les plus importants de ceux-ci en prenant soin d'indiquer leur caractère constitutif.

L'Union des Syndicats des Agriculteurs de France fut fondée le 3 mars 1886. On lui donna comme objet général « le concert des syndicats unis pour l'étude et la défense des intérêts économiques agricoles ». L'Union, qui a modifié sa dénomination primitive, pour adopter celle d'« Union centrale des Syndicats des agriculteurs de France », groupait le 1er janvier 1910, 945 syndicats affiliés, possédant en bloc 500.000 à 600.000 membres. L'Union se propose :

1° De servir aux syndicats unis de centre permanent de relations et de leur procurer les moyens et renseignements nécessaires pour les faire profiter de marchés avantageux et de tarifs de transports à prix réduits;

2° D'encourager la création de nouveaux syndicats;

3° De recueillir et communiquer aux syndicats unis toutes les indications venant soit de l'intérieur soit de l'étranger, qui seraient propres à les éclairer sur la situation respective des récoltes, sur les offres et demandes, et à guider ainsi les syndicats et leurs membres dans leurs opérations et marchés;

4° De leur donner des avis et conseils en toutes matières contentieuses ou techniques sur lesquelles les
syndicats unis jugeraient utile de la consulter, soit dans
l'intérêt propre des syndicats, soit dans l'intérêt particulier de leurs membres ;

5° De leur faciliter l'usage du laboratoire de la Société
des Agriculteurs de France pour l'analyse des terres,
engrais et autres matières... (1).

2° L'Union du Sud-Est. — L'« Union du Sud-Est »
est demeurée la plus importante des unions régionales.
Fondée en octobre 1888, elle a son siège à Lyon et
recrute ses syndicats affiliés parmi ceux des dix dépar-
ments suivants :

Savoie, Haute-Savoie, Ain, Drôme, Isère, Loire,
Saône-et-Loire, Rhône, Ardèche et Haute-Loire. Trois
cents syndicats sont affiliés à l'Union du Sud-Est et
comprennent 100.000 membres passés. La cotisation est
de 0,10 c. par membre et de 5 francs minimum par
syndicat. Un bulletin mensuel fort bien rédigé est publié
par les soins de cette Union ainsi qu'un almanach annuel. Grâce à un traité avantageux passé entre l'Union
et la Compagnie « La Providence », les membres de
l'Union peuvent s'assurer à bas prix contre les accidents agricoles. Des sociétés de secours mutuels ont
été créées, puis rattachées à une Union de Caisses mutuelles et de retraites de l'Union du Sud-Est.

*3° L'union des Syndicats agricoles de la région du
Nord*. — L'Union des syndicats agricoles de la région
du Nord (2) s'est fondée en 1891 pour les cinq départements du Nord, du Pas-de-Calais, de la Somme, de
l'Aisne et de l'Oise, région où le mouvement syndical

(1) Art. 10 des statuts de l'Union Centrale des Syndicats des Agriculteurs
de France.
(2) Nous suivons ici l'ordre chronologique de création des Unions
régionales.

n'a pris qu'un faible développement. Les syndicats affiliés sont au nombre de 15 environs, groupant ensemble 5.000 membres. L'Union a son siège à Boulogne-sur-Mer.

Citons encore l'Union des syndicats agricoles de Normandie, fondée en 1892 (18 syndicats agricoles affiliés possédant, en bloc, 20.000 adhérents), l'Union des syndicats agricoles et viticoles du Centre, fondée en 1892 (23 syndicats, 18.000 membres), l'Union des syndicats agricoles et viticoles de Bourgogne et de Franche-Comté, fondée en 1892 (100 syndicats, 40.000 membres), l'Union des syndicats agricoles des Alpes et de Provence, fondée en 1892 (97 syndicats, 23.000 membres), l'Union des syndicats agricoles des départements de l'Ouest, fondée en 1893 (37 syndicats, 25.000 agriculteurs adhérents), l'Union des syndicats agricoles et horticoles bretons, fondée en 1894 (39 syndicats affiliés, 17.000 agriculteurs), l'Union des syndicats agricoles du Sud-Ouest, fondée en 1896 (22 syndicats affiliés, 28.000 agriculteurs syndiqués), l'Union des syndicats agricoles du Midi, fondée en 1897 (32 syndicats affiliés, 18.000 adhérents).

A la date du 1er janvier 1910, les dix Unions régionales des syndicats agricoles embrassaient soixante-quatorze départements de la France et en laissaient treize en dehors de leur action. Ces dix Unions représentaient en bloc environ 294.000 cultivateurs répartis entre 683 syndicats affiliés.

Donnons enfin une brève nomenclature des Unions départementales, des grands syndicats généraux et des principaux syndicats locaux.

Unions départementales des syndicats des agriculteurs de la Drôme, de la Côte-d'Or, du Jura, de la Loire, de l'Hérault, du Pas-de-Calais, des Alpes-Marilimes, des Hautes-Alpes, de la Sarthe, de la Vienne.

Grands Syndicats Généraux. Syndicat Central des agriculteurs de France, Syndicat économique agricole de France, Syndicat pomologique de France, Syndicats de hannetonnage.

Syndicats locaux. — Syndicat agricole d'Anjou, Association syndicale des agriculteurs et viticulteurs du Gers. Un certain nombre fondés par le clergé paroissial. Associations professionnelles agricoles de l'arrondissement d'Hazebrouck fondées par M. l'abbé Lemire, député du Nord.

Concluons donc en disant que les syndicats, en tant qu'organes de ventes, ont joué un rôle peu considérable, et ce, pour deux raisons. La première, c'est qu'il faut que l'organisation collective de vente ait une certaine souplesse financière qu'elle ne peut avoir qu'en prélevant, pour ses frais généraux, un chiffre assez considérable sur les opérations faites; ce qui est interdit aux syndicats agricoles, sous peine de se mettre hors la loi ou hors des usages tolérés passés en force de loi.

La deuxième raison, c'est que cette organisation collective de vente doit s'assurer les livraisons de la part de ses membres; ceux-ci doivent livrer normalement, sinon toute leur production, du moins, une partie déterminée de leurs récoltes.

Or, cette condition est très difficile à remplir pour un syndicat agricole qui n'aura pas seulement des productions de même catégorie, mais le plus souvent de plusieurs catégories différentes.

Le syndicat agricole, créateur d'autres groupements. — 1° Coopératives; 2° Caisses de Crédit. — Le syndicat agricole doit donc rester dans ses attributions propres et être le créateur d'autres groupements fort importants, comme les coopératives et les caisses de crédit agricoles.

Un syndicat agricole peut être le créateur d'une filiale coopérative en établissant dans ses statuts qu'on ne pourra pas faire partie de la coopérative si on ne fait pas partie du syndicat. Le mouvement coopératif peut augmenter les chances de succès et garantir l'existence du mouvement syndical.

Nous examinerons plus loin chacun de ces organismes, afin de ne rien omettre de ce qui doit intéresser l'agriculteur dans le rôle économique et social qu'il est appelé à jouer aujourd'hui.

Dans ce siècle à mouvement d'association et de coopération, l'agriculture ne doit pas rester en arrière et on doit envisager un avenir prochain où les moyens propriétaires terriens, les petits cultivateurs, principalement, devront se grouper dans un but d'intérêt professionnel avec une extension de plus en plus grande. Comme l'a écrit excellemment le directeur du Musée Social, M. Mabilleau (1) : « C'est un des bienfaits de la solidarité que, du rapprochement des égoïsmes dans un effort commun, jaillisse toujours, à l'heure voulue, l'éclair d'un idéal supérieur. Oui, ce sont de grands seigneurs, de riches propriétaires qui ont fondé les syndicats, mais c'est l'esprit des humbles, appelé par eux, qui y a prévalu ; c'est leur cause que servent aujourd'hui, à demi entraînés, à demi convaincus, ceux qui, peut-être, ne visaient d'abord qu'à redevenir les maîtres. Le progrès est comme l'histoire : *fit per inscios ;* il s'accomplit à l'insu de ceux qui le font. La démocratie n'a donc, pour le moment, rien à redouter de cette entreprise, et elle ne doit témoigner aucune

(1) Le mouvement agraire en France (*Revue de Paris*), 1ᵉʳ juillet 1897, pages 144-145.

mauvaise humeur de la voir ainsi grandir ; surtout si les syndicats savent se défendre de certaines influences, les unes confessionnelles, les autres politiques, qu'ils ne subiraient pas sans danger. Ils doivent, pour rester forts, garder leur entière indépendance, n'accepter aucun patronage étranger et poursuivre, en toute sécurité, l'accomplissement d'une tâche qu'on ne diminue point en la restreignant à la pleine signification du mot « d'humanité ».

Les syndicats agricoles, se développant dans leur plein épanouissement, ont été frappés, sans que personne ne puisse à l'heure actuelle en présager toute la gravité, d'un coup presque mortel dans leur organisation et leurs opérations commerciales. A la suite d'une plainte portée contre un syndicat agricole, appel du jugement de l'instance ayant été interjeté et pourvoi en cassation ayant été formé, la Cour suprême a rendu un arrêt qui a fait, et fait encore, un bruit terrible dans tout le monde agricole. Cet arrêt, très important, très grave, nous le répétons, vu les conséquences qu'il peut entraîner, a soulevé un tolle général de tous les intéressés. Les Sociétés d'agriculture l'ont discuté, étudié, critiqué vivement, des réunions de syndicats se sont faites pour examiner la situation pénible que cet arrêt allait créer, des conférences se sont organisées entre agronomes et juristes.

Arrêt de la Cour de Cassation du 29 mai 1908 . — Cet arrêt, qui porte la date du 29 mai 1908, est le suivant :

« La Cour : — Sur le moyen unique : — Attendu que les demandeurs étaient prévenus, comme administrateurs d'une association syndicale agricole, d'avoir contrevenu à l'art. 3 de la loi du 21 mars 1884, en ne limitant pas l'objet dudit syndicat à l'étude et à la

défense de ses intérêts, notamment en créant un établissement commercial ; — qu'il est énoncé en fait,
dans l'arrêt attaqué, que, au syndicat agricole de Cou-
senvoye, les prévenus avaient annexé un magasin où
les adhérents étaient admis à acheter au détail des
marchandises telles que vêtements, produits alimentaires et objets d'utilisation ménagère ; que le syndicat
s'approvisionnait de ces marchandises sans qu'il y eût,
au préalable, de commandes ou de groupements de
commandes de ses adhérents, et les revendait à ceux-
ci, en prélevant une bonification de 5 pour 100 destinée à assurer le salaire du gérant et à couvrir les frais
généraux ; — Que de cet état de fait, souverainement
constaté par le juge du fond, il résulte tout d'abord que
le syndicat mis en cause ne pouvait exciper de ce qu'il
n'aurait fait qu'exécuter un mandat dans les termes
des art. 1986 et suiv. C. civ. ; — Qu'à bon droit l'arrêt déclare qu'il importe peu que le bénéfice réalisé fut
de minime importance, l'art. 632 C. comm. réputant
acte de commerce tout achat de denrées ou de marchandises pour les revendre ; — Attendu que, sans
pouvoir méconnaître d'une manière absolue le caractère commercial des opérations incriminées, les demandeurs soutiennent que, soit sous l'empire de la loi
du 21 mars 1884, soit dans les prévisions des lois postérieures visées au moyen, une association syndicale
professionnelle peut légalement pratiquer le régime
coopératif aux effets d'une vocation propre, et, par
suite, sans avoir à constituer une société coopérative
dans les formes des art. 48 et suiv. de la loi du 24 juillet
1867 ; — Mais attendu que, aux termes de l'art. 3 de la
loi du 21 mars 1884 : « les syndicats professionnels ont
exclusivement pour objet l'étude et la défense des
intérêts économiques, industriels, commerciaux et

agricoles » ; qu'il en résulte que la constitution d'une association syndicale agricole, dans les conditions déterminées par la susdite loi, donne exclusivement vocation à cette association d'étudier et de défendre les intérêts économiques agricoles qu'elle représente ; que, d'autre part, les seules dispositions déclarées inapplicables aux syndicats, dans l'art. 1er de la loi, étant les art. 291 à 294 C. pén., et la loi du 10 avril 1834, toutes autres dispositions légales leur sont, par là même, demeurées applicables ; — Attendu que vainement le moyen soutient que, en tout cas, les lois des 5 nov. 1894, 17 nov. 1897 et 19 avril 1905 auraient autorisé les syndicats, sous l'unique condition d'être régulièrement constitués comme tels, à pratiquer les opérations incriminées ; — Qu'en ce qui touche la première de ces lois le projet autorisait, il est vrai, les syndicats, par dérogation aux art. 3 et 6 de la loi du 21 mars 1884, à acheter pour les revendre ou les louer à leurs adhérents, les objets nécessaires à l'exercice de leur profession, et à acquérir des immeubles en vue du fonctionnement de ce service ; mais que le législateur a refusé de consacrer une dérogation qui eût transformé le caractère des associations syndicales et qu'il appert uniquement du texte adopté que les membres des syndicats peuvent, sous certaines conditions de publicité, et à charge de tenir une comptabilité commerciale, constituer des sociétés de crédit agricole dont la personnalité reste essentiellement distincte ; — Attendu que l'art. 2 de la loi du 17 nov. 1897 autorise, il est vrai, la Banque de France à escompter des effets de commerce souscrits par des syndicats agricoles, mais que cette disposition n'a eu en vue que les sociétés de crédits émanées des syndicats depuis la loi du 5 nov. 1894 ; que ce sont ces sociétés mêmes qui sont visées dans l'art. 2 précité, comme elles le sont dans l'art. 40 de la loi du 1ᵉʳ avril 1898, et dans l'art. 4 de la loi du 29 déc. 1906, qui prévoit expressément les sociétés coopératives agricoles constituées par des membres des syndicats professionnels agricoles ; — Attendu, enfin, qu'il ne résulte nullement de l'art. 9 de la loi du 19 avril 1905, que les syndicats agricoles aient été autorisés, pourvu qu'ils payent patente, à tenir boutique ou magasin de vente ; mais que seulement, si ces syndicats ont enfreint ainsi les règles de leur institution, la situation qui en résulte les soumet, par le fait même, à la loi fiscale ; qu'il suit de là qu'aucune des lois qu'invoque le moyen n'a eu pour but et pour effet d'attribuer aux syndicats agricoles des droits plus étendus que ceux qu'ils tiennent de la loi de 1884, ni de modifier les conditions fondamentales de leur organisation, telles qu'elles ont été fixées par ladite loi ; qu'ainsi la sanction de l'art. 9 de la loi du 21 mars 1884 est encourue lorsque les actes définis dans l'arrêt attaqué émanent non d'une société coopérative constituée par le syndicat en observant les textes qui la régissent, mais bien de l'association syndicale elle-même excipant d'une vocation propre et personnelle qui, à cet égard, lui est refusée par la loi ; — Par ces motifs, rejette... »

La jurisprudence n'avait pas encore été appelée jusqu'à ce jour à envisager expressément la question de la légalité des achats coopératifs des syndicats. Mais sur d'autres points spéciaux touchant à la capacité des syndicats, une jurisprudence s'est peu à peu formée. Jusqu'alors il avait été admis qu'un syndicat agricole pouvait, non seulement être créé pour l'étude et la défense des intérêts de ses ressortissants, mais aussi, comme tout mandataire gratuit, s'interposer dans les opérations d'achat et de vente pour le compte de ses membres, avec la faculté de prélever une modique redevance pour les frais occasionnés pour lui dans ces transactions commerciales. En effet, il a été décidé qu'un syndicat ne pouvait être classé dans la catégorie des établissements qui font acte de commerce, puisque la qualité de commerçant implique la faculté d'acheter un produit, sans mandat, pour le revendre (art. 632 C. comm.) à des particuliers ou à des groupements quelconques, en récupérant sur cette revente un certain bénéfice non limité. De plus, tout commerçant est soumis au droit de patente qui n'incombe pas au simple syndicat agricole.

Le Président de la Chambre de commerce de Paris, ayant soutenu, en 1888, que la loi du 21 mars 1884 n'autorise pas les syndicats agricoles à faire un genre d'opération qui confine au commerce et pour lequel ils devraient, tout au moins, être assujettis à la patente, le ministre du Commerce d'alors répondit qu'il est impossible de reconnaître le caractère d'acte de commerce aux achats de marchandises utiles à l'agriculture, faits par les syndicats, sans aucun bénéfice, au profit de leurs membres. L'arrêt a donc des lacunes flagrantes dans ses attendus et devait provoquer de la part du Gouvernement le dépôt d'un projet de loi afin de remédier à la situation faite aux syndicats agricoles. C'est ce projet que nous allons examiner, discuter et critiquer avec tous les développements qu'il comporte.

PROJET DE LOI DÉPOSÉ PAR M. RUAU SUR LA CRÉATION DES SYNDICATS ÉCONOMIQUES (19 JUIN 1908).

Critique du projet. — Le 19 juin 1908, M. Ruau a déposé sur le bureau de la Chambre un projet de loi sur les syndicats agricoles. L'exposé des motifs qui précède le projet est un hymne chanté aux vertus de l'organisation professionnelle agricole qui a rendu « des services de toute sorte à notre démocratie paysanne » et a accompli « une œuvre de rénovation rurale ».

Les syndicats agricoles ne demandaient pas tant d'éloges, mais un statut juridique plus libéral. Le projet Ruau ne leur donne point cette satisfaction, nous allons en juger.

Que demandaient, en somme, les agriculteurs syndiqués? Une simple addition à la loi du 21 mars 1884, la reconnaissance pure et simple du droit, pour leurs syndicats, de leur procurer les marchandises utiles à l'agriculture et de vendre les produits de leur exploitation. Au lieu de cette disposition très simple, M. Ruau s'imagine d'attribuer à un syndicat distinct, le syndicat économique, les opérations d'achat et de vente accomplies jusqu'ici par le syndicat professionnel de la loi du 21 mars 1884. Le syndicat économique se formera, comme le syndicat professionnel, suivant la formalité du dépôt des statuts à la mairie, mais il sera différent; il y aura donc deux syndicats, celui de la loi de 1884, qui aura pour objet « l'étude et la défense des intérêts professionnels », et celui du projet Ruau, qui fournira des engrais à ses membres et écoulera leurs produits agricoles.

Quelle idée ridicule de répartir entre deux organismes juridiques les attributions exercées jusqu'ici par un syndicat unique : considérez une séance syndicale; on y fait un cours sur les engrais, une conférence économique, on y émet des vœux toujours platoniques. Cela, c'est l'étude et la défense des intérêts agricoles et ressortit par conséquent au syndicat professionnel : mais aussi, dans la même réunion, on commande les

engrais et les semences dont on a besoin, on se consulte
sur le moment le plus opportun pour les achats et cela
ressortit au syndicat économique. Pourquoi ne pas confier à un même syndicat, à la fois professionnel et économique, l'ensemble de ces diverses attributions. Le
bon sens est contre cette dualité des syndicats, mais
l'intérêt politique paraît plutôt le commander. Il s'a-
git tout d'abord de donner aux syndicats économiques
de fortes attaches officielles, et dans ce but on leur offre
l'appât d'avances pécuniaires assez importantes. Les
fonds provenant de la Banque de France, en vertu
d'une convention qui accompagne le renouvellement
de son privilège, pourront leur être prêtés à des conditions fort avantageuses par les caisses régionales de
crédit agricole. En retour, celles-ci, mandataires de
l'Etat, exerceront leur patronage et leur contrôle sur
les syndicats emprunteurs; cette ingérence donnera à
ceux-ci un caractère officiel dont sont libres les syndicats agricoles d'aujourd'hui.

Une seconde objection se présente à la lecture du
texte du projet : celui-ci ne confère aux syndicats nouveaux d'autres droits que ceux que la Cour de cassation reconnaît déjà aux syndicats anciens. Les syndicats
économiques pourront, de même que les syndicats de
la loi de 1884, recevoir de leurs membres le mandat
gratuit de transmettre au commerce de gros leurs
commandes, soit individuelles, soit groupées, mais ils
ne pourront pas faire davantage. Il leur sera interdit,
dit l'exposé des motifs: « d'avoir en magasin un stock
de marchandises, sans avoir, au préalable, groupé les
commandes de leurs adhérents. » Ils devront donc « se
contenter de jouer le rôle de mandataire gratuit ».
Or, de telles restrictions enlèvent toute portée utile au
projet de loi. Celui-ci renferme les opérations des

groupements nouveaux dans des limites qui sont précisément celles assignées par la Cour de cassation aux opérations des syndicats actuels. A cet égard, il ne constitue donc nullement un progrès dans la voie de la liberté syndicale.

Graves conséquences du projet. — En revanche, la conception du Ministre semble pleine de dangers pour l'avenir des syndicats agricoles. Elle crée, comme nous l'avons dit, deux catégories de groupements, les uns voués à la défense théorique des intérêts professionnels et à la propagation des institutions de prévoyance, de mutualité, d'enseignement, etc., les autres réduits uniquement au rôle de courtiers entre les syndiqués et le commerce de gros. Les avantages pécuniaires immédiats que ces derniers syndicats offriront à leurs adhérents attireront à eux les cultivateurs, mais en même temps les détourneront des associations à but social plus élevé. Les habitants de la campagne ne comprendront pas l'utilité de cette coexistence d'associations distinctes administrées par des personnels différents, possédant chacune un patrimoine propre et percevant une cotisation spéciale.

L'expérience a démontré que, pour amener les populations rurales aux idées d'association et de mutualité, auxquelles elles sont si réfractaires, il est nécessaire de commencer par donner une satisfaction directe à leurs besoins quotidiens, c'est-à-dire, de leur procurer engrais, semences, machines, etc. Tout syndicat qui veut s'affranchir complètement de ces préoccupations d'ordre matériel est voué à un échec certain. Scinder l'œuvre des syndicats, pour ravaler les uns à l'emploi de simples commissionnaires en marchandises et confiner les autres dans les études d'ordre spéculatif serait fatalement amener la ruine d'institutions qui sont à la fois des instruments de progrès matériel et des écoles d'éducation morale et sociale.

En résumé, le projet ministériel, loin de constituer une amélioration à la situation faite aux syndicats par l'arrêt de la Cour de cassation, en est au contraire une aggravation dangereuse. Et c'est là ce que M. Ruau appelle un remède à apporter ! l'agriculture française ne le remerciera pas du cadeau... Ce qu'il fallait faire, c'était de donner à la loi du 21 mars 1884 le complément indispensable pour lui faire produire tous les fruits sociaux dont elle porte le germe ; au lieu de cela, on essaie d'étouffer les forces sociales nées de ce germe. Espérons que le nouveau ministre de l'Agriculture n'a pas fait sien le projet Ruau.

La légalité des opérations faites par les syndicats agricoles. — La question de la légalité des opérations d'achat et de vente, accomplies par les syndicats agricoles, se présente de la façon suivante : la Cour de cassation déclare que la loi du 21 mars 1884 n'a nullement permis aux syndicats agricoles d'acheter pour ses membres des marchandises d'utilité professionnelle, et de cette décision il résulte bien certainement que jamais les syndicats ne peuvent tirer bénéfice de ces opérations. La Cour a-t-elle été plus loin et condamné également les achats et les ventes effectués gratuitement par l'intermédiaire du syndicat, celui-ci se contentant de recouvrer les dépenses occasionnées par le service ?

Un jugement de la Cour d'appel de Toulouse, en date du 26 mars 1889, reconnaît aux syndicats le droit d'acheter, exercé dans ces conditions, et postérieurement à l'arrêt de la Cour de cassation, le tribunal correctionnel d'Angoulême a admis la même solution. Quant à la Cour de cassation, elle a omis de nous dire formellement son avis sur ce point. Son arrêt ne nous apprend pas si le syndicat peut acheter et vendre dans les limites du mandat gratuit autorisé par le Code civil. Monsieur le ministre de l'Agriculture, qui se déclare si bien intentionné à l'égard des syndicats agricoles, ne manque pas d'interpréter le silence de l'arrêt de la façon la plus défavorable à leur droit ; d'après M. Ruau, le syndicat ne saurait être en aucune façon intermédiaire entre ses membres et le producteur ou marchand d'engrais.

Aussi, avec un grand air de libéralisme et beaucoup d'ostentation, le ministre s'empresse-t-il de faire reconnaître aux syndicats agricoles le droit d'être des mandataires gratuits. Mais, estimant déjà tenir ce droit et n'avoir pas besoin pour si peu d'une législation nouvelle les syndicats dédaignent justement les prétendus avantages du projet Ruau. Les déclarations de la bienveillance ministérielle leur faisaient présager l'acquisition de droits plus étendus ; la détermination de ces droits tient en deux mots : la capacité commerciale limitée à un double point de vue : au point de vue de l'objet, elle n'embrasserait que les engrais, les semences, les matières premières, les instruments utiles à la culture et enfin les produits agricoles ; au point de vue de la clientèle, celle-ci se composerait exclusivement des adhérents au syndicat. Ils exerceraient ces droits sans avoir besoin de constituer à côté d'eux des coopératives instituées suivant la loi de 1867 ; celle-ci impose trop de formalités, occasionne trop de frais et, de ce fait, est inaccessible aux petits syndicats.

Quoi de plus raisonnable que ce vœu ? Si l'on désire sincèrement procurer aux syndicats les moyens de poursuivre, comme par le passé, mieux même que par le passé, leur œuvre de rénovation économique et sociale, il faut les autoriser à se constituer un patrimoine collectif. On ne saurait donc se contenter de leur reconnaître cette liberté élémentaire d'acheter des engrais pour leurs membres et d'écouler les produits agricoles de ces membres. Il convient encore de leur donner le droit d'exiger, à l'occasion du service rendu par leur intermédiaire, une rémunération qui sera versée dans la caisse commune. Les œuvres sociales et d'enseignement professionnel profiteront de cet actif syndical. Les syndicats plus riches rendront plus de service aux syndiqués et à la démocratie rurale.

Projet de loi Méline. — Un projet de loi déposé par M. Méline en 1892 et voté en première lecture par la Chambre des Députés, contenait une disposition tendant à confier aux syndicats agricoles le droit de faire, même avec des bénéfices, certaines opérations d'achats et de reventes de matières premières rentrant dans la catégorie des actes de commerce. Nous ne demanderions rien de plus. Cette question de la capacité commerciale ne se pose d'ailleurs point pour les seuls syndicats agricoles.

Projet de loi Waldeck-Rousseau-Millerand. — C'est ainsi qu'un projet de loi Waldeck-Rousseau-Millerand, déposé en 1899, la concède à tous les syndicats professionnels. Grâce à la réforme proposée, les syndicats ouvriers pourraient exploiter avec leurs ressources une entreprise industrielle ou commerciale, posséder des actions dans une entreprise de même nature.

A première vue, il semble qu'elle aurait dû susciter l'enthousiasme du monde des travailleurs. Ne donnerait-elle pas aux prolétaires organisés un moyen pratique et légal de conquérir pacifiquement, par les ressources de leurs Associations professionnelles, les moyens de production enviés aux capitalistes!

Cependant les ennemis les plus terribles du capitalisme, les partisans de la lutte des classes, un grand nombre de bourses du travail s'insurgèrent contre le nouveau projet, qu'ils considéraient comme un piège tendu aux ouvriers par les bourgeois ingénieux. Ce que ceux-ci voulaient, c'était amuser les travailleurs dans la poursuite du lucre et les détournements de leur seule occupation sérieuse, la propagande socialiste. A vrai dire, il y eut des avis différents, et le citoyen Jaurès, par exemple, exhortait bien les socialistes à ne pas mépriser une liberté nouvelle dont on était libre d'user ou de ne pas user; mais son opinion ne prévalut point.

Que les travailleurs ou plutôt que les socialistes répudient la liberté syndicale et toutes les extensions proposées, c'est leur affaire, mais les agriculteurs qui poursuivent, dans leurs syndicats, l'amélioration de leur sort et du sort de tout le prolétariat rural n'ont pas à souffrir d'une attitude défavorable chez les militants des Bourses du travail. Ceux-ci attendent leur salut de la Révolution; ceux-là, tout aussi soucieux de rénover la profession, n'ont confiance que dans leurs efforts libres et organisés. En se mettant hors la loi de 1884, les syndicats agricoles ont fait œuvre meilleure qu'un grand nombre de syndicats ouvriers qui n'ont pas franchi les limites de cette loi : ceux-ci ont recherché la guerre sociale, ceux-là la paix sociale.

Eh bien ! que ces derniers parlent aussi haut que les premiers. Ils en ont le droit, et puisqu'au dire des ministres eux-mêmes ils ont bien travaillé jusqu'ici, comment refuserait-on de les écouter ? Qu'ils réclament pour eux la capacité commerciale, telle que nous l'avons définie plus haut et un droit de posséder plus étendu, pour leurs Unions, la personnalité civile, c'est-à-dire le droit d'ester en justice et de posséder des biens meubles ou immeubles.

Dans une réunion des agriculteurs de France, tenue à Paris, le 21 novembre 1908, les syndicats agricoles ont ainsi délimité le champ de leurs revendications. M. Millerand a été d'accord avec ses vieilles idées en les appuyant de son autorité. D'un autre côté les représentants du commerce paraissent avoir aperçu le grave danger que présente pour eux le projet ministériel. Dans une réunion tenue en février 1909, l'Assemblée générale des Présidents des Chambres de commerce de France, après examen approfondi, s'est déclarée « nettement défavorable à l'adoption du projet de M. le ministre de l'Agriculture ».

Le Conseil de la Société des Agriculteurs de France, le 12 janvier 1909, a pris dans le même sens une délibération, qui a été présentée par une délégation spéciale à la Commission de l'Agriculture et au groupe agricole de la Chambre.

Proposition de loi Gailhard-Bancel. — M. de Gailhard-Bancel et plusieurs de ses collègues, s'inspirant des desiderata formulés par les intéressés, ont déposé, le 18 décembre 1908, une proposition de loi très libérale qui, par interprétation de celle de 1884, tend à sanctionner purement et simplement l'état de choses existant depuis vingt-quatre ans. Cette proposition, si elle était adoptée, donnerait pleine satisfaction.

Vœu voté à l'Assemblée générale des Agriculteurs de France (séance du 12 mars 1909). — Voici le vœu très intéressant qui fut présenté et voté à l'Assemblée générale des Agriculteurs de France le 12 mars 1909, vœu précédemment adopté par la 9e section de cette Société :

« La Société des Agriculteurs de France,

« Considérant que l'interprétation donnée à la loi du 21 mars 1884 par l'arrêt de la Cour de cassation du 29 mai 1908 tendrait à interdire aux syndicats professionnels des opérations que, depuis vingt-quatre ans, ils pratiquent ouvertement, au grand bénéfice de leurs membres et avec l'approbation constante des Pouvoirs publics ;

« Considérant que cette interprétation va à l'encontre des intentions du législateur de 1884 ; que la faculté pour les syndicats de faire des opérations d'achat en commun, dans l'intérêt professionnel de leurs adhérents, a été reconnue par les interprètes les plus autorisés de la loi de 1884, notamment par M. le ministre du Commerce, dans sa lettre du 28 avril 1888, et par M. Waldeck-Rousseau, dans une consultation donnée en 1898 ; qu'elle a été consacrée par diverses lois postérieures, notamment par celles des 5 novembre 1894 (art. 1er), 19 avril 1905 (art. 9), 14 janvier 1908, etc. ;

« Considérant que le M. le ministre de l'Agriculture, vivement ému des conséquences de l'arrêt de la Cour de cassation, a déposé, le 19 juin 1908, un projet de loi qui a pour but de porter remède à la situation créée aux syndicats agricoles par ledit arrêt ;

« Mais, considérant que ce projet institue, à côté des syndicats existants et complètement en dehors d'eux, une catégorie nouvelle de syndicats dits « *économiques* », qui auraient pour mission de servir de mandataires gratuits à leurs membres, soit pour l'achat en commun des engrais, machines, etc., utiles à l'exercice de la profession agricole, soit pour la vente en commun des produits récoltés ;

« Considérant que cette création, qui scinderait l'œuvre des syndicats agricoles, jetterait le trouble dans leur fonctionnement ; qu'elle aurait, en effet, pour résultat d'attirer les syndiqués dans les groupements nouveaux, où ils croiraient trouver des avantages pécuniaires immédiats, et les détournerait par là même des syndicats soumis à la loi de 1884 et des institutions de prévoyance, de mutualité et de solidarité issue d'eux ;

« Qu'ainsi elle compromettrait gravement toutes les œuvres sociales qui sont l'honneur des syndicats agricoles ;

« Considérant, au surplus, que le projet de loi n'accorde aux syndicats nouveaux d'autres droits que ceux que l'arrêt de la Cour de cassation reconnaît déjà aux syndicats anciens ; qu'il est donc, à cet égard, sans aucune utilité ;

« Considérant enfin que, si le projet ministériel était adopté, les syndicats agricoles, au lieu de chercher à organiser entre

leurs membres des syndicats économiques à attributions restreintes, seraient fatalement amenés à créer, de préférence, des
sociétés coopératives qui, vendant à tout venant, feraient une
concurrence redoutable au commerce de détail et pourraient
même parfois léser de légitimes intérêts :

« Considérant que M. le député de Gailhard-Bancel et plusieurs de ses collègues ont déposé, le 18 décembre 1908, une
proposition de loi ayant pour objet de sanctionner l'état de
choses existant depuis vingt-quatre ans ; que cette proposition donne ainsi pleine satisfaction aux vœux des agriculteurs
et doit recevoir leur adhésion ;

« Emet le vœu :

« Qu'il ne soit créé aucune nouvelle catégorie de syndicats
agricoles, mais qu'une loi interprétative de celle du 21 mars
1884 reconnaisse explicitement aux syndicats la capacité légale
d'assurer la défense des intérêts professionnels de leurs membres en pratiquant pour eux toutes les opérations usitées jusqu'à ce jour et notamment les opérations d'achat, vente ou lo-
cation en commun se rattachant exclusivement à l'exercice de
la profession. »

D'autres vœux furent émis, se prononçant contre le
projet de loi Ruau. Citons notamment les vœux de l'U-
nion générale des syndicats agricoles (20 novembre 1908
et 3 mars 1909); ceux des Unions du Sud-Est, de Périgord et Limousin, du Morbihan, de Lorraine ; ceux
d'un très grand nombre de syndicats agricoles, de
l'Association de l'Industrie et de l'Agriculture française,
de l'Assemblée des Présidents des Chambres de commerce de France (8 mars 1909).

La Fédération nationale des syndicats agricoles, association non syndicale fondée récemment et publiée,
conformément à la loi de 1901, au *Journal officiel* du
5 décembre 1908, a toutefois donné, dès le 9 du même
mois, son adhésion de principe au projet de loi. La
Société Nationale d'encouragement à l'agriculture a
fait de même le 9 mars 1909.

A la suite du prononcé de l'arrêt de la Cour de cassation, plusieurs plaintes furent déposées dans diffé-

rents Parquets contre certains syndicats qui avaient contrevenu aux dispositions de la loi de 1884. Le monde agricole fut apeuré de cette levée de boucliers et se demandait quelle situation allait lui être faite. Il fallait trouver des moyens transitoires afin de ne pas détruire d'un seul coup cette magnifique institution des syndicats. Il fallait surtout savoir ce que pensait le Gouvernement de cet état de choses qui avait occasionné le dépôt du projet de loi de M. Ruau sur la création des syndicats économiques.

Le 17 décembre 1908, une question fut adressée à ce sujet à la Chambre des députés, par M. Noulens à M. le ministre de l'Agriculture. Il est intéressant de citer in extenso les débats qui s'engagèrent sur cette brûlante question de la situation faite aux syndicats après le fameux arrêt de la Cour suprême (1).

Les voici fidèlement rapportés :

M. Noulens. Messieurs, le 3 mai 1908, la Cour de cassation rejetait le pourvoi formé par le directeur et les administrateurs d'un syndicat agricole qui avaient été condamnés par la Cour de Nancy, pour infraction à l'article 3 de la loi du 21 mars 1884, aux termes duquel sont syndicats professionnels ceux qui sont constitués pour l'étude et la défense des intérêts économiques, industriels, commerciaux et agricoles

Le fait reproché aux prévenus consistait à avoir vendu, non pas à des personnes étrangères au syndicat, mais aux adhérents eux-mêmes en même temps que des objets d'utilisation agricole, des articles d'épicerie ou de quincaillerie.

L'émotion qu'ont provoquée l'arrêt de la Cour de Nancy et l'arrêt de la Cour de cassation a été d'autant plus considérable...

M. Guilloteaux. Et justifiée.

M. Noulens... que beaucoup de syndicats se trouvaient dans la même situation que celui qui a été poursuivi. La Cour de Nancy elle-même avait d'ailleurs reconnu que le directeur et

(1) *Officiel* : Chambre des Députés, séance du 17 décembre 1908, pages 2912 et 2913.

les administrateurs du syndicat en cause avaient agi avec une entière bonne foi et n'avaient fait que suivre les errements d'un grand nombre d'associations du même genre.

L'arrêt de la Cour de cassation, qui interprète la loi de 1884, est conçu en termes tellement absolus que bien peu de syndicats sembleraient être demeurés dans la légalité.

La Cour de cassation déclare, en effet, que seuls peuvent être considérés comme syndicats agricoles régulièrement constitués, ceux qui poursuivent exclusivement l'étude et la défense des intérêts économiques industriels ou agricoles. Or, il n'est pas douteux — et cela résulte des expressions mêmes qui figurent dans l'arrêt de la Cour de Nancy — que par les mots « étude et défense des intérêts » on vise des moyens de recherche et de propagande doctrinale plutôt qu'une organisation pratique.

La thèse de la Cour de cassation est contestable au point de vue juridique, mais je ne veux pas la discuter ici. Je me borne à faire remarquer que l'arrêt est peu en harmonie avec les décisions rendues par le Conseil d'Etat à propos de l'application de la contribution des patentes aux syndicats.

Si la thèse de la Cour de cassation précédait, ce serait fait des syndicats agricoles dont le rôle a été si actif depuis vingt-cinq ans et qui, en dépassant peut-être un peu les prévisions de la loi de 1884, ont tant contribué à favoriser les améliorations agricoles, surtout dans la petite culture. (*Très bien! très bien!*)

M. le ministre a si bien compris les dangers que pouvait faire courir aux syndicats cette jurisprudence nouvelle de la Cour de cassation que, quelques semaines après l'arrêt dont je parle, il déposait un projet de loi ayant pour but de préciser le rôle et les opérations des syndicats agricoles, de déterminer les règles de leur formation et enfin d'étendre leur capacité en leur permettant de posséder des immeubles destinés, non pas seulement à servir de lieu de réunions, mais encore à être utilisés pour le dépôt de leurs produits et marchandises.

M. le ministre a eu raison de vouloir faire reposer l'organisation des syndicats agricoles sur une base légale et d'assigner à leur action des limites régulières, qui ne dépendent pas des hasards d'une interprétation juridique.

Il est incontestable, par exemple, que les syndicats agricoles doivent avoir pour clientèle unique et exclusive celle qui est constituée par leurs adhérents. Nous ne pouvons pas admettre que les syndicats soient organisés pour vendre des produits de consommation courante à des personnes étrangères au groupement syndical. Je reconnais donc avec vous, monsieur le ministre, ce qu'il a pu y avoir d'abusif dans l'attitude de certains syndicats qui ont eu le tort de ne pas se borner à servir d'intermédiaires entre leurs adhérents et les marchands en gros pour l'achat des machines agricoles, d'engrais, de semences et autres produits d'utilité agricole. Ceux-là portent au petit commerce un préjudice que la loi ne peut ni favoriser, ni même tolérer. Le petit commerce a donc le droit de protester, toutes les fois que les syndicats se livrent à des opérations qui sortent visiblement des limites légitimement imposées aux syndicats agricoles.

Mais il ne faut pas oublier que, pendant vingt-cinq ans, depuis 1884 et même depuis 1880, puisqu'il existait déjà des syndicats agricoles avant la loi de 1884, on a fait preuve, à l'égard de ces syndicats, d'une tolérance qui devait encourager les abus et même les justifier dans une certaine mesure.

Les syndicats agricoles ne sont, d'ailleurs, pas seuls sortis des limites fixées par la loi de 1884. A côté de ces associations dont les tendances sont si sages au point de vue économique et politique et qui, dans la plupart des cas, ont été constituées avec une bonne foi absolue un peu en dehors des limites qui leur étaient assignées, il y a, au contraire, des syndicats qui ont pu en toute impunité se mettre en rébellion contre la loi. (*Très bien ! très bien !*)

On ne manquerait pas de trouver excessif aujourd'hui que les syndicats agricoles soient seuls poursuivis, alors que d'autres restent illégalement constitués, sans être le moins du monde inquiétés.

C'est pourquoi je me permets, monsieur le ministre, en m'adressant à vous, de vous prier d'intervenir auprès de votre collègue M. le garde des Sceaux pour lui demander de vouloir bien envoyer aux parquets des instructions afin de suspendre les poursuites qui ont pu être engagées contre les syndicats agricoles irrégulièrement constitués.

Sans doute ceux d'entre eux qui sortent de leur rôle normal pour faire des opérations hors du cercle de leurs adhérents ont le devoir de cesser des pratiques qui sont en contradiction complète avec la loi. Néanmoins je crois qu'il n'y a aucun intérêt à précipiter les poursuites ou à les multiplier. M. le ministre de l'Agriculture et M. le garde des Sceaux seront, j'en suis sûr, d'accord pour suspendre l'application de la nouvelle jurisprudence de la Cour de cassation jusqu'au jour où le nouveau projet de loi aura été voté.

De nombreux précédents m'autorisent à soutenir la thèse que j'apporte à la tribune. En 1892, la question s'est posée une première fois lorsqu'ont paru comme administrateurs de syndicats professionnels d'anciens ouvriers ayant abandonné la profession. La Chambre a alors invité le Gouvernement à suspendre les poursuites jusqu'au jour où une loi aurait réglé la question. Un peu plus tard, en 1900, des poursuites avaient été engagées contre 2.000 syndicats agricoles qui s'étaient formés, contrairement aux prescriptions de la loi de 1884, pour établir des assurances mutuelles. Dans cette circonstance encore, on a suspendu les poursuites jusqu'au jour où la loi du 4 juillet 1900 est intervenue et a permis aux syndicats d'avoir pour but l'assurance mutuelle notamment contre la mortalité du bétail. Enfin plus récemment nous avons vu que, des syndicats d'instituteurs s'étant constitués et leur légalité ayant été contestée, le Gouvernement a déclaré très justement que l'action publique serait arrêtée jusqu'au jour où la loi sur les syndicats de fonctionnaires aurait été adoptée.

Je m'autorise de ces précédents pour faire un pressant appel à la bienveillance de M. le ministre de l'Agriculture. En demandant à son collègue M. le garde des Sceaux de suspendre les poursuites, il donnera une nouvelle preuve de sa bienveillance à l'égard des agriculteurs et il empêchera ainsi nos adversaires d'exploiter contre la République le mécontentement que des mesures de rigueur appliquées aux syndicats pourrait susciter dans le monde agricole. (*Très bien! très bien!*)

M. LE PRÉSIDENT. La parole est à M. le ministre de l'Agriculture.

M. RUAU, *ministre de l'Agriculture*. Messieurs, mon honorable collègue et ami, M. Noulens, a posé la question qu'il a développée devant vous avec une clarté qui rend ma tâche singulièrement facile.

Je n'ai pas besoin de rappeler longuement à la Chambre que les syndicats agricoles constitués en vertu de la loi du 21 mars 1884 ont rendu, au point de vue moral comme au point de vue matériel, les plus grands services à notre agriculture nationale. (*Très bien! très bien!*) J'ai d'ailleurs eu dans bien des cas l'occasion de me prononcer très nettement en faveur de la continuation de leur œuvre si utile. (*Très bien! très bien!*)

Vous savez — M. Noulens vous l'a rappelé tout à l'heure — que les syndicats agricoles, débordant du cadre étroit qui leur était tracé par la loi 1884, ne voulant pas, d'une part, rester simplement des spectateurs désintéressés de la grande œuvre rurale, d'autre part, désirant empêcher certaines fraudes qui se produisaient au grand détriment des cultivateurs, avaient été amenés à faire des actes de commerce. Quelques-uns d'entre eux, sur lesquels je n'ai pas à m'expliquer en ce moment, ont pensé de bonne foi, je veux croire, qu'ils pouvaient élargir démesurément le domaine de leurs opérations. C'est ainsi que, non contents de vendre à leurs adhérents des engrais, des machines, des semences, des animaux, en un mot tout ce qui est directement utile à l'exploitation du sol, ils n'ont pas hésité à ouvrir des boutiques où tout venant pourrait être admis à s'approvisionner en objets d'épicerie, de quincaillerie et de vêture. C'est à la suite de ces agissements répréhensibles que sont intervenues les décisions des tribunaux de Montmédy et de Commercy et les arrêts de la Cour de Nancy et de la Cour de cassation.

La situation créée par une jurisprudence qui paraît définitive et qui est, il est bon de le dire, une interprétation très rationnelle de la loi du 21 mars 1884, a porté dans le monde agricole la plus grande perturbation et y a déterminé de très légitimes émotions. Aussi me suis-je empressé, au lendemain même de l'arrêt de la Cour de cassation, de déposer sur le bureau de la Chambre un projet de loi ayant pour but de régler aussi largement que possible, et d'une façon très nette, les droits et les devoirs des syndicats agricoles.

Je ne désire pas instituer en ce moment une discussion sur ce projet de loi qui ne tardera pas à être soumis à vos délibérations, mais j'ai une tâche immédiate à remplir : celle d'éclairer les administrateurs des syndicats sur les opérations que, d'après le Gouvernement, ils ont, à l'heure actuelle, le droit de faire.

M. Noulens a rappelé très justement qu'il y avait des précédents, qu'il s'agisse de syndicats professionnels du commerce et de l'industrie ou des syndicats de fonctionnaires. Il a fait observer que lorsque, à la suite de plaintes légalement motivées, le Gouvernement déposait un projet de loi pour remédier à un état de choses existant, il a toujours été entendu de la façon la plus expresse que l'on n'exercerait pas de poursuites avant le vote de ce projet. Aussi, d'accord avec mon collègue M. le garde des Sceaux, et tout le conseil des ministres que j'ai cru devoir saisir de cette importante question, nous avons résolu de ne pas user à l'égard des syndicats agricoles qui, de bonne foi, ont interprété d'une façon peut-être un peu trop large les termes de la loi de 1884 des droits conférés aux parquets par l'article 9 de ladite loi.

Mais je veux écarter de ce débat tout ce qui pourrait sembler une équivoque et je tiens à m'expliquer très nettement sur la question.

J'ai déposé, comme je le rappelais tout à l'heure, un projet qui contient, à mon avis, le maximum de droits qu'il est possible de concéder à des associations professionnelles qui ne veulent pas se transformer en sociétés commerciales. Il est bien évident que les syndicats qui, par avance, se conforment aux dispositions dudit projet peuvent continuer sans la moindre crainte leurs opérations ; mais à côté de ceux-là il en est d'autres — et c'est simplement un avertissement et non pas une menace que je leur adresse du haut de cette tribune — il en est d'autres, dis-je, qui, en sortant de leur rôle social, se sont rendus coupables d'abus intolérables.

M. JOSEPH CAILLAUX, *ministre des finances*. Très bien !

M. LE MINISTRE DE L'AGRICULTURE. A ceux-là je conseille de se modeler le plus tôt possible sur là législation qui est en instance devant la Chambre.

M. LE MINISTRE DES FINANCES. Très bien !

M. LE MINISTRE DE L'AGRICULTURE. Je leur conseille également non seulement dans leur propre intérêt, mais aussi dans l'intérêt de tous les autres syndicats agricoles qui sont la très grande majorité et dont ils se sont véritablement trop peu souciés, de ne pas engager au détriment de la paix sociale dans les campagnes une véritable lutte mettant aux prises les agriculteurs et le petit commerce local.

Autant je suis décidé à défendre avec énergie les syndicats agricoles, quand ils ne portent atteinte à aucune catégorie de citoyens, autant je croirai de mon devoir de défendre le petit commerce qui serait lésé par les actes de certains syndicats agricoles vraiment trop inconscients de leurs devoirs (*Très bien ! très bien !*)

M. ADIGARD. C'est la justice même !

M. LE MINISTRE DE L'AGRICULTURE. Donc, Messieurs, ma réponse à M. Noulens sera bien nette. Je prie tous les syndicats agricoles de se contenter par avance des facultés qui leur seront attribuées par le projet de loi déposé sur le bureau de la Chambre, et qui constituent, d'après le Gouvernement, le maximum de droits qui peuvent leur être concédés.

M. PÉRIER (Saône-et-Loire). Il faudra le dire aux syndicats de fonctionnaires.

M. LE MINISTRE DE L'AGRICULTURE. Contre ceux qui suivront ce conseil, aucune poursuite ne sera engagée ni suivie.

M. GUILLOTEAUX. Nous prenons acte de ces déclarations, monsieur le ministre, et nous vous en remercions.

M. LE MINISTRE DE L'AGRICULTURE. Mais j'avertis en même temps ceux qui ne voudraient pas entendre mon appel que je ne suis pas disposé à intervenir en leur faveur surtout si des particuliers venaient à déposer contre eux des plaintes qui pourraient être très justifiées. Vous savez d'ailleurs comme moi que lorsqu'une instruction est ouverte, le Gouvernement n'a pas le droit d'intervenir.

M. Laurent Bougère. Je ne comprends pas.

M. le ministre de l'Agriculture. C'est pourtant bien clair.

M. Henry Ferrette. Les droits individuels sont réservés, les actions en concurrence déloyale restent ouverte.

M. Laurent Bougère. Alors vous n'empêcherez pas les parquets de poursuivre !

M. le ministre de l'Agriculture. Je crois avoir fait une réponse aussi nette que possible à la question qui m'a été posée par mon honorable collègue et ami M. Noulens.

Nous sommes décidés à défendre énergiquement les syndicats agricoles qui, se contentant des droits qui leur sont accordés, ne cherchent pas à faire une concurrence illicite au petit commerce local, mais ceux-là seuls. (*Applaudissements.*)

M. le Président. La parole est à M. Noulens.

M. Noulens. Je remercie M. le ministre des explications qu'il a bien voulu me donner et qui témoignent de son souci des intérêts de l'agriculture.

A vrai dire, je ne doutais pas qu'il fût disposé à suspendre les poursuites, et ses déclarations sont telles que je les attendais. Toutefois, il est un point que je voudrais préciser pour éviter au dehors tout malentendu.

M. le ministre nous a dit que son intention est de s'opposer à la continuation des poursuites...

M. le ministre de l'Agriculture. J'ai déjà saisi mon collègue par une lettre.

M. Noulens... Il doit être entendu, en outre, comme cela ressort des paroles prononcées par M. le ministre à la tribune, que, si les commerçants ont toujours le droit d'intenter une action civile contre les syndicats qui leur porteraient préjudice, leur plainte aux fins d'une répression pénale ne pourra pas, jusqu'au vote du projet de loi, mettre en mouvement l'action publique, à la condition toutefois que les syndicats s'abstiennent de certaines opérations visiblement abusives que la loi projetée ne saurait faire rentrer dans le cadre de leurs attributions.

En ajoutant ces quelques mots, je ne fais, j'en suis persuadé, qu'interpréter la pensée de M. le garde des Sceaux et de M. le ministre de l'Agriculture. (*Très bien ! très bien !*)

M. le Président. L'incident est clos.

Conclusion. — Il est à souhaiter que le Gouvernement, mieux inspiré, comprendra la gravité de projets de loi tels que celui présenté aux Chambres par l'ancien ministre de l'Agriculture. Au lieu d'envisager, dans ces retouches à apporter aux lois en vigueur, de bas intérêts politiques ou les intrigues de coteries absolument étrangères à la classe agricole et rurale, on devrait étudier tous ces projets de réforme avec une attention très scrupuleuse et en s'inspirant des vœux émis par nos sociétés et syndicats agricoles qui ne visent qu'à un but très louable et complètement professionnel : rendre la prospérité à la science agricole, ne pas décourager nos braves agriculteurs, rendre la foi à nos habitants ruraux, faire renaître plus vifs que jamais, dans le cœur de nos braves paysans, l'amour de la terre et une ardeur de plus en plus forte pour le travail champêtre.

Ce qui tue, dans notre cher pays de France, est la politique qui s'immisce dans toutes les branches de la vie sociale.

Chassons-la de nos groupements professionnels, et nos revendications auront plus de poids, et seront mieux écoutées. Il est encore temps de se défendre contre les pièges qu'on nous tend à plaisir. Agriculteurs, ouvriers ruraux, organisons-nous, discutons ensemble nos intérêts réciproques et envoyons au Parlement des compétences qui, connaissant nos besoins et nos désirs, sauront être nos défenseurs et des mandataires de toute confiance.

CHAPITRE II
LES COOPÉRATIVES AGRICOLES

La véritable organisation de la vente agricole doit venir, non pas directement des syndicats, mais de la création de coopératives. Les sociétés coopératives agricoles, qu'elles soient relatives à la production ou à la consommation, sont celles qui se sont le moins développées en France au regard des syndicats agricoles et des caisses de crédit agricoles. Elles commencent pourtant, depuis quelques années, à prendre sur les divers points de la France agricole et viticole un certain essor et semblent vouloir confirmer, à un temps plus ou moins rapproché, la prédiction optimiste de M. Jules Méline : « Elles seront avec le temps le grand instrument d'émancipation de l'agriculture ; elles lui permettront d'obtenir de ses produits le maximum de recettes en mettant directement en rapport le producteur et le consommateur, et en débarrassant la vente des éléments parasitaires qui les ruinent tous deux (1). »

But des Sociétés coopératives agricoles. — En quoi consiste une société coopérative ? Qu'elle soit créée en vue du commerce ou de l'agriculture, une société coopérative a pour but de grouper producteurs et consommateurs, vendeurs et acheteurs, de les mettre en contact direct, de les faire se connaître et de réaliser directement entre eux des affaires commerciales ou agricoles, en supprimant tout intermédiaire, repré-

(1) *Le Retour à la terre*, de J. Méline, page 140.

sentant, courtier, voyageur et les désavantages qu'ils apportent de par leur profession, afin de diminuer les frais généraux de production, de mieux produire, de vendre moins cher et de vendre du bon.

La coopération n'est sans doute pas le remède unique à tous les maux dont souffre la Société. Elle est du moins l'un des plus efficaces quand elle est possible et elle a un rôle important à jouer en agriculture.

Les Sociétés coopératives agricoles, livrées jusqu'en 1906 à leurs propres et bien faibles forces, étaient certainement vouées à une mort prochaine, quand les pouvoirs publics ont daigné être leur médecin et, à l'aide d'efficaces remèdes, les rendre à une vie plus belle et plus enviable.

Le législateur, vers 1903, s'aperçut que les lois de 1894 et de 1899 relatives aux caisses locales et régionales du crédit mutuel ne visaient en aucune façon les associations de coopératives et il lui sembla avec juste raison qu'il fallait encourager la création et faciliter le fonctionnement d'institutions qui, par leur essence même et le but qu'elles chercheront à atteindre, transformeront complètement la nature des rapports qui existent entre les classes des producteurs et celles des consommateurs, en fournissant aux travailleurs de la terre les moyens de trouver eux-mêmes, pour leurs produits perfectionnés, des débouchés rémunérateurs. Le législateur comprit, quoiqu'un peu tard, qu'il s'agissait d'organiser solidement la défense des intérêts agricoles, en suscitant et en favorisant, sur tous les points du territoire, l'éclosion de sociétés coopératives agricoles analogues à celles qui, chez nos voisins, ont, pour ainsi dire, révolutionné le monde agricole, en le régénérant.

Proposition de loi Clémentel sur les Coopératives

agricoles. — Le 30 juin 1903, M. Clémentel et l'ancien ministre de l'Agriculture, M. Ruau, déposèrent sur le bureau de la Chambre une proposition de loi tendant à la création de sociétés coopératives agricoles. Mais cette proposition, qui ne visait presque exclusivement que l'institution de magasins à céréales, ne put venir utilement en discussion devant la Chambre. Elle fut mise dans le tiroir aux oubliettes jusqu'en 1904, où ses auteurs la reprirent, la présentèrent comme amendement à la loi de finances et... la retirèrent... provisoirement. L'état provisoire ne fut heureusement pas définitif et M. Ruau, en 1905, présentait un projet de loi « autorisant des avances aux sociétés coopératives agricoles », projet qui, discuté en détail, modifié par de nombreux amendements, retourné en tous sens, devint enfin la loi du 29 décembre 1906.

LOI DU 29 DÉCEMBRE 1906

Economie de la loi. — Voyons très brièvement l'économie de cette loi appelée à rendre les plus grands services aux petits propriétaires agricoles et à les encourager dans leurs efforts et leurs travaux.

L'article 1er est ainsi conçu :

« L'article 1er de la loi du 31 mars 1899 est ainsi complété : le Gouvernement peut, en outre, prélever sur les redevances annuelles et remettre gratuitement auxdites caisses régionales des avances spéciales destinées aux sociétés coopératives agricoles et remboursables dans un délai maximum de 25 années. Ces avances ne pourront dépasser le tiers des redevances versées annuellement par la Banque de France dans les Caisses du Trésor, en vertu de la Convention du 31 octobre

1896, approuvée par la loi du 17 novembre 1897. »

Ainsi donc, de par cet article 1ᵉʳ de la loi du 29 décembre 1906, une partie des sommes que la Banque de France verse à l'État pour les Caisses de crédits agricoles est destinée aux sociétés coopératives agricoles. Un tiers de ces sommes doit donc aller aux caisses, qui devront les remettre aux coopératives régionales moyennant un intérêt fixé actuellement à 1 fr.50 pour cent. Ces avances remboursables en 25 ans sont réparties par une commission spéciale au ministère de l'Agriculture, qui examine plusieurs fois par an les demandes soumises.

La circulaire n° 32, émanée du ministère, indique les formes que peut prendre la coopération agricole, qui doit être classée au rang des sociétés civiles ou commerciales anonymes à capital variable. Cette même circulaire précise les opérations que les Sociétés coopératives doivent faire pour pouvoir solliciter des avances, la procédure à suivre et la forme de demande, les garanties qu'elles doivent présenter et le contrôle auquel elles sont soumises. Tous ces renseignements bien précis peuvent facilement être consultés par les personnes qui ont le désir de créer des coopératives agricoles dans le genre de celles qui peuvent, depuis 1906, bénéficier de la loi et pour lesquelles les avances consenties à ce jour dépassent 1.500.000 francs.

On voit donc l'avantage apporté par les syndicats agricoles, qui, interprétant la loi du 21 mars 1884 dans un sens libéral que l'on voudrait restreindre aujourd'hui, ont fondé des coopératives pour l'achat des engrais, semences, instruments agricoles, etc.

Objet de la loi. — Le législateur s'est proposé de faciliter la création des sociétés coopératives agricoles pour la production, l'exportation et la vente en commun des produits agricoles, tels que beurre, laiterie, fromage, légumes, fleurs, céréales, plantes industrielles, etc.

Il est facile de comprendre que les petits cultivateurs isolés sont intéressés au plus haut point à la création de ces institutions qui leur permettent de réaliser des économies importantes sur les prix de vente et les frais de transport ; et ces petits exploitants sont si nombreux en France qu'on en compte 4.852.000 !

Mais l'organisation de ces groupements impose aux agriculteurs la nécessité de se procurer les capitaux nécessaires. C'est en se rendant compte des nécessités économiques de l'heure présente que le législateur s'est préoccupé de l'organisation du crédit agricole à long terme et qu'il a essayé de l'assurer dans les meilleures conditions pour l'agriculture et pour le Trésor.

But de la loi. — Cette loi, qui a pour but d'aider les agriculteurs à faire leurs ventes en commun, déterminera des avantages très importants et plus humanitaires encore si elle doit, par son application, être le point de départ de l'émancipation d'un grand nombre de ces ouvriers agricoles qui, lésés depuis l'introduction des machines, cependant nécessaires aujourd'hui pour permettre à notre agriculture de rivaliser avec celle des pays voisins, désertent les champs pour aller à la ville avilir encore les prix de main-d'œuvre, être misérables, devenir des déclassés, et souvent mourir entre les murs tristes d'un hôpital, loin de ces prairies et de ces bois où leurs yeux se sont ouverts au jour, de ce sol natal, berceau et tombeau de leurs aïeux, où, après leur adolescence, ils espéraient vivre et mourir.

Elle constitue, par conséquent, un perfectionnement très appréciable, puisqu'elle permet aux sociétés coopératives de participer au crédit agricole. Bien qu'elle édicte des dispositions qui organisent un crédit nouveau, un crédit à long terme, puisque le délai maximum de remboursement des prêts est de vingt-cinq années, elle est sans danger, car elle n'autorise à prélever les sommes qui doivent être l'objet d'un prêt que sur les redevances annuelles de la Banque de France, c'est-à-dire sur les sommes qui deviennent chaque année la propriété du crédit agricole. Il en serait autrement si la loi autorisait le gouvernement à faire des prélèvements sur les 40 millions d'avances consenties à l'Etat par la Banque de France, car un jour l'Etat devra rendre ces 40 millions, et s'il avait été possible de les immobiliser pour des périodes aussi longues que celle de vingt-cinq années, on pourrait adresser de sévères critiques à la loi : mais ce fait est impossible, puisque ces avances doivent être remboursées en 1920. Disons de suite que la somme maxima mise à la disposition du Crédit agricole n'est pas seulement de 40 millions, mais bien de 50 millions au moins, inscrits sur le Grand Livre : ils sont par conséquent à la disposition de l'agriculture qui n'a demandé jusqu'ici que 22 millions et qui n'a qu'à s'organiser et à demander des subventions. Prenons exemple sur nos voisins d'outre-Rhin, qui ont vu leur caisse centrale des associations, installée à Berlin, prêter, en 1902, 10 milliards aux sociétés coopératives agricoles et autres !

Critique de la loi. — Allons-nous dire que la loi du 29 décembre 1906 est parfaite? Hélas! rien n'est parfait en ce monde et nous allons indiquer la principale critique pouvant être adressée à la loi. Croit-on que celle-ci atteindra complètement son but, qui est de mettre facilement à la portée des cultivateurs les sommes qui leur sont nécessaires, avec cette condition de s'associer pour des entreprises à longue échéance? Quand on a vécu à la campagne plusieurs années, on connaît le tempérament des cultivateurs. Ils sont assez hésitants lorsqu'il s'agit de débourser de l'argent, surtout de l'argent dans la possession duquel ils ne rentreront que longtemps après. Lorsqu'on fait appel aux cultivateurs et qu'on leur demande de s'associer, soit s'il s'agit de culture, pour l'achat d'une batteuse mécanique, soit, s'il s'agit d'élevage, pour construire des écuries, soit, s'il s'agit de viticulture, pour construire des magasins, des celliers, des caves coopératives, le cultivateur, s'il n'est jeune, de bonne santé, s'il n'a la foi robuste, hésitera à entrer dans les coopératives établies par la loi de 1906, parce qu'il ne sait s'il vivra assez longtemps, s'il ne sera pas appelé à changer de situation, si la fortune le servira assez pour pouvoir bénéficier des avantages qui lui sont offerts. Au contraire, il y a des organisations, des collectivités qui sont sûres de vivre : ce sont les communes rurales. Avec elles il importe peu que Pierre vienne à mourir, que Paul change de village ou de profession : le village, la commune rurale resteront; le territoire, la culture ne changent pas, et l'on pouvait en toute sécurité permettre à ces petites communes rurales de bénéficier des avantages de la loi.

On peut objecter à notre critique que nous faisons du socialisme municipal! Nous ignorons si c'est du socialisme municipal; en tout cas, si c'en était, cela n'aurait, *in specie*, aucun inconvénient.

Réserve faite de cette critique, nous devons reconnaître que la loi du 29 décembre 1906 offre de grands avantages aux sociétés coopératives agricoles : mais... faute d'argent ces avantages resteront pendant longtemps encore dans le domaine des espérances! Le législateur s'est aperçu le premier que, avec de modi-

ques ressources on ne pourrait jamais encourager toutes les coopératives qui seront constituées en France.

En effet, nous savons que la plus grande partie des
redevances annuelles de la Banque de France reste
affectée à l'encouragement du crédit agricole mutuel,
tel qu'il fonctionne aujourd'hui ; la somme qui peut
être mise à la disposition des coopératives agricoles
ne dépasse pas celle d'un million et demi, ou deux
millions tout au plus par an. Que peut-on faire avec si
peu de munitions! Le rapporteur du projet de loi n'i-
gnorait pas d'ailleurs les conséquences de ces minimes
secours financiers. Il disait en pleine Chambre, à la
séance du 29 janvier 1906, ces paroles qui prennent
une certaine importance dans la bouche d'un homme
autorisé comme lui (M. Louis Vigouroux) :

« En fait, la loi permettra simplement à l'Etat de
fournir à des agriculteurs qui n'en ont pas encore le
moyen, la possibilité d'organiser des coopératives
capables de servir d'exemples et de modèles à d'autres,
et de faire dans notre pays, sur tous les points du territoire, la démonstration qu'on peut placer des fonds,
avec profit, dans la coopération agricole et que là est
le salut de la production nationale au regard de la
concurrence étrangère. La loi aura donc *surtout une
valeur démonstrative*. C'est pourquoi les dispositions
restrictives du projet ont une extrême importance. La
commission de répartition, éclairée par les ingénieurs
de l'hydraulique agricole et des améliorations agricoles, par les inspecteurs de l'agriculture, ne devra
accorder des avances qu'aux coopératives qui ont *des
chances de réussir*... Ainsi nous ne pouvons encourager qu'un nombre restreint de coopératives. L'essentiel est de réserver nos encouragements à celles qui
auront les plus grandes chances de succès, afin de dé-

montrer aux agriculteurs français les avantages de la coopération.»

Ainsi, la loi ne s'adresse qu'à certaines coopératives agricoles, aux plus importantes, aux plus riches, aux plus vitales et non aux autres, dont l'importance est bien faible et qui ne demandent qu'à être protégées pour grandir et devenir fortes... La logique sociale et démocratique de nos parlementaires est vraiment d'une profondeur à la portée de peu de cerveaux ou d'une bizarrerie clownesque !

M. Oscar Vigne a déposé le 26 février 1910, sur le bureau de la Chambre des Députés, une proposition de loi tendant à exempter de l'impôt du timbre proportionnel et du droit de transmission les sociétés coopératives de production, de transformation de conservation et de vente des produits agricoles, constituées conformément à la loi du 29 décembre 1906.

Voici le vœu qu'a émis, sur cette proposition de loi, la Société des Agriculteurs de France :

Considérant que les sociétés coopératives rendent d'importants services à l'agriculture ;

Qu'il importe d'encourager la création et le développement de celles-ci, notamment en les débarrassant, le plus possible, de formalités fiscales onéreuses;

Qu'il s'agit, en fait, de sociétés de personnes où toute spéculation est interdite ;

Émet le vœu :

Que la proposition de loi de M. Octave Vigne, tendant à exempter de l'impôt du timbre proportionnel et du droit de transmission les parts des sociétés coopératives agricoles constituées conformément à la loi du 29 décembre 1906, soit votée par le Parlement.

Etat actuel des Sociétés coopératives agricoles à l'étranger. — L'examen de cette loi terminé, voyons l'état actuel de ces Sociétés coopératives agricoles en France et dans les pays étrangers. Commençons par ceux-ci et constatons avec regrets que notre pays est devancé par les nations voisines.

C'est du Nord que nous vient la lumière... C'est du *Danemark* que nous vient la meilleure, la première et la plus grande organisation des sociétés coopératives de laiterie. Ces sociétés fort bien constituées sont principalement des coopératives de production ou de vente. Les membres de celles-ci, grands et petits herbagers ou éleveurs, sont fournisseurs de lait à leur laiterie montée également sous la forme coopérative et vendent eux-mêmes les produits de leur lait, beurre et fromage, dans le pays même et à l'étranger. On comprendra l'extension qu'a prise la coopération chez les Danois quand on saura qu'en 1892 mille coopératives étaient déjà créées dans ce joli pays si convenable à l'élevage du bétail.

En *Amérique* et en *Angleterre*, au contraire, les coopératives de consommation ont primé celles de production. L'Amérique est plutôt sous un régime agricole de grande capitalisation que sous celui des coopératives. Le système américain met les agriculteurs entre les mains des compagnies très florissantes qui se trouvent être les seuls artisans auxquels, pratiquement, l'agriculteur puisse songer à vendre son blé. Or il s'ensuit une sorte de dépendances qui ont souvent donné lieu à bien des plaintes. Les agriculteurs accusent les compagnies d'employer toutes espèces de manœuvres pour fausser ce qu'on appelle là-bas les « notices » qui déterminent les cours et qui ne répondent pas toujours à un cours moyen pendant toute la séance de Bourse, mais au dernier cours inscrit sur lequel peuvent peser à dessein les Compagnies.

Pour remédier à cet état de choses, on a voulu ajouter au système de capitalisation un système à base de coopération ; mais on n'a rien obtenu d'avantageux pour l'agriculture parce que, c'est la raison principale, il est particulièrement difficile de trouver des directeurs de coopératives dans un pays de grande initiative personnelle comme l'Amérique. En outre, les Compagnies ont, par des moyens directs, gêné le transport des blés des coopératives. On peut donc dire que la coopération est peu développée en matière agricole aux États-Unis.

En *Allemagne*, le mouvement coopératif a des origines relativement lointaines. Dès 1881, les grands apôtres de la coopération en Allemagne propagent leurs idées économiques ; mais c'est seulement vers 1890 que débute, en Allemagne, le mouvement coopératif de la vente du blé. A Ratisbonne, en 1893, eut lieu la création de magasins spéciaux pour les céréales, appelés communément des « Kornhauser ». Ces magasins de blé présentent des avantages à la fois d'ordre technique et d'ordre économique. Au point de vue technique, les petits et les moyens propriétaires, pouvant avoir des difficultés d'engrangement et de conservation pour le grain, portent leurs céréales dans les magasins de blé qui assurent de meilleures conditions pour le séchage du blé et résolvent les difficultés d'engrangement. On trouve aussi un autre avantage technique dans cette institution des « Kornhauser » en ce que ceux-ci peuvent travailler le blé à l'aise ; en Allemagne, où il y a dans une région unique des différences considérables dans la qualité du blé, il est nécessaire que des mélanges soient pratiqués pour la vente, et ceux-ci sont faits dans les magasins de blé qui assurent d'autant plus de bénéfices pour le commerce. Au point de vue économique, la création de ces magasins semblent devoir supprimer des intermédiaires qui, en Allemagne, sont particulièrement redoutables pour l'agriculture. En outre, les « Kornhauser » ouvrent aux produits réunis des débouchés nouveaux.

On peut donc dire que les résultats de ce développement des coopératives en Allemagne sont loin d'être nuls. A la date de 1907, une enquête officielle disait qu'il y avait en Allemagne 170 sociétés coopératives vendeuses de blé ; il faut ajouter qu'il est assez difficile de compter toutes les petites sociétés coopératives ; aussi des corrections ont été faites aux chiffres de l'enquête de 1907 et ont porté le nombre des coopératives à 200 ; elles doivent atteindre maintenant le nombre 230 environ.

La *Russie* est l'un des pays les plus en retard pour la création de sociétés coopératives. Et pourtant les conditions commerciales de la vente du blé sont particulièrement mauvaises. C'est à cette situation contre laquelle le gouvernement russe a essayé de réagir. Dès 1885 fut promulguée une loi permettant à la Banque d'empire de faire des avances aux paysans sur leur blé et, ce, jusqu'à 60 0/0. En 1888, une autre loi fut promulguée, qui avait pour but la création de grands magasins de blé, dont le nombre atteint actuellement 300 environ.

2º en France. — En France, il est juste de reconnaître que les agriculteurs n'ont pas attendu la loi de 1906 pour se réunir en sociétés coopératives ; mais le mouvement coopératif qui se dessine chez nous depuis une dizaine d'années est loin d'avoir atteint le développement auquel il est parvenu chez nos voisins, justement parce qu'il n'est pas assez appuyé ni soutenu par les encouragements de l'Etat.

Néanmoins, nos sociétés, presque abandonnées à elles-mêmes, ont donné déjà suffisamment de preuves de vitalité pour qu'on puisse envisager leur avenir avec confiance. C'est ainsi qu'il faut citer tout d'abord les anciennes et célèbres fruitières du Jura qui produisent depuis si longtemps des fromages renommés, et surtout le groupe des laiteries des Charentes et du Poitou, qui comprend actuellement 160 sociétés coopératives environ.

Ce furent les coopératives de production qui furent créées les premières et en plus grand nombre ; puis vinrent celles de consommation.

Principe de la Coopération de production. — Ce principe suppose à la base de la coopérative le syndicat agricole appuyé sur la caisse du crédit mutuel. Quand les agriculteurs d'une région, membres du syndicat et de la caisse de crédit, ont une culture dominante et que, par suite du défaut de logement ou d'outillage, ou par le fait de la surproduction, la vente devient difficile, ils se réunissent afin de diminuer leur prix de revient. La Société coopérative est alors créée sur le type des sociétés civiles ou des sociétés commerciales à capital variable.

Comment va-t-on constituer le capital ? Par des parts de 25 francs pour les premiers frais d'installation. Puis, si la société présente de bonnes garanties, elle pourra emprunter à la Caisse régionale.

Effets de l'application du principe. — Les effets de l'application de ce principe ? L'agriculteur voit son travail de beaucoup simplifié ; il n'a plus à s'occuper que de la production et peut consacrer tout son temps, toute son activité, tous ses efforts à l'amélioration de ses terres, à l'étude plus complète de ses assolements, à la connaissance plus parfaite des engrais qui conviennent à ses récoltes afin de produire davantage et de faire une culture de plus en plus intensive.

Pour la vente, l'agriculteur s'en rapporte à la Société coopérative qui écoulera les produits à un prix plus rémunérateur que si le propriétaire les vendait lui-même, en butte, la plupart du temps, aux marchandages divers et obligé finalement, quand il peut les écouler, d'accepter les prix de famine qu'on lui offre à lui seul. Or, la Société coopérative, grâce à l'appui de la caisse de crédit, avance, dès la livraison du produit, une partie du prix à l'agriculteur qui le désire.

Quant aux effets moraux de l'application du principe coopératif, ils sont nombreux et d'une grande importance ; il nous suffira de citer la diminution de méfiance qui se fera dans les milieux de commercialité agricole, l'accroissement de solidarité entre membres ayant les mêmes intérêts et une nouvelle ère de paix sociale qui est souhaitable à tous les points de vue !...

Unions syndicales qui ont vulgarisé les coopératives agricoles. — Parmi les unions syndicales qui se sont le plus occupées de la vulgarisation des coopératives agricoles, citons celle du Sud-Est, dont nous avons précédemment parlé. Cette union, qui englobe aujourd'hui tant de syndicats, a institué une société coopérative destinée à fournir à ceux-ci tous produits nécessaires. Fondée en 1893 au capital de 50.000 francs, elle compte de nombreux porteurs de parts fixées chacune à un minimum de 100 francs. Chaque syndicat est tenu de posséder en propre au moins une part et d'en faire souscrire au moins une par cent membres, ce qui revient à dire qu'un syndicat de 500 membres devra posséder au moins six parts, dont une à son nom et cinq appartenant à ses adhérents.

Peuvent être admis à participer aux opérations de

la coopérative, non seulement les propriétaires de parts, mais aussi de simples adhérents ayant versé une cotisation de deux francs.

En fin d'exercice, les bonis réalisés sont partagés entre les associés, au prorata du chiffre d'affaires traitées par eux. Cette répartition a permis à la Coopérative de dire qu'elle ne réaliserait aucun bénéfice.

Démarcation entre les coopératives de production et celles de consommation. — Il est utile d'insister sur cette démarcation qui doit être faite entre les coopératives de production et celles de consommation et de montrer avec clarté tous les avantages que présentent les premières.

Les coopératives de consommation achètent pour revendre ; elles font actes de commerçants ; elles peuvent donc causer un préjudice réel à certains commerçants, surtout aux petits.

Au contraire, pour les coopératives de production, il est formellement stipulé que le syndicat ou l'association d'agriculteurs pourra vendre seulement les produits de ses membres : or, il n'y a pas là acte de commerce, puisqu'il n'y a pas achat suivi de vente.

Les coopératives de production permettent à des agriculteurs associés de conserver et de vendre leurs produits ; ces agriculteurs, il est bon de le remarquer, peuvent passer des marchés avec des commerçants aussi bien qu'avec des particuliers. La coopérative de production est donc d'un grand secours à ceux qui, par exemple, n'ont pas vendu leurs produits, soit parce qu'ils n'ont pas trouvé d'acheteurs, soit parce que, les cours étant très bas, ils ont voulu attendre des prix plus rémunérateurs. Prenons, pour citer un exemple typique, celui de la Champagne. Beaucoup de vignerons vendent à la vendange ; les commerçants ou les

commissionnaires leur achètent leurs raisins au kilogramme. La vendange est apportée dans des paniers
et, avant d'être versée dans le pressoir, elle est pesée
et ensuite payée, suivant un prix convenu, à tant le
kilogramme; c'est, dans ce cas, le commerçant qui
fait lui-même le vin. Mais tous les vignerons n'ont
pas vendu ainsi à la vendange; un grand nombre d'entre eux sont obligés de faire leur vin, de le pressurer,
de le loger. Et tout cela entraîne des frais, et par conséquent diminue les bénéfices ou même les supprime
complètement, car la vigne ne poussant pas toute seule,
les vignerons s'imposent de grands frais de culture.

Avec les coopératives de production, les vignerons
peuvent avoir des pressoirs, des futailles, des caves et
des celliers, en un mot tout ce qui est nécessaire pour
faire leur vin et le conserver. Un vigneron qui n'a pas
de futailles et parfois ne peut en acheter, ou qui ne
peut loger son vin chez lui, n'est pas obligé de le vendre à un cours inférieur, de s'en débarrasser à tout
prix. Il peut alors attendre l'hiver, le moment où on
achète un vin clair. Les vignerons associés peuvent
résister plus facilement à la baisse des cours.

De plus, les coopératives peuvent, non seulement
organiser la vente, dans la région, aux commerçants
locaux, mais se créer d'autres débouchés sur d'autres
marchés. Cela existe déjà pour d'autres produits agricoles. Personne, en définitive, ne pourrait contester
sérieusement l'utilité des coopératives pour la conservation et la vente des produits agricoles. En encoura-
geant les sociétés coopératives, on montrerait que le
remède aux conditions défavorables dans lesquelles se
trouve la production française, vis-à-vis de la production étrangère, gît, en grande partie, dans la coopération.

Les Associations agricoles.   5

Il serait donc souhaitable que les pouvoirs publics s'intéressent davantage à la diffusion et à la vulgarisation des coopératives agricoles, qui sont d'une utilité incontestée et incontestable pour tous les propriétaires ruraux, les fermiers et les métayers.

Vœu présenté au Congrès national des Syndicats agricoles par M. Reuter. — Dans plusieurs congrès tenus ces dernières années, nombre de rapports ont été présentés et de vœux ont été émis sur cette question des coopératives agricoles.

Au Congrès national des syndicats agricoles, tenu à Nancy les 7, 8 et 9 juin 1909, le vœu suivant, présenté par M. Reuter, a été adopté à la presque unanimité des membres :

« Le Congrès : considérant que les coopératives agricoles de production visent uniquement la transformation et la vente des produits agricoles, en dehors de toute idée de spéculation commerciale ;

Que c'est cependant sous le régime des lois commerciales que les Sociétés peuvent se constituer ;

Qu'ainsi cette constitution comporte des formalités complexes et onéreuses, qui font reculer souvent les meilleures volontés ;

Que c'est par suite de ce régime que sont refusées aux agriculteurs groupés dans les coopératives les immunités fiscales dont ils jouissent isolément pour la vente de leurs produits :

... Emet le vœu :

Que le législateur donne aux sociétés coopératives agricoles de production et de vente une loi favorable à leur constitution et à leur fonctionnement. »

1° Laiteries coopératives. — Leur constitution — De toutes les sociétés coopératives agricoles, ce sont les laiteries coopératives et la coopération dans la vente (1) des céréales qui méritent une courte étude dans les brèves pages de ce volume.

Les laiteries sont ou industrielles ou coopératives. Les premières sont la propriété et sous la direction d'une ou plusieurs personnes qui achètent le lait des producteurs pour leur fabrication de beurre et de fromages et vendent pour leur compte personnel, les producteurs de lait n'ayant droit à aucun bénéfice en dehors du prix d'achat de la matière première qui leur est versé. Une laiterie purement coopérative, au contraire, doit être constituée d'après les principes suivants : elle ne doit comprendre que des herbagers fournisseurs de lait. Ces mêmes herbagers, pour créer cette coopérative, doivent constituer un capital de fondation en empruntant à des tiers (garantie à responsabilité collective ou solidaire, limitée ou non). Lorsqu'ils empruntent ainsi leur capital social, il ne doit être alloué au capitaliste bailleur de fonds qu'un intérêt fixe et non un dividende, car la participation aux bénéfices du bailleur de fonds, la distribution d'un dividende proportionnel au montant des actions rapprocherait l'association des sociétés à type capitaliste. Ajoutons que le capitaliste, simple obligataire, est aussi écarté de la direction de l'entreprise.

La production de lait est faite individuellement par chaque cultivateur ; la fabrication et la vente de beurre

(1) M. le comte de Rocquigny, dans son livre sur « la Coopérative agricole », établit cette classification très nette et très logique : 1° coopération dans l'exploitation du sol (achat d'engrais, instruments agricoles loués ou prêtés, sociétés coopératives de battage, etc.) ; 2° coopération dans la préservation des récoltes (destruction des hannetons et vers blancs ; défense des végétaux contre les insectes nuisibles et les maladies cryptogamiques ; bornages, création de chemins ruraux, assurances des récoltes) ; 3° coopération dans l'élevage des animaux ; 4° coopération dans la transformation industrielle des produits agricoles (laiteries coopératives, vinification, distillerie, etc.) ; 5° coopération dans la vente des produits agricoles.

se font en commun, d'après les procédés qui seraient suivis par un industriel entrepreneur, achetant à prix fixe le lait des herbagers. Les bénéfices résultant de la vente du beurre et des produits accessoires de la laiterie sont répartis (après divers prélèvements à opérer pour l'amortissement du capital, la constitution du fonds de réserve, etc.) tout d'abord entre les fournisseurs de lait, proportionnellement à la quantité et parfois à la qualité de leur livraison, et subsidiairement, entre les divers membres du personnel (directeur, comptables, beurriers, etc.), suivant une proportion fixe. La participation aux bénéfices peut être le seul mode de rémunération dans le personnel ou bien, au contraire, elle peut n'être que l'accessoire d'un salaire fixe. Les herbagers associés gardent aussi pour eux la totalité des profits qu'ils seraient obligés d'abandonner à un industriel entrepreneur.

Origine des laiteries coopératives. — Les laiteries coopératives ont pour origine ces sociétés créées au milieu du xvii° siècle, appelées sociétés fromagères ou fruitières de l'Est. Ces fruitières consistaient dans l'association, dans le groupement de plusieurs producteurs de lait, et fabricants de fromages qui, pour écouler plus facilement et avec le moins de frais possible leurs produits, pratiquaient la vente en commun, dans un même local ou dans des locaux différents. Chaque fournisseur touchait un prix proportionnel au poids des fromages de sa fabrication. Peu à peu, les fruitières subirent des transformations assez nombreuses et se rapprochèrent du type de nos coopératives.

PROCÉDÉS EMPLOYÉS POUR RECONNAITRE LA QUALITÉ DU LAIT

1º Méthode de la densité. — Puisque les laiteries coopératives modernes paient les herbagers et cultivateurs d'après la quantité et la qualité de leur livraison, il est curieux de connaître les procédés employés pour mener à bonne fin cette double opération.

Pour vérifier exactement la quantité de lait fourni, le pesage le plus simple est celui pratiqué dans de grands bassins dans lesquels chaque fournisseur vide ses bidons de lait. Par une sorte de déclanchement automatique, le basculeur voit de suite à la balance le poids exact en kilogs du lait apporté.

La vérification de la qualité du lait est plus minitieuse. On le fait, soit par la méthode de la densité, soit d'après la proportion de matières grasses contenues dans le lait. C'est le crémomètre qui est employé communément pour la méthode densimétrique. Il se compose d'une éprouvette de 3 à 4 centimètres de hauteur. Cette éprouvette porte une graduation en centièmes qui partent d'un léger tracé circulaire jusqu'au 0 de l'échelle. Le lait dans lequel plonge le crémomètre est abandonné à lui-même dans un lieu bien frais ; la crème se sépare bientôt et monte à la surface ; quand la couche crémeuse n'augmente plus d'épaisseur, on note le nombre de degrés qu'elle occupe. Un lait non écrémé doit donner au moins 9 à 10 degrés ; cependant certains laits plus ou moins pauvres ne marquent quelquefois que 8º et même 7º ; mais il est d'un usage constant de refuser tout lait qui, soumis au crémomètre, reste, comme richesse, au-dessous de 7º.

Un instrument moins employé est le contrôleur

Fjord, qui ne donne pas en réalité le taux 0/0 de matières grasses, mais seulement le taux minimum de crème que l'on peut retirer de l'écrémeuse. L'appareil se compose de tubes de verre calibrés, choisis bien cylindriques, placés dans des cases séparées, que l'on emplit de lait jusqu'à une certaine hauteur. On met dans l'appareil un peu d'eau tiède et l'on imprime aux tubes un rapide mouvement de rotation ; par suite de la différence existant entre leurs densités, le lait et la crème se trouvent séparés par la force centrifuge. Une fois l'opération finie, la crème forme à la surface une couche plus ou moins épaisse dont on mesure la hauteur au moyen d'un petit curseur gradué. Il suffit de diviser cette hauteur par la hauteur totale du tube pour avoir la proportion de crème 0/0.

2° Calcul de la proportion des matières grasses contenues dans le lait. — Pour vérifier la qualité du lait à l'aide du deuxième procédé, c'est-à-dire d'après la proportion de matières grasses y contenues, on fait usage du butyromètre du docteur Gerbert. Tous les jours, il est pris, sur chaque fourniture, un échantillon de 10 à 15 centimètres cubes, qui est versé dans une bouteille bouchée à l'émeri, portant un numéro spécial aux fournisseurs. Mais l'analyse du lait n'est pas quotidienne. Des échantillons sont conservés jusqu'au jour du règlement de comptes (15 jours, habituellement, au moyen de l'addition d'1/2 gramme de bichromate de potasse). Le jour de l'analyse arrivé, les bouteilles sont agitées et l'échantillon en est prélevé pour être soumis à l'appareil Gerbert. Celui-ci donne le poids de matières grasses contenues dans un litre de liquide. Il consiste dans une fiole renflée à une extrémité et graduée de telle façon que chaque division indique une teneur en matières grasses de 0,1 0/0 du poids total. On introduit dans la fiole, au moyen d'une pipette, 10 centimètres cubes d'acide sulfurique, 11 centimètres cubes de lait et 1 centimètre cube d'alcool amylique. La hauteur que la couche atteint sur l'échelle du butyromètre indique la richesse du produit.

Les premières laiteries coopératives. — Les laiteries coopératives sont de création plutôt récente et se sont développées moins vite en France que dans certains pays étrangers. La première que nous voyons apparaître dans notre pays fut fondée en 1881 à Chaillé (Charente-Inférieure) par M. Eugène Biraud ; le prix du lait acheté aux fournisseurs coopérateurs était fixé à 0 fr. 12, 0 fr. 15 et 0 fr. 16 cent. le litre.

Le Gouvernement, jusqu'ici, a peu secondé ces entreprises individuelles et s'est contenté de fonder certaines écoles nationales de laiterie dont les avantages sont minimes. En 1889 fut ouverte l'École nationale d'industrie laitière à Memirolle (Doubs) et une autre, en 1890 à Poligny. Un peu plus tard, était créée à Rennes une école nationale de laiterie pour filles.

En somme, l'extension des laiteries coopératives a été principalement provoquée par l'initiative privée des cultivateurs et herbagers qui se solidarisèrent en vue de la défense de leurs intérêts contre l'exploitation des laiteries industrielles, des intermédiaires et de la concurrence des pays du Nord.

M. Biraud donna l'exemple de fondation d'autres laiteries coopératives, et en l'espace d'un an (1886-1887) nous voyons apparaître celle de l'Ouest, du Nord (Thiérache) et des Ardennes, par suite du fléau ravageur du phylloxéra et de l'intensité de la crise agricole.

Le plus fort mouvement coopératif qui se soit produit dans l'industrie laitière de la France est né dans l'Ouest avec l'Association Centrale des laiteries coopératives des Charentes et du Poitou ; 87 laiteries sont unies dans un intérêt commun de centralisation de vente et de limitation de production. En 1888, quelques herbagers de la Thiérache (Nord) fondent le syndicat des laiteries industrielles de la Thiérache, dont le but est d'acheter en commun les matières premières utiles à l'exploitation des laiteries, ainsi que l'entente pour établir un prix moyen d'achat de lait, [de vendre plus facilement les produits fabriqués, de défendre plus activement les intérêts des laiteries adhérentes et de prêter à celles-ci l'appui de leurs réclamations auprès des pouvoirs publics.

Malgré ces grandes unions, ces vastes réseaux d'associations centrales, le mouvement des laiteries coopératives, en France, est loin d'avoir atteint son apogée. Rien n'est plus éloquent que les chiffres des statistiques prises à bonne source. Parmi celles-ci nous relevons que la production beurrière de notre pays n'atteignait, en 1892, que 132 millions de kilogs, qui ont rapporté 300 millions de francs. Or, dans ce total, les laiteries coopératives ne figurent pas pour plus de 10 millions de kilogs. Et pourtant celles-ci sont les meilleurs instruments pour augmenter cette production nationale et relever le chiffre de nos exportations de beurre qui, hélas! sont en décroissance continue. D'après les *Annales du Commerce extérieur*, dont les chiffres sont empruntés à ceux de l'Administration des Douanes, nous avons exporté :

1891.. 36.356.800 kilogs de beurre, poids brut (chiffre inférieur à celui des années précédentes).
1892.. 35.216.400 — —
1894.. 28.497.200 — —

1896..   30.331.400 kilogs de beurre, poids brut (chiffre infé-
                    rieur à celui des années précédentes).
1897..   31.516.800   —   —
1898..   28.309.500   —   —
1899..   25.236.200   —   —
1900..   22.454.000   —   —

De quoi donc dépend cet état de choses aux conséquences si funestes pour notre industrie beurrière, dont
le développement se raréfie chaque jour davantage? Les
plus grands reproches sont ceux à adresser aux pouvoirs publics, qui montrent une indifférence par trop
scandaleuse à l'égard des laiteries coopératives, et qui
négligent ces questions économiques de premier ordre
pour s'embourber dans les querelles fastidieuses de la
politique intérieure.

Les laiteries coopératives à l'étranger. — A côté de
l'inertie du gouvernement français, mettons en relief
les efforts constants et réels faits à l'étranger qui a, en
peu d'années, créé de nombreuses écoles, versé des
subventions diverses, distribué des brochures pour la
propagande du mouvement coopératif dans les industries
laitières. Des primes à l'exportation du beurre sont versées, on fonde des entreprises de transport des beurres
avec appareils frigorifiques, on crée des services de
conférences et d'inspection, on institue des laboratoires
d'analyses, on encourage de mille façons les syndicats
d'exportation formés entre les laiteries coopératives.

En France, rien, aucune initiative gouvernementale
pratique, et le résultat de cette incurie aveugle de nos
pouvoirs publics se manifeste par notre diminution chaque jour plus grande d'exportation de beurre, par
notre reculade économique au regard des autres puis-
sances, comme le Danemark, qui nous a distancés de bien
loin depuis 20 ans presque, puisqu'en 1892 déjà ce

pays complait environ mille coopératives laitières ! La Hollande, la Suède, la Norwège, l'Irlande nous font aussi une concurrence acharnée. En Belgique, le gouvernement a créé en 1898 la Société nationale de laiterie, dont le siège est à Bruxelles. Depuis, le ministre de l'Agriculture a organisé un service spécial de conseillers et conseillères des laiteries, chargés de renseigner les promoteurs de syndicats de ces établissements sur l'organisation mutuelle des coopératives, et de donner aux familles des éclaircissements et conseils de nature à éviter les difficultés qu'ils pourraient rencontrer dans la fabrication du beurre et du fromage.

Au-dessus de ces groupements coopératifs se dressent chez nos voisins de vastes fédérations de laiterie comme celles du Hainaut et du Limbourg.

Mais c'est peut-être en Allemagne que les plus grands et rapides progrès se sont faits. Cette puissance, qui, en 1885, comptait très peu de laiteries industrielles, s'est mise à l'œuvre à la vue de l'extension et de l'importance que celles-ci prenaient chez les peuples voisins, et compte aujourd'hui de vastes associations de laiteries et une très forte union : celle des Coopérateurs agricoles de Posnanie, qui a institué un inspecteur de laiterie.

La fédération des Sociétés laitières de Brandebourg est aussi très importante. Les organisateurs des laiteries coopératives allemandes sont tous gens de métier qui sortent des nombreuses écoles laitières de la Prusse orientale, de la Bavière, de la Silésie et du Hanovre. L'État s'intéresse vivement à cette partie de richesse économique et accorde sa protection et son aide aux coopérations qui les sollicitent ; les subventions qu'il alloue sont souvent assez élevées ; le syndicat d'Algan (Bavière), à lui seul, a reçu, en l'espace de 10 ans, de 1887 à 1897, un total de 110.000 francs de subventions !

Ne nous étonnons donc pas si certains pays prospèrent quand nous restons en pleine stagnation ou nous dirigeons à grands pas vers la décadence économique.

Ce n'est qu'en Suisse où nous ne rencontrons qu'un très petit nombre de laiteries coopératives. Réflexion faite, ce petit Etat n'en a pas grand besoin, la nature de son sol avec ses pâturages verdoyants permettant l'élevage à bon compte et l'écoulement du lait et de ses produits (1).

Vente coopérative des céréales. — Depuis plusieurs années, les cours des céréales sont faussés par les effets de la spéculation outrancière des marchés à terme. Deux camps se sont peu à peu dessinés : celui des termistes et celui des antitermistes. « Le champion de ces derniers fut M. Alfred Paisant, alors président du Tribunal civil de Versailles, qui, sous le pseudonyme de « du Pré Collot », a publié, de décembre 1895 à avril 1896, dans le *Journal de l'Agriculture*, une série d'articles intitulés « Ours et taureaux », dans lesquels les effets malfaisants de la spéculation étaient mis en évidence. Celui-ci démontrait que la spéculation, loin de régulariser la variation des cours, l'exagère ; elle les maintient bas tant que les stocks ne sont pas entre ses mains et qu'elle a besoin d'acheter ; dès qu'elle est en possession de ces stocks, la hausse se produit par leur fait personnel. On voit alors cette conséquence illogique et anti-économique : la fixation du prix d'après l'offre et la demande du blé fictif, du blé papier quand

(1) Comme conclusion de ce que nous venons de dire, citons le vœu adopté par le Congrès de Périgueux (1905) sur le rapport de M. J. Tardy, du *Musée social* (vœu n° 13, page 446) :

« Considérant les services que les laiteries coopératives ont rendus aux agriculteurs à l'étranger et dans certaines régions de notre pays,

« Emet le vœu que les pouvoirs publics et les syndicats agricoles encouragent la création de laiteries coopératives et de fédérations coopératives pour la vente collective du lait et de ses dérivés et facilitent l'exportation du beurre et des fromages produits par ces Sociétés coopératives. »

elle devrait se faire d'après l'offre et la demande du blé réel, palpable, en entrepôts, en magasins, vendu et acheté en grains. Nous avons examiné dans une autre partie de cet ouvrage le fonctionnement actuel des opérations de bourse et les réformes qu'on s'est proposé d'y apporter.

A défaut d'une intervention législative, on songea, pour soustraire la fixation des prix des céréales aux caprices de la spéculation, à créer une organisation des agriculteurs qui grouperait sous une direction centralisée leurs forces jusque-là isolées. Pour mieux vendre, on voulut organiser la vente en commun, en écartant, entre les producteurs et les consommateurs, l'intervention des intermédiaires.

Sur l'initiative de M. Paisant, se réunissait à Versailles, en juin 1900, le congrès de la vente du blé, dont le but était d'organiser la vente collective du blé en France. Deux syndicats avaient déjà voulu faire cet essai : le syndicat d'Anjou et celui du Périgord.

La crise agricole battait son plein en 1894, les prix des céréales étaient à un cours déficitaire pour l'agriculteur et devenaient si bas que, vers le mois de novembre de la dite année, le quintal de blé se vendait au plus 15 francs. Les directeurs du syndicat d'Anjou, fondé depuis 1887, entreprirent d'enrayer cette baisse, dont les résultats pouvaient être très désastreux, en utilisant l'organisation syndicale elle-même. Le syndicat acheta du blé à ses membres comme il leur vendait des engrais. Il groupa des quantités assez fortes qu'il écoula, soit sur les marchés locaux, soit en Bretagne où les besoins étaient plus nombreux à cette époque et les prix plus élevés. Le syndicat vendit plus de 30.000 quintaux de blé dans la campagne 1894-1895, et par la concurrence ainsi faite au commerce, il causa aussitôt un relèvement rapide des prix.

En août 1895, une société en participation alimentée par des versements variables faits par des agriculteurs fut annexée au syndicat. Une Commission, nommée par le syndicat, fut chargée d'administrer les fonds et de contrôler les opérations. Les affaires de la Société atteignirent, comme quantité de céréales, environ 40.000 quintaux de blé et 1.200 balles de graines de trèfle, représentant un mouvement de fonds de plus d'un million de francs. On vit alors les prix moyens payés pour le blé dépasser de 0 fr. 25 à 0 fr. 50 les cours du commerce. Les blés étaient vendus dans l'Ain, à Avignon, à Marseille, à Toulon et dans l'extrême midi, dans la région de Bordeaux, en Bretagne et en Normandie. Mais la société en participation présentait l'inconvénient d'exposer le syndicat à supporter les risques inhérents au commerce en blé. Elle fut remplacée le 6 juin 1896 par une coopérative de consommation et de production régie par la loi de 1867 et fondée au capital de 30.000 francs, divisée en actions de 100 fr., un quart versé, et en quarts de 25 francs entièrement libérés. Cette coopérative, qui vendait des engrais aux agriculteurs par l'intermédiaire des syndicats affiliés, achetait ferme les céréales et les revendait à ses risques et périls. Elle se laissa malheureusement aller à faire des ventes à découvert. Une hausse imprévue étant survenue, la coopérative dut, pour couvrir ses engagements, racheter à des cours très élevés et faillit sombrer ; elle résista néanmoins, augmenta le prix de ses engrais et parvint à récupérer ses pertes. Mais beaucoup de membres du Syndicat d'Anjou protestèrent contre cette façon de faire supporter aux acheteurs d'engrais les pertes provenant des spéculations sur les blés. Ils demandèrent alors la dissolution de la coopérative, qui fut prononcée le 2 juillet 1898. Dès le 20 août 1898, une nouvelle coopérative de production et de consommation était fondée sous le nom de : Coopérative agricole de l'Ouest, au capital de 17.000 francs. En 1905, la Coopérative agricole de l'Ouest a été dissoute pour des raisons tout à fait étrangères à la vente en commun du blé. Son histoire montre quels risques comporte le système de l'achat ferme par les coopératives et la nécessité pour celles-ci de s'interdire toute idée de spéculation.

La Coopérative du Périgord fut fondée en juillet 1899 par le syndicat agricole du Périgord, au capital de 100.000 francs, divisé en 2.000 parts de 50 francs. A côté des porteurs de parts, elle admettait des adhérents participants payant une cotisation annuelle de 0 fr. 50 centimes, mais n'ayant pas le droit de s'immiscer dans les affaires sociales. L'intérêt à servir aux porteurs de parts était limité à 4 0/0. En outre de la réserve légale, 20 0/0 des bénéfices étaient affectés à un fonds de réserves supplémentaire, 10 0/0 consacrés à des gratifications aux employés, et les 70 0/0 restant répartis entre les coopérateurs, proportionnellement aux affaires par eux faites avec la Société. Dès la création de la Coopérative, il se produisit une hausse notable des prix du blé sur les marchés locaux ; les agriculteurs vendirent par son intermédiaire la plus grande partie de leurs récoltes. Toutes les ventes étaient faites à la commission. Cette coopérative a été dissoute au commencement de 1907 pour des raisons qui nous sont inconnues.

Le congrès de la vente du blé à Versailles. — Le congrès de la vente du blé fut réuni à Versailles les 28, 29 et 30 juin 1900 sous la présidence d'honneur de M. Jean Dupuy, ministre de l'Agriculture, et celle effective de M. le baron de Courcel, sénateur, ancien ambassadeur, membre de l'Institut. Entre autres questions examinées à ce congrès, il y eut celle de l'organisation de la vente collective des céréales en France. Voici la résolution qui fut adoptée.

« Il y a lieu :

1° D'organiser la vente du blé de manière à assurer aux agriculteurs un prix rémunérateur, et de créer à cet effet des sociétés coopératives ayant une existence distincte de celle des syndicats ou unions de syndicats, mais constituées sous les auspices de ces syndicats ;

2° D'établir le mode de fonctionnement de ces Sociétés à leur choix sur les bases suivantes :

a) Achat aux associés contre paiement d'acomptes, avec règlement définitif des comptes au prix moyen par qualité, des ventes effectuées dans l'année ;

b) Achat ferme au cours du jour pour le compte des associés ;

c) Vente en qualité d'intermédiaire pour le compte individuel des associés, moyennant une commission, avec faculté de procurer aux associés des avances sur le prix par voie de warantage ;

3° De favoriser l'établissement, par ces Sociétés, de greniers ruraux et de magasins régionaux destinés à emmagasiner, conserver, soigner, mélanger les blés et à les classer suivant les types adoptés, notamment dans les gares de chemins de fer des centres de production, à proximité des canaux, et, si possible, à proximité des magasins militaires ;

4° D'apporter à la législation les modifications nécessaires pour que des caisses régionales de crédit agricole, établies en exécution de la loi du 31 mars 1899, puissent avancer aux sociétés coopératives et aux caisses locales, les fonds nécessaires pour établir ces greniers et magasins ;

5° De faire fonctionner, à côté de ces sociétés, des caisses locales de crédit agricoles ;

6° De solliciter des mesures fiscales, s'il y a lieu, de nature à faciliter le fonctionnement des sociétés formées ;

7° De solliciter du gouvernement la publication, en temps utile, des statistiques et renseignements propres à éclairer les agriculteurs sur la production du blé, l'état des récoltes, les cours de vente dans chaque région et dans chaque pays;

8° De nommer, en réunion générale, comme conclusion du Congrès, un comité permanent élu par les membres français du congrès, dont le siège serait à Paris, chargé d'étudier et de prendre les résolutions nécessaires pour l'organisation de la vente du blé en s'inspirant des vœux émis par le Congrès et de se mettre en relations avec les organisations syndicales et coopératives qui existent déjà. »

Le Comité permanent de la vente du blé. — Ce comité fut élu dans la dernière séance du Congrès (30 juin 1900) ; ce fut le Comité permanent de la vente du blé dont nous allons dire un mot.

Ce comité a son siège, 83, rue de Monceau, à Paris, est présidé par M. le baron de Courcel et a comme secrétaire général M. Alfred Paisant. L'assemblée générale annuelle du Comité se tient au Musée Social, 5, rue Las-Cases, à Paris.

Le but du Comité est de faire l'éducation économique des producteurs de céréales ; une feuille d'informations, appelée « la correspondance du Comité permanent de la vente du blé et de la coopération agricole », est envoyée gratuitement aux journaux qui lui en font la demande.

Nous nous sommes un peu étendus sur ces deux

organisations, dont les services sont précieux pour les agriculteurs et dont les avis et conseils sont en conformité de l'état économique agricole actuel.

Nomenclature des plus importantes coopératives de vente de céréales.— En somme, la pratique de la vente collective des céréales est peu généralisée. Nous pouvons néanmoins citer les sociétés suivantes:

La Coopération agricole de Bailleul (Nord), fondée en 1898 sous les auspices du syndicat de Bailleul, est une forme de société anonyme régie par la loi de juillet 1867, à capital variable (de 5.000 fr. a été portée à 40.000 fr.). La création de cette coopérative a été motivée par l'attitude des marchands d'engrais qui font généralement en même temps le commerce du blé et qui refusaient d'acheter les denrées des cultivateurs qui prenaient leurs engrais au syndicat de Bailleul. Cette société pratique l'achat ferme à ses membres, mais se couvre aussitôt par des marchés à terme, procédé qu'on ne saurait recommander.

Nombre des membres au 1er javier 1907 : 380. Ceux-ci sont répartis en 7 sections communales.

Voici le tableau des ventes de blé, d'avoine et d'haricots dans la période triennale de 1905 à 1907.

Blé.	quintaux	fr.
1905	667	15.341
1906	2.137	49.151
1907	3.926	88.335

Avoine.	quintaux	fr.
1905	50	950
1906	45	900
1907	149	2.980

Haricots	quintaux	fr.
1905	59	2.655
1906	312	17.160
1907	192	9.600

La Société coopérative du syndicat agricole de l'arrondissement d'Arras a été créée en juin 1903. Les parts sont de 25 francs ; à la fondation, 542 parts furent souscrites ; le total du capital souscrit est de 13.550 fr. dont 1.355 versés. Cette coopérative a pris la forme d'une société à capital variable régie par les lois du 27 juillet 1867 et du 1ᵉʳ août 1893. Les adhérents doivent faire partie du syndicat.

Son objet est d'organiser la vente du blé, de waranter au besoin cette céréale, de s'occuper des adjudications ; ses bénéfices sont répartis à 25 0/0 à la réserve légale et au paiement de l'intérêt des parts ; 75 0/0, entre une réserve supplémentaire et les coopérateurs, au prorata de leurs opérations.

La Coopérative d'Arras pratique, elle aussi, les achats fermes ; son exemple n'est pas à suivre. Durant les neuf premiers mois de son existence, elle a acheté 9.966 quintaux de céréales et graines pour 174.300 fr. et vendu 8.344 quintaux pour 150.440 francs.

Citons encore, parmi ces sociétés de vente coopérative de céréales, le syndicat des agriculteurs du Loiret, de Claumont-sur-Aire (Meuse), de la Haute-Saône, du Nord, la Coopérative agricole du Sud-Est, dont le siège est à Lyon. Cette dernière, créée par l'Union des syndicats du Sud-Est, dont nous avons parlé avec louanges dans notre chapitre sur les syndicats agricoles, offre ses services aux membres de l'Union pour l'écoulement de leurs céréales. Voici un petit tableau statistique des opérations de cette coopération en 1906 et 1907.

1906				1907			
Vendu		quintaux	fr.	Vendu		quintaux	fr.
Blé......	»	1.515	35.627	Blé......	»	534	1.247
Avoine....	»	1.109	20.416	Avoine....	»	957	1.914
Seigle	»	257	3.958	Seigle.....	»	»	»
P. de terre.	»	315	1.799	P. de terre	»	5.500	»

| | 1906 | | | | 1907 | |
Vendu	quintaux	fr.	Vendu	quintaux	fr.
Betteraves..	15.100	387	Betteraves..	48.600	1.822
Foin.......	549	3.821	Foin.......	1.021	9.955
Paille......	159	619	Paille......	1.789	9.839

On voit facilement, par la lecture des chiffres ci-dessus, l'augmentation de vente de la paille, des betteraves, du foin et des pommes de terre au détriment du blé, de l'avoine et du seigle ; nous n'avons pu avoir les chiffres exacts pour cette dernière céréale.

Le syndicat de Diouville (Jura) a réalisé un chiffre d'affaires des plus importants. Du 1er janvier au 31 décembre 1907 il a vendu en blé 11.500 quintaux pour 258.260 francs. En 1906, le bénéfice moyen procuré aux adhérents vendant isolément a atteint 0 fr. 50 centimes par quintal. En 1907, l'écart entre le prix d'achat du blé par le syndicat coopératif n'est plus que de 0 fr. 30 et 0 fr. 15 sur les cours de Paris, quand nous constatons, dans les régions où les cultivateurs vendent directement au meunier, des écarts de 1 fr. à 1 fr. 30 avec les prix de la Bourse du commerce.

Voici comment opère la coopérative de Diouville : les adhérents font connaître au syndicat la quantité qu'ils désirent vendre et les prix demandés. Quand une quantité suffisante est annoncée, il est fixé un jour de vente. Celle-ci a lieu par adjudication entre les acheteurs qui ont été prévenus par le syndicat. Est déclaré adjudicataire du lot le soumissionnaire qui a offert un prix qui atteint ou approche celui fixé par le syndicat. La livraison de la denrée est faite directement par le syndiqué vendeur à l'acheteur qui paie aussi directement, sans intervention du syndicat.

Conclusion. — 1° Il n'existe en France aucune société fondée spécialement en vue de l'organisation de la vente collective des céréales, comme il s'en trouve à l'étranger, et principalement en Allemagne. Cette vente n'est réalisée que par quelques syndicats à titre d'exploitation annexe ;

2° Nous ne rencontrons aucun magasin pour la concentration, la manipulation. la conservation et la vente des céréales;

3° Les quelques syndicats qui ont organisé la vente collective des céréales pratiquent, soit le système de l'achat ferme, qui n'a rien de coopératif, soit le système de la vente à la commission, qui n'est qu'une première étape dans l'organisation de la coopération de vente ;

4° Tous les syndicats qui vendent collectivement agissent isolément. Il n'existe nulle part de centralisation de vente (comme en Poméranie ou en Hesse), ni de bureau central de vente (comme à Munich ou Ansback) ;

5° Les quantités de céréales vendues collectivement en France sont tout à fait insignifiantes comparées à celles qu'écoulent les Kornhaüsen et Lagerhaüsen allemand et autrichien ;

6° Les sociétés coopératives ne jouissent pas en France d'un régime juridique propre ; nos codes ne renferment pas de loi analogue à la loi allemande du 1er mai 1889, qui a eu une si heureuse influence sur le développement des associations coopératives. Toutes nos sociétés sont civiles ou commerciales et régies soit par le Code civil (art. 1832 et suivants), soit par la loi du 27 juillet 1867 et celle du 1er août 1893. Aussi, est-on indécis pour classer telle ou telle société constituée en dehors de la forme commerciale dans la catégorie des sociétés civiles. On peut pourtant soutenir que les laiteries coopératives sont des sociétés purement civiles. Un abus est né de cet état de choses, et des commerçants peu scrupuleux usurpent journellement le titre de coopération pour couvrir des opérations purement commerciales et jettent ainsi une certaine défaveur sur l'action et le mouvement coopératifs. En un mot, et c'est infiniment regrettable à plusieurs points de vue dont nous venons d'énumérer les plus importants, notre législation n'a pas encore fixé les statuts de la coopération.

Nous avons vu que la loi du 29 décembre 1906 accordait aux sociétés coopératives des avances prises sur la somme que la Banque de France met à la disposition de l'Etat. Nous sommes donc amenés à étudier ce qu'est le crédit agricole, son fonctionnement, ses avantages et ses services.

CHAPITRE III

LE CRÉDIT AGRICOLE

Il ne suffit pas au cultivateur de se syndiquer pour défendre ses intérêts et acheter à meilleur compte, ni d'appartenir à une société coopérative pour écouler plus facilement et plus lucrativement les produits de ses champs et de sa ferme. Il lui faut aussi de l'argent, un certain fonds de caisse, quelques capitaux disponibles pour payer ses frais culturaux. Mais il n'est pas rare de voir des cultivateurs ayant eu à subir de mauvaises années agricoles ne posséder dans leur coffre-fort que peu d'argent, et, de ce fait, ne pouvoir, par leurs propres moyens, payer leurs achats d'engrais, de graines, etc. Heureusement que le crédit est là pour leur venir en aide. Le cultivateur, tout en étant riche, manque souvent de capitaux disponibles, immobilisés en général dans son exploitation.

Nature du crédit. — Cette idée de crédit (*credere, creditum*, en latin), qui implique celle de futur, d'avenir, suppose un acte de foi, la confiance, car le crédit, c'est l'échange d'une richesse actuelle et présente contre une autre richesse équivalente, mais future, qu'on s'engage à fournir dans un temps déterminé.

Avant d'aborder la question du crédit agricole, il convient de passer en revue les différents modes de crédit offerts aux cultivateurs.

On distingue en science économique les crédits de consommation, de production, personnel et réel. Le crédit de consommation s'applique aux prêts faits à une personne qui, à l'aide de ceux-ci, va amortir des dettes au lieu de les employer à faire fructifier davantage son avoir : rôle que remplit le crédit de production, bien préférable au précédent. Celui-ci implique une sorte de transfert de capitaux ; la personne qui a emprunté utilisera donc ces capitaux sous une forme d'une plus grande productivité et pourra arriver à l'économie et à l'épargne. Enfin, elle pourra augmenter ses affaires en substituant dans les paiements, en vulgarisant des modes de paiement ou de transfert de capitaux, plus rapides et moins coûteux que la monnaie. Les deux autres sortes de crédit, personnel et réel, ne sont qu'une subdivision de ceux que nous venons d'analyser. Le crédit est personnel quand la garantie de l'emprunt repose sur la personne dans sa solvabilité, ses gages mobiliers, etc., réel quand il a comme base la garantie immobilière et l'hypothèque.

Définition du crédit agricole. — Nous pouvons dire que le crédit sera agricole toutes les fois que le capital prêté sera destiné à une opération agricole quelconque, sans considération de la personne qui l'effectue. De même, il y aura crédit agricole toutes les fois que les capitaux seront empruntés pour un usage agricole quelconque, que ces capitaux s'appliquent à des améliorations foncières permanentes ou à l'accroissement des capitaux d'exploitation, que leur garantie réside dans les hypothèques, dans des gages mobiliers ou dans la solvabilité personnelle des emprunteurs. Comme nous l'avons esquissé au début de ce chapitre, l'agriculteur a trois sortes de crédit à sa disposition, qui sont déjà anciennes, et un quatrième mode de crédit de création plutôt récente, le véritable crédit agricole mutuel par association.

Le crédit est aujourd'hui le principal nerf du maintien de la culture dans certaines régions les plus éprouvées par les intempéries néfastes ou les redoutables épizooties. Le petit paysan, avec l'agriculture, qui s'industrialise de plus en plus, n'a pas toujours dans son bas de laine assez d'argent pour faire face à des dépenses nécessaires et urgentes : le crédit viendra à son aide et lui permettra d'augmenter la valeur de son fonds ; ce qui lui aurait été impossible par ses propres forces.

Et pourtant le paysan montre une certaine crainte à recourir au crédit. Il est méfiant pour l'opération qu'il va faire, il ne veut pas qu'on sache ses besoins d'argent, il est comme honteux d'être obligé de s'engager dans cette voie. Comme l'a écrit un économiste italien, « les paysans s'entourent de précautions pour entrer dans une banque, comme s'ils compromettaient leur nom et tachaient leur réputation, en demandant un emprunt dans une opération sûre et lucrative, puis se retirent à pas furtifs comme s'ils avaient commis un délit ».

Peu de problèmes ont sans doute autant préoccupé les économistes et tous ceux qu'intéresse l'avenir de notre agriculture et le sort de nos populations rurales que celui du crédit agricole. Peu de questions ont donné lieu à autant d'enquêtes, de projets ou de propositions de lois, de rapports parlementaires ou extra-parlementaires que celle de l'organisation du crédit agricole en France. Et cependant, la solution définitive et vraiment satisfaisante de ce grave problème est encore impatiemment attendue par nos agriculteurs. Quelque active, en effet, qu'ait été la recherche de solutions pratiquement réalisables, on ne peut pas encore affirmer que l'agriculteur français soit pourvu d'instruments de crédit qui lui conviennent. Les essais, jusqu'à ces derniers temps, ont été du reste assez timides et les efforts individuels ont conservé à leur entreprise un caractère tout local. Le problème dans son ensemble, empressons-nous de le dire, est fort complexe, car il implique la solution de questions de principes sur lesquelles les esprits sont très divisés. Ces divergences peuvent expliquer que la législation du crédit agricole se soit formée si lentement en France et que sa pénible élaboration ait duré plus d'un demi-siècle. Ce n'est, en définitive, qu'au cours de ces dernières années que le législateur a consacré par des textes quelques-uns des principes qui s'étaient fait jour au milieu des nombreux débats qu'a suscités la question du crédit agricole. La première loi spéciale relative aux institutions du crédit rural est de 1894 ; la dernière qui est venue compléter l'œuvre entreprise est du 19 mars 1910.

Avantages du Crédit agricole. — Petits, moyens et grands cultivateurs, tous ont besoin, à un degré plus ou moins grand, des bienfaits du crédit. Sans lui, c'est en vain que la science découvre chaque jour de nouveaux éléments de fertilisation destinés à combattre l'épuisement de la terre ; c'est en vain que la mécanique invente des engins qui suppléent au défaut des bras et accélèrent la rapidité du travail ; l'agriculteur ne peut profiter des avantages que lui offrent ces moyens d'accroître sa production et de diminuer ses frais. Sans le crédit, il ne peut, le plus souvent, après sa récolte, attendre un moment favorable pour la livrer au commerce. Pour payer les frais de sa culture et subvenir aux besoins de sa famille, il est obligé, s'il ne veut pas se mettre à la merci d'un usurier de campagne, de se défaire de sa marchandise en temps inopportun ; et c'est ainsi qu'à certaines époques de l'année l'encombrement des céréales sur les marchés devient une cause bien connue de l'avilissement des cours. La conséquence fatale de cet état de choses, c'est que les années d'abondance elles-mêmes ne donnent point au cultivateur les moyens de réparer les pertes que lui occasionnent les années de disette, ainsi que les fléaux, les accidents et les maladies épidémiques qui frappent si souvent ses bestiaux et ses récoltes. L'utilité de donner du crédit à l'agriculteur est donc incontestable soit au point de vue de son intérêt particulier, soit au point de vue de l'intérêt public auquel il est lié intimement.

Mettre aux mains de l'agriculteur les moyens d'acheter en temps opportun et au meilleur marché possible, des outils, des bestiaux et des engrais, de pratiquer sur la terre qu'il cultive des travaux d'amélioration, de choisir le meilleur moment pour l'écoulement de ses produits, c'est non seulement contribuer à son bien-être ou conjurer sa ruine, mais c'est atténuer les effets des grandes calamités publiques et alimenter les sources de la prospérité du pays.

Formes de crédit agricole. — Le crédit agricole présente trois formes bien distinctes et bien délimitées selon qu'il est réel immobilier, réel mobilier ou personnel.

Nous n'avons pas l'ambition d'étudier dans tous ses détails le crédit agricole réel immobilier ; il nous faudrait pour mener à bonne fin ce travail parler de tout le système hypothécaire qui nous régit. Contentons-nous de donner simplement un aperçu résumé de l'organisation et des avantages du prêt sur hypothèque.

Nous laisserons de côté le système des prêts effectués par le Crédit Foncier pour n'envisager que le prêt fait par un capitaliste au cultivateur avec garantie hypothécaire. La valeur foncière du sol lui-même est estimée à 90 milliards de francs.

Crédit agricole immobilier. –— Le crédit réel immobilier, ainsi appelé parce que le gage du prêt est constitué par la terre, capital immobilier par excellence, présente un avantage considérable au point de vue du... prêteur. C'est la sécurité presque absolue, la terre étant un gage qui ne peut périr ni être volé. Mais le prêt hypothécaire présente, à côté de cet avantage, de grands inconvénients pour chacune des deux parties ; pour l'emprunteur, parce qu'il fait peser sur lui une charge des plus onéreuses, le taux d'intérêt étant rarement inférieur à 5 p. 100, tandis que les acquisitions agricoles ne donnent en général qu'un revenu bien inférieur (2 1/2 à 3 p. 100 maximum) à ce taux ; pour le prêteur lui-même, parce que le prêt hypothécaire, tout en lui donnant pleine sécurité pour son argent, ne lui permet pas d'y rentrer facilement. Il ne trouve pas aisément à céder sa créance et, quand le terme est venu, il lui faut recourir trop souvent à une extrémité aussi désagréable pour le créancier que lamentable pour le débiteur : l'expropriation forcée. On peut, dans une certaine mesure, remédier à ce dernier inconvénient, en ce qui concerne le prêteur, en rendant les créances hypothécaires négociables par voie d'endossement, comme des créances commerciales, et ce système, qui est désigné quelquefois, quoique assez improprement, sous le nom de mobilisation de la propriété foncière, a été très savamment organisé dans certains pays comme en Australie (régime de l'Act Torrens) et surtout en Allemagne, où le propriétaire peut créer d'avance sur sa terre, avant tout emprunt, des créances hypothécaires qu'il négocie ensuite au fur et à mesure de ses besoins, comme un banquier qui tirerait des chèques sur sa propre caisse.

Le crédit immobilier ou hypothécaire pourrait néanmoins rendre service au cultivateur, mais il faut avant tout réformer son régime en diminuant les frais. Ainsi, en 1898, sur les 2.472.323 formalités hypothécaires accomplies par les conservateurs, le Trésor a encaissé 8 millions, dont 2 pour les droits de timbre et 46 millions pour droits d'hypothèques (droits d'inscriptions : 2 millions et demi ; de transcription : 43 millions et demi, dont 41 perçus lors de l'enregistrement, et 2 1/2 lors de la transcription). Soit un ensemble de 54 millions. Les salaires payés aux conservateurs se chiffrent à 5 millions (1).

A cette avalanche de perception de droits viennent s'ajouter les frais de notaires. dont l'intervention est nécessaire en matière d'emprunt hypothécaire ; ces frais pèsent surtout sur les immeubles de petite valeur ; on les estime pour une adjudication de biens d'une valeur inférieure à 500 francs à 15 pour cent, pour celle d'une valeur de 500 à 1.000 francs à 55 0/0 et de 1.000 à 5.000 francs, 31 à 16 pour cent !

On voit la diminution des frais allant avec l'augmentation de valeurs et les petites adjudications supporter à elles seules des frais par trop élevés. On comprend facilement que ce genre de prêt à taux élevé à terme plutôt court (excepté les frais effectués par la Société du Crédit Foncier) aux formalités très onéreuses, soit peu favorable au cultivateur qui a aujourd'hui plus de charges professionnelles qu'il y a 50 ans. Comment veut-on qu'il rembourse avec la même facilité qu'autrefois les emprunts qu'il contracte, alors que toutes les conditions économiques ont changé à son désavantage ? Tout ce qu'il paie est plus cher qu'autrefois : la main-d'œuvre a augmenté de prix. Si le cultivateur

____

(1) V. Dictionnaire du Commerce, de l'Industrie et de la Banque, v° Hypothèques.

veut employer un manœuvre ou un domestique, il les paiera le double de ce qu'il l'aurait payé il y a quarante ans les impôts sont alourdis, la feuille du percepteur porte un total chaque année de plus en plus fort. Mais, par contre, tout ce que l'agriculteur produit, tout ce qu'il vend, a baissé de prix dans des proportions désastreuses !

Crédit agricole réel mobilier. — Du crédit hypothécaire, passons au crédit agricole réel mobilier, dont les avantages sont assez nombreux pour le cultivateur qui se sent plutôt attiré vers ce genre de prêt. La garantie qu'il devra offrir au créancier ne sera plus immobilière ; elle portera sur son mobilier agricole, pailles et récoltes, et le gage sera constitué sans dessaisissement, grâce à ce qu'il est convenu d'appeler les warrants agricoles.

Ce mode de prêt ne présente de difficulté que pour le fermier sur les biens duquel existe un privilège au profit du propriétaire bailleur (art. 2102 § 1 du C. civ.).

Loi du 30 avril 1906. — Mais la loi du 30 avril 1906 a apporté un amendement à cet état de choses dans son article 2 : « Le cultivateur, lorsqu'il ne sera pas propriétaire ou usufruitier de son exploitation..., devra aviser le propriétaire du fonds loué, de la nature, de la valeur et de la quantité de marchandises qui doivent servir de gage pour l'emprunt... Toutefois, si le prêteur y consent et sous la condition que l'emprunteur devra conserver la garde des produits warrantés dans les bâtiments ou sur les terres de l'exploitation, aucun avis ne sera donné au propriétaire ou usufruitier, mais, dans ce cas, le privilège du bailleur subsistera dans les termes de droit... le bailleur pourra renoncer à son privilège jusqu'à concurrence de la dette contractée, en apposant sa signature sur le warrant. »

L'emprunteur peut donc, même s'il n'est pas propriétaire de l'exploitation agricole, conserver dans ses bâtiments ou sur ses terres, si le consentement du prêteur lui est donné, ce qui constitue son gage.

Mais, ordinairement, il déposera ses récoltes constituant ce gage, dans des magasins généraux. Il lui est délivré un récépissé de ses marchandises mises en dépôt, sans qu'il en soit dessaisi ; on lui donne aussi un bulletin (warrant, du mot anglais synonyme du garant) qui, ainsi que le premier titre remis, est négociable.

Le warrant, véritable effet de commerce, est transmissible par voie d'endossement. En cas de refus de paiement de la part des emprunteurs, le prêteur du warrant peut, quinze jours après une lettre recommandée à lui adressée, faire procéder par un officier public ou ministériel à la vente publique de la marchandise engagée (art. 11 de la loi de 1910).

Nous avons vu que les marchandises gagées devaient, si elles ne restent pas dans l'exploitation du cultivateur, être déposées dans des magasins généraux qui se trouvent souvent très éloignés de sa résidence. C'est là un grand ennui pour celui qui se voit obligé à des frais de manutention, de déplacement, en exposant sa marchandise à être abîmée. Il serait bon de créer des greniers ruraux, qui faciliteraient davantage le cultivateur. Cette proposition fut discutée et acceptée au congrès de la vente du blé tenu à Versailles, en 1900. « On proposa l'établissement de greniers locaux, ruraux ou régionaux confiés à des sociétés coopératives qui, après avoir centralisé, mélangé et classé les divers types de grains, se chargeraient de leur vente et, en attendant, pourraient faire au propriétaire des avances sous formes de prêts ou d'acomptes sur les prix. »

Cette réforme serait assez heureuse, car elle donnerait au cultivateur la facilité de gager les produits de ses récoltes au lieu même de son exploitation quand, dans son pays, existerait une coopérative et là, de trouver facilement un prêteur, puisque la Société coopérative prendrait ce rôle de créancière gagiste.

La loi qui régit les warrants agricoles est, comme nous l'avons dit plus haut, celle du 30 avril 1906, qui a modifié en certaines parties celle du 18 juillet 1898.

L'article premier de la loi de 1898 énumérait en détail, d'une façon limitative, les produits susceptibles d'être warrantés. La nouvelle loi de 1906 supprime l'énumération et permet de warranter tous les produits agricoles et industriels de l'agriculture, y compris les animaux, que le Parlement s'était jusqu'à présent refusé d'admettre ; il y a même introduit le tabac, le sel marin et les huîtres !

La loi de 1898 ordonnait que le warrant ne pourrait être constitué que par l'intermédiaire des greffiers de justice de paix. Le nouvel article 4 permet de s'en passer, mais il n'est opposable aux tiers qu'après sa transcription au greffe et l'exécution des formalités prescrites.

Par l'article 6, la loi de 1906 spécifie que le greffier, en délivrant l'état des warrants transcrits, ne pourra pas remonter au-delà de cinq années. L'inscription des warrants n'aura donc sa valeur que pendant une durée maximum de cinq ans. Au bout de ce temps, l'inscription du warrant sera périmée et rayée d'office, avec, bien entendu, la faculté, introduite dans le projet additionnellement au texte de la Chambre des députés, pour le porteur de warrants, de renouveler l'inscription avant l'expiration de cinq années, et même après, mais pour ne valoir, en ce cas, qu'à la date de la nouvelle inscription.

Enfin, une dernière modification importante, intéressante, tout au moins, consiste en ce que les pénalités de la loi de 1898 ont été étendues par celle de 1906, au cas où celui qui emprunte ferait une fausse déclaration, et spécialement au cas où il ne déclarerait pas à un second prêteur de warrants déjà consenti au profit d'un premier ou de précédents prêteurs.

Concluons donc sur les services qui peuvent être rendus par les warrants agricoles.

Il y a un préjugé qui prédomine encore dans l'esprit du paysan, qui veut qu'emprunter, ce soit se discréditer, tandis qu'en réalité on ne prête qu'à celui qui possède; le warrant n'est qu'une lettre de gage, autrement dit, une obligation de payer une certaine somme garantie par un gage.

Par le moyen du crédit fourni par le warrant, on double la puissance du travail du cultivateur, puisqu'à côté de la marchandise immobilisée on crée une valeur qui, au même titre que la marchandise, s'échange, s'achète, paie et libère. L'usage du warrant est universel; il n'existe pas de négociants dans le haut commerce qui n'en fasse usage dans le but de mobiliser des capitaux inactifs, ce qui lui permet de doubler ou tripler son chiffre d'affaires. C'est bien le plus merveilleux instrument de crédit dont dispose l'activité humaine. L'agriculteur, en s'inspirant des exemples de l'industrie, trouvera dans le warrant agricole le moyen le plus simple et le moins coûteux pour augmenter son capital-espèces, avec cet avantage de ne devoir d'obligations qu'à lui-même, puisque la loi lui permet d'établir une lettre de gage sur ses propres produits, tout en les conservant dans son exploitation, comme nous l'avons expliqué ci-dessus. Cela ne joue pas sur de faibles chiffres, car les capitaux inactifs ou en voie de transformation sont énormes. Parmi les premiers, indépendamment des récoltes destinées à la vente, il y a les approvisionnements réservés pour la nourriture des animaux ; or, d'après la statistique agricole, les pailles, les fourrages et grains consommés par les animaux servant à produire la viande, la laine, le lait et le travail des exploitations agricoles, sont estimées à 3 milliards 850 millions (1).

Sur ce total, le premier quart de ces approvisionnements étant considéré comme en cours de consommation, la culture peut obtenir, pour trois mois, une somme de 1 milliard 350 millions. Lorsque le second quart sera entamé, elle pourra encore obtenir près de 1 milliard pour trois mois, sur le solde. Dans le dernier semestre, elle déposera encore 150 millions sans toucher à son cheptel. Sous son aspect modeste, le warrant agricole, apparaît donc comme un formidable instrument de crédit, puisqu'il offre à l'agriculture un concours en espèce de cinq milliards (avec les semences, bétail de travail et bétail de vente). « Le crédit, disait récemment M. Caillaux, dans une réunion du monde politique et financier, date presque d'hier, bien qu'il soit vieux comme l'humanité. Mais, quand on regarde les progrès qui ont été accomplis depuis cent ans, depuis cent cinquante ans surtout, quand on peut les mesurer, on est émerveillé. » Ce que nous avons dit du warrant agricole justifie ces appréciations.

Crédit agricole personnel ou mutuel. — M. Aynard, dans un discours prononcé le 23 août 1894, au Congrès national des syndicats agricoles tenu à Lyon, a prononcé ces judicieuses paroles à propos du crédit agricole personnel ou crédit agricole proprement dit :

« Démocratiser le crédit, cette grande force des pro-

(1) *Bulletin des Halles*, 5 janvier 1910.

ducteurs plus puissants, le mettre à la portée de tous ceux qui peuvent en faire un usage légitime en leur montrant qu'ils le trouveront en eux-mêmes et par leurs propres efforts associés, est l'une des hautes tâches de ce temps. Le crédit répandu chez tous profite à tous. Là où n'existe pas une bonne organisation de crédit, tout le monde en souffre. C'est par suite d'une mauvaise organisation de leur crédit que les petits commerçants et les petits intermédiaires faussent le prix des choses ; c'est parce que l'agriculteur n'a pas de crédit personnel qu'il doit souvent sacrifier ses récoltes ou renoncer à certains progrès... Ceux qui s'attachent à la fondation du crédit agricole dans notre pays se vouent à l'une des œuvres les plus hautes qu'il soit donné d'accomplir, œuvre d'une immense portée sociale, puisqu'elle se propose, en même temps que l'accroissement de la plus sûre et de la plus pure de nos richesses, le relèvement de la grande force nationale, du vaillant paysan français. »

Le crédit agricole mutuel est au premier rang des fonctions annexes qui viennent se greffer sur les opérations d'achat en commun qui ont été jusqu'ici le principal but de la formation des syndicats parmi nos agriculteurs.

En Allemagne, c'est sous la forme du crédit personnel que le crédit agricole a pris un merveilleux développement. Il se créa des sociétés de crédit mutuel entre propriétaires se prêtant entre eux et se servant du crédit que leur confère l'association pour se faire aussi prêter par des tiers dans des conditions plus avantageuses. Les plus célèbres de ces associations sont les Banques Raiffeisen. Ce sont des sociétés commerciales à capital variable, dont tous les membres sont tenus sur tous leurs biens de la totalité des dettes contractées

par la Société. Cette responsabilité donne à ces caisses
un crédit de premier ordre et leur permet de fonctionner avec un capital insignifiant, en leur assurant
la négociation de leur papier à 2 et demi ou 3 pour
cent. En fait, la responsabilité ne s'applique jamais,
par suite du soin apporté au choix des adhérents, de
la limitation du capital prêté à un maximum restreint
(variant généralement de 200 à 500 francs), enfin du
délai assez court pour lequel ces prêts sont faits. En
somme, les caractères particuliers de ce genre de société de crédit agricole sont que les associés n'apportent qu'une mise très minime dans la Société, qu'ils ne
touchent aucun dividende, les profits, s'il y en a, restant dans le fonds indivisible, qu'enfin ils sont tous
solidairement responsables sur tous leurs biens.

Il y a aussi en Allemagne un autre type de sociétés
de crédit agricole, qu'on appelle Schulze-Delitzsch, qui
ont pris un développement extraordinaire et qui ont
pour caractère essentiel la solidarité illimitée de tous
les associés. C'est le véritable crédit populaire qui
permet de résoudre ce problème, le prêt aux pauvres.
Un ouvrier ou un artisan isolé, si honnête et si laborieux qu'on le suppose, ne peut offrir une garantie suffisante à un prêteur, la maladie, le chômage ou la
mort pouvant à tout instant déjouer la meilleure volonté. Mais si ces ouvriers ou artisans sont au nombre
de dix, de cent, de mille, alors ils présenteront une
grande surface et pourront facilement trouver du crédit sans passer par les mains d'usuriers. Leurs cotisations personnelles, d'ailleurs, si modiques qu'elles
soient, finiront par constituer un fonds social imposant
qu'ils pourront aussi se prêter entre eux.

Ces deux sortes de sociétés ont servi de modèle, en
France, aux sociétés de la Ligue de Crédit populaire et

à celles créées par M. Durand, ces dernières portant ordinairement le nom de caisses rurales, groupées en une Union des caisses rurales et ouvrières françaises, à responsabilité illimitée, dont le siège est à Lyon.

A côté de l'œuvre philanthropique de M. Durand, il faut placer celle, non moins louable, de M. Louis Milcent qui, dès 1884, fondait la caisse agricole du syndicat de Poligny qui, dès ses premiers jours, entrait en relations avec la Banque de France, et, grâce à d'ingénieuses combinaisons, ouvrait aux agriculteurs les guichets de la banque.

Loi du 5 novembre 1894. Son économie. — Au début, toutes ces associations devaient se placer sous un régime juridique et fiscal de droit commun, dont beaucoup de dispositions, faites pour la banque et le négoce, étaient de nature à paralyser les initiatives et entraver les fondations.

Aussi sentait-on le besoin de donner au crédit agricole une législation spéciale. Nos parlementaires, dès 1891, se mirent à l'œuvre et discutèrent, sur l'initiative de M. Méline, président de la commission, un projet de loi qui devait devenir, le 5 novembre 1894, la grande charte du crédit agricole, en France (1). La discussion du projet de loi fut très longue et M. Méline s'y montra le plus zélé orateur. A la séance du 16 juin 1892 (2) il disait, aux applaudissements de toute la Chambre :

« Organiser le crédit agricole et populaire, c'est porter la production du sol français à son maximum de puissance ; c'est faire sortir du sol français les milliards qui y sont enfouis, c'est donner de la confiance à nos campagnes, arrêter cette émigration des populations rurales vers la ville qui fait une concurrence si

(1) *Journal officiel*, p. 329.
(2) Loi modifiée par celles du 14 janvier 1908 et 18 février 1910.

redoutable à nos ouvriers ; c'est mettre à la disposition des consommateurs, une masse énorme de produits dont le bon marché ira toujours croissant ; c'est assurer à notre budget, par le développement de la richesse publique, les ressources certaines de plus-values assurées. C'est encourager les ouvriers eux-mêmes dans leur rude labeur en les émancipant et en leur ouvrant la porte du patronat ; c'est rendre enfin, j'en suis convaincu, un immense service au marché des capitaux, si souvent en désarroi, en les reportant sur leur véritable destination, qui est de féconder le travail ; c'est arracher au gouffre de la spéculation l'épargne des travailleurs pour l'employer à leur profit. »

Dans son article 1er, la loi du 5 novembre 1894 dispose que « des sociétés de crédit agricole peuvent être constituées, soit par la totalité des membres d'un ou de plusieurs syndicats professionnels agricoles, soit par une partie des membres des syndicats ».

Nous voyons donc, par cet article, que la condition primordiale de création de sociétés de crédit agricole, sous l'empire de la loi de 1894, est l'existence d'un syndicat dans une commune.

C'est dans le but d'écarter la spéculation que le législateur jugea bon d'interdire la souscription d'actions, parce que celle-ci donne des facilités aux spéculateurs, que les parts d'intérêt n'offrent pas. Il décida « que le capital social ne peut être formé par des souscriptions d'actions; il pourra être constitué à l'aide de souscriptions des membres de la société : ces souscriptions formeront des parts qui pourront être de valeur inégale » (art. 1er).

Le crédit agricole, tel qu'il est institué par la loi du 5 novembre 1894 n'a pas pour objet de servir à tous ceux qui y feraient appel dans la commune où se trouve le syndicat agricole duquel il dépend ; ce n'est pas un crédit rural, car il est seulement réservé aux syndiqués. Comme l'a fort bien écrit M. Dufourmantelle, « la loi de 1894 a organisé le crédit agricole, mais non le crédit rural ; elle n'autorise la création de caisses de crédit qu'entre les membres des syndicats agricoles ; elle laisse donc en dehors de son cercle d'influence toutes les petites professions industrielles ou commerciales qui s'exercent à la campagne... (1) ».

Cette loi de 1894, si importante dans son esprit et son application, ne régit pas toutes les caisses de crédit agricole, et toutes les institutions antérieures n'ont pas invoqué son bénéfice ; même celles qui se fondent aujourd'hui peuvent y rester étrangères, soit qu'elles se constituent en dehors des syndicats, soit pour d'autres motifs. Aujourd'hui les caisses de crédit agricole peuvent se classer, au point de vue de la forme, en deux catégories : 1° les sociétés qui se conforment à la loi du 5 novembre 1894 ; 2° les sociétés qui se conforment au droit commun ; on dit ordinairement celles constituées sous l'empire de la loi du 24 juillet 1867 ; mais cette formule n'est pas tout à fait exacte, car beaucoup de ces Sociétés invoquent aussi les dispositions du Code civil et du Code de commerce et n'ont à se soumettre qu'à certaines dispositions secondaires de la loi de 1867.

Enfin, d'après l'article 4 de la loi de 1894, les sociétés de crédit agricole sont commerciales, ont la personnalité civile et sont exemptes du droit de patente, ainsi que de l'impôt sur les valeurs mobilières.

Un syndicat agricole existe dans une commune et

____

(1) Rapport de M. Dufourmantelle sur la situation actuelle de la coopération de crédit en France au XIe Congrès International du Crédit populaire tenu à Paris du 8 au 11 juillet 1900.

possède une caisse de crédit; comment peut fonctionner celle-ci?

Plusieurs modes de paiement peuvent être pratiqués.

1° Le syndicat n'a pas de patrimoine. Dans ce cas il lui sera bien difficile d'avancer de l'argent à ses membres et il aura la faculté, pour ce faire, de créer une sorte de banque des dépôts;

2° Le syndicat a un patrimoine. Rien n'est plus facile alors pour lui de se faire le banquier de ceux qui feront appel à sa caisse en percevant le taux d'intérêt légal et en ouvrant des comptes-courants à ses clients avec virement de comptes, etc. ;

3o Le syndicat peut enfin fonctionner comme intermédiaire entre un ou plusieurs banquiers et les emprunteurs. Il se portera comme·caution morale de ses syndiqués qui sollicitent d'une banque une remise de fonds; il donnera tous renseignements sur les garanties de solvabilité qu'ils présentent et facilitera dans la mesure du possible les prêts demandés dans un intérêt purement agricole.

Il peut également endosser le papier souscrit par l'agriculteur. Il joue le rôle de banquier au 1er degré et accepte toutes les responsabilités. Le syndicat de Compiègne agit ainsi : il se sert de l'intermédiaire d'un gérant responsable qui garantit le papier présenté à l'escompte par les syndicataires, moyennant un intérêt de 0 fr.50 par mois; ce gérant est caution véritable vis-à-vis de la banque qui escompte.

Constitution d'une caisse de crédit par le syndicat agricole. — Mais le syndicat faillirait à son rôle s'il ne cherchait pas à constituer dans son sein la caisse de crédit autorisée par le législateur. Il doit donc chercher les moyens qui lui permettront de réunir des capitaux qui, fructifiant peu à peu, formeront, au bout de quelque temps de bon fonctionnement, une certaine somme de laquelle on pourra distraire un fonds de réserve.

Or les syndicats ont comme constitution initiale de caisse de crédit :

1° L'intérêt des sommes perçues par eux et déposées chez un banquier :

2° Une partie de l'escompte consenti par les fournisseurs pour paiements anticipés et retenues aux syndicataires;

3° Les prélèvements en majoration demandés aux acheteurs pour parer à certains petits besoins : analyses, frais de réemballage et réexpédition, etc. ;

4° La somme variant généralement de 2 francs à 5 francs perçue sur les nouveaux adhérents à titre de droit d'entrée. Le pécule augmenté peut servir de garantie pour un banquier qui consent à escompter le papier des syndicataires, que le syndicat présente lui-même.

Nous savons donc comment les syndicats peuvent former des caisses de crédit; il est utile et intéressant de savoir maintenant de quelle façon fonctionne le crédit agricole.

Fonctionnement du crédit agricole. — Il est aujourd'hui organisé par trois espèces de sociétés :

1° Par les caisses locales constituées, comme nous l'avons vu, soit d'après le droit commun, soit sous le régime de faveur de la loi du 5 novembre 1894;

2° Par les caisses rurales fondées sous le patronage de M. Durand, à l'image des caisses Raiffeisen;

3° Par les caisses régionales de crédit agricole mutuel institués par la loi du 31 mars 1899, qui ont pour objet principal d'escompter les effets souscrits par les membres des caisses locales et endossés par ces sociétés.

Ajoutons en outre, comme nous l'avons indiqué dans

le chapitre précédent, que les sociétés coopératives agricoles remplissant les conditions prévues (art. 4 de la loi de 1906) peuvent recevoir des avances consenties par la commission instituée au ministère de l'Agriculture et aux conditions fixées par celle-ci.

Les Caisses locales. — La première caisse locale fut fondée en 1895 par M. Méline, à Remiremont. Le capital initial était de 19.000 fr.; au bout de six mois, il s'élevait à 20.830 fr., la caisse ayant escompté pour 8.700 fr. d'effets. La deuxième caisse locale fut fondée le 9 juin 1895 par le syndicat agricole d'Aix-en-Provence; le capital était alors de 19.500 fr., répartis en actions de 50 francs.

Le nombre des caisses locales fondées sous le régime de la loi de 1867 est plus considérable que les autres. En 1908, M. Ruau, ministre de l'Agriculture d'alors, déclarait qu'il existait 192 caisses dépendant de la loi de 1894 et 335 caisses régies par la loi de 1867 de droit commun.

Nature juridique des caisses locales. — C'est une question de savoir si la loi du 5 novembre 1894 se suffit à elle-même, sous l'autorité des principes généraux des conventions, ou si elle n'est pas venue simplement se juxtaposer au droit particulier de chaque espèce de société, dont elle laisse subsister toutes les règles non modifiées. Ceux qui admettent cette seconde opinion, et nous sommes du nombre, soutiennent qu'une société anonyme doit se conformer aux règles des constitutions prescrites par la loi de 1867. En pratique, beaucoup de caisses s'exonèrent de ces formalités ; mais nous ne connaissons aucun document de jurisprudence sur cette question.

Les caisses locales sont à responsabilité limitée ou illimitée. Avec la responsabilité limitée, les sociétaires ne sont responsables des dettes contractées par la société qu'à concurrence d'une certaine somme, celle qu'ils ont apportée ou promise. Avec la responsabilité illimitée, ils acceptent d'être considérés comme personnellement débiteurs des dettes sociales, d'où il résulte, conformément au droit commun, qu'ils sont tenus de ces dettes sur tous leurs biens. La responsabilité illimitée présente évidemment pour les tiers une garantie plus considérable que la responsabilité limitée; elle est surtout pratiquée par les Caisses rurales. Par contre, la limitation de la responsabilité des membres au capital apporté est de nature à séduire davantage les sociétaires et les administrateurs. Le sociétaire qui a souscrit une action de 50 fr. aime à songer que sa perte ne pourra dépasser cette somme, et, s'il a tout versé, qu'on ne pourra rien lui réclamer. L'administrateur se sent plus à l'aise pour administrer, puisqu'il a tout prêts les fonds destinés à parer aux aléas, ce qui lui ôte le souci d'appels individuels ordinairement mal reçus !

La loi accorde quelques privilèges aux sociétés qui se conforment à ses prescriptions; ce sont: 1° la dispense des règles ordinaires de publicité remplacées par des règles plus simples, et notamment par un dépôt au greffe de la justice de paix et une transmission au greffe du Tribunal de commerce. Il s'est souvent élevé des difficultés sur l'application des lois fiscales à ces dépôts et aux récépissés. Ces difficultés ont été tranchées dans un sens favorable aux sociétés par une circulaire du Directeur de l'Enregistrement, datant de 1895 ; 2° la dispense de la patente; 3° la dispense de l'impôt sur les valeurs mobilières. Une instruction de la Direction générale de l'Enregistrement, en date du 28 janvier 1895, dit à ce sujet: « Cette disposition a

pour effet d'affranchir de la taxe de 4 0/0 les intérêts
payés au cours de la société aux titulaires de parts
d'intérêts ainsi que les bénéfices qui, à la dissolution,
leur proviendront du partage du fonds social.

« Elles s'étendent également aux intérêts des emprunts
contractés par les sociétés de l'espèce. Quant aux ré-
partitions effectuées entre les associés au prorata des
prélèvements faits sur leurs opérations, elles échappent
de plein droit à l'application de la loi du 29 juin 1872,
comme constituant, non un revenu des parts d'intérêt,
mais une restitution partielle des commissions perçues
par la société. »

A titre documentaire, mentionnons la loi du 20 juillet 1895 sur les caisses d'épargne, spécifiant que le
cinquième de leur capital et la totalité de leurs revenus (20 millions environ) peuvent être utilisés par les
caisses locales.

Caisses rurales. — Indiquons seulement que ces
caisses, fondées sous le patronage de M. Durand, avocat
à Lyon, et dont la première date de 1893 (fondée dans
l'Indre), sont sous forme de sociétés à nom collectif
avec responsabilité solidaire et illimitée de tous les
membres. Elles se constituent sans capital, les associés
ne touchent aucun dividende et tout emprunteur doit
fournir une caution solvable. La caisse rurale ne comprend qu'une seule commune ; les administrateurs ne
touchent aucun traitement. Ces caisses rurales sont le
plus souvent des sociétés mutuelles.

Caisses régionales. — Les caisses régionales n'ont
pas pour objet les opérations directes avec les agriculteurs, mais avec les caisses locales de crédit, et depuis
la loi du 29 décembre 1906, avec les sociétés coopératives agricoles (1) en se conformant aux dispositions de

(1) Au 31 décembre 1900, il y avait 37 caisses régionales, au 31 octobre
1907, 47.

la loi du 5 novembre 1894. Voici ce que disait une circulaire ministérielle du 17 mars 1901 : « Les opérations des caisses régionales sont limitées ; elles escomptent les effets souscrits par les membres des sociétés locales et endossés par ces sociétés, auxquelles elles peuvent faire des avances pour la constitution de leurs fonds de rendement. Elles peuvent émettre des bons, recevoir des dépôts en comptes courants, lesquels, réunis, ne pourront excéder les trois quarts du montant des effets en portefeuille. »

Loi du 17 novembre 1897. — C'est la loi du 17 novembre 1897, prorogeant le privilège de la Banque de France, qui met à la disposition de l'Etat une avance de 40 millions empruntés à la Banque de France sans intérêt et une redevance annuelle qui ne peut être inférieure à 2 millions acquise pour l'Etat et qui sert à alimenter les caisses régionales. « A partir du 1er janvier 1898, dit la loi, jusques et y compris l'année 1920, la Banque de France versera à l'Etat, chaque année, une redevance égale au produit du huitième du taux de l'escompte par le chiffre de la circulation productive sans qu'elle puisse jamais être inférieure à 2 millions. »

Des avances peuvent donc être faites aux caisses régionales (1), mais jusqu'à concurrence du quadruple du capital versé en espèces et pour une durée maxima de cinq ans, pouvant, après ces délais, être renouvelées. Elles deviennent immédiatement remboursables en cas de violation des statuts ou de modifications à ces statuts

(1) « L'avance de 40 millions de francs et la redevance annuelle à verser au Trésor par la Banque de France, en vertu de la convention du 31 octobre 1896, approuvée par la loi du 17 novembre 1897, sont mises à la disposition du gouvernement pour être attribuées à titre d'avances sans intérêt aux Caisses régionales de crédit agricole mutuel, qui seront constituées d'après les dispositions de la loi du 5 novembre 1894. » (Art. 1er de la loi du 31 mars 1899.)

qui diminueraient les garanties de remboursements. La répartition est faite par une commission nommée par décret; elle se réunit quatre fois par an, au commencement de chaque trimestre.

La loi du 31 mars 1899, en limitant les opérations des caisses régionales, s'est écartée à leur sujet en divers points des dispositions de la loi du 5 novembre 1894. C'est ainsi que, sous l'empire de cette dernière loi, les sociétés peuvent contracter les emprunts nécessaires pour constituer ou augmenter leur fonds de roulement, recevoir des dépôts en comptes-courants sans aucune limitation (art. 1 § 2, loi du 5 nov. 1894). La loi de 1899 édicte, au contraire, dans son article 5 certaines règles spéciales. L'art. 2 de la même loi porte cette clause : « Toutes autres opérations leur sont interdites. » Il en résulte qu'une caisse régionale ne peut se charger de recouvrements et de payements pour le compte des syndicats ou de leurs membres.

Rôle des caisses régionales. — On peut donc résumer ainsi le rôle des caisses régionales :

1° Elles sont des organes dispensateurs et régulateurs du crédit auprès des caisses locales ;

2° Elles sont des organes de contrôle et de surveillance ;

3° Elles sont des organes de propagande créatrice, de diffusion du crédit agricole.

« Dans ma pensée, disait déjà M. Méline en 1897 (1), des Banques régionales auront pour mission de susciter au-dessous d'elles des Banques mutuelles. Elles feront l'apostolat du crédit agricole dans les différentes communes. Elles se composeront d'hommes jouissant d'une assez grande autorité pour être écoutés, quand ils se

---

(1) Discours prononcé à la Chambre des Députés à la séance du 7 juin 1897. (*Journal officiel*, page 1553.)

présenteront dans les communes et demanderont à organiser une banque agricole. Tel est le rôle important que je leur réserve. »

Aux lois de 1894-1897-1899, joignons les décrets du 9 février 1904 plaçant sous les ordres directs du ministre de l'Agriculture les services des caisses régionales de crédit agricole et du 11 avril 1905 relatif au fonctionnement et à la surveillance de ces Caisses régionales.

Nous en avons fini avec les caisses régionales ; il ne nous reste plus qu'à indiquer sommairement les formalités à remplir pour l'affiliation à une caisse régionale.

Aussitôt après la constitution de la caisse locale, le président doit en demander l'affiliation à une caisse régionale. Les pièces exigées sont les suivantes : un exemplaire des statuts ; copie du récépissé du dépôt du greffe de la justice de paix ; liste des noms du président et des administrateurs pouvant engager la caisse, liste qui sera accompagnée du modèle de leurs signatures. De plus, pour les caisses à responsabilité illimitée, la liste complète des sociétaires, laquelle portera également le montant des contributions payées par chacun. La caisse locale devra souscrire à une part au moins à la caisse régionale.

Par la circulaire du 4 août 1904 relative à la comptabilité des caisses régionales de crédit agricole, le ministre de l'Agriculture a indiqué aux caisses régionales comment elles doivent tenir leur comptabilité et quels sont les pièces et renseignements qui doivent être fournis à son administration. Les instructions sur la comptabilité de ces caisses régionales sont expliquées dans un guide pratique que le service du crédit agricole au ministère de l'Agriculture remet aux caisses intéressées.

Principe de création d'une Banque Centrale. — Syndicats agricoles ou sociétés de droit commun, caisses locales ou rurales, caisses régionales, telle est l'ossature du crédit agricole actuel. Or, pour être plus efficace, il faudrait que celui-ci, organisé ainsi par le bas, soit assuré par le haut par une sorte de banque centrale qui deviendrait ainsi l'instrument de compensation et le régulateur entre toutes les Caisses régionales. L'institution des divers organismes créés depuis la loi du 5 novembre 1894 jusqu'à celle du 31 mars 1899 ne nous semble pas marquer le terme définitif d'une étape qui, selon nous, doit aboutir fatalement, et en suivant l'évolution naturelle des mêmes organismes fondés à l'étranger, à l'établissement de cette Banque Centrale, grand réservoir des ressources et des capitaux énormes qui sont nécessaires à l'agriculture. Notre conviction intime est que la classe agricole ne pourra tirer des services importants et des résultats certains des institutions déjà créées que, lorsque l'organisation par le bas sera complétée et assurée par une organisation par le haut, et seulement lorsque les syndicats agricoles, les sociétés locales de crédit agricole et les caisses régionales pourront trouver dans un grand établissement central, spécialement organisé et adapté aux besoins des populations rurales, le crédit et les immenses ressources qu'il recevra des prêteurs et des capitalistes. Nous n'ignorons pas que la Banque centrale de crédit agricole n'a pas eu la faveur des Chambres, et pourtant il est indéniable que, seule, la Banque Centrale permettra, tout en maintenant l'action spontanée des groupes locaux, de leur imprimer cette unité, cette direction centrale, sans laquelle il ne peut y avoir de résultats ni d'action efficaces pour le crédit agricole.

Quel est, dans notre pays, l'établissement le plus apte à remplir cette fonction sociale de Banque Centrale ? De tous les projets émis à ce sujet, lors du renouvellement du privilège de la Banque de France en 1897, examinons rapidement celui de M. Jules Léveillé.

Pour M. Léveillé, le crédit agricole réel est la branche la plus importante du Crédit agricole. Partant de ce principe, il voit la vraie charte du Crédit agricole dans la loi du 11 juillet 1851 qui organise les banques coloniales. M. Léveillé présenta donc, à la Chambre des Députés, sous forme d'amendement, un projet de création de Banque centrale de crédit agricole, organisée avec le concours de la Banque de France.

L'originalité de ce projet consistait dans la possibilité de fonder presque immédiatement le Crédit agricole et à très peu de frais. C'est la solution la plus pratique qui ait été présentée, et la Chambre, reconnaissant les mérites évidents de cette proposition, « faillit » l'adopter. Nous faisons quelques réserves sur les conceptions émises par M. Léveillé en examinant l'incompatibilité presque absolue qui nous semble exister entre les opérations faites par les banques d'émission et les opérations faites par les banques agricoles et hypothécaires.

Quel est donc, selon nous, l'établissement de crédit susceptible de résoudre, de façon satisfaisante, ce problème du crédit agricole ?

A notre avis, ce ne peut être la Banque de France, ce ne peut être non plus une Banque d'Etat fonctionnant avec les ressources générales du Budget. Il n'existe en France qu'un seul établissement de crédit qui puisse assurer un bon fonctionnement du crédit agricole : c'est le Crédit Foncier. Mais pour remplir le rôle que nous lui assignons, il est de toute nécessité que cette Société comprenne bien qu'il y a là plutôt un service à rendre qu'une spéculation à faire. Or, ce système nous semble contenir des chances de succès pour les raisons suivantes :

1° Le Crédit Foncier a une organisation toute prête ;

2° Il est connu de tout le monde ;

3° Il est le pivot nécessaire auquel doivent venir se rattacher toutes les autres institutions ayant pour objet l'amélioration de la propriété rurale ;

4° Le Crédit Foncier doit constituer l'instrument de crédit territorial par excellence ; il doit devenir pour l'agriculture ce qu'est aujourd'hui la Banque de France pour le commerce et l'industrie.

Cette mission sera-t-elle acceptée de bon gré par cet établissement? On peut penser que le Crédit Foncier ne refusera pas de justifier et de légitimer le privilège et le monopole que la loi lui confère, et ne se dérobera pas au devoir social de remplir la mission pour laquelle il a été créé et qui est, du reste, prévue dans l'article 1ᵉʳ de ses statuts (1).

Mais le rôle que nous voudrions voir attribuer au Crédit Foncier n'est possible, selon nous, que par l'avantage corrélatif qu'on lui procurerait au moyen de la réforme si désirée de notre régime hypothécaire.

Loi du 19 mars 1910. — La loi du 19 mars 1910 termine la chaîne des grandes lois constitutives du crédit agricole. Celle-ci, votée à la suite du désastre causé par les inondations dernières sur certains points de la France, institue le crédit individuel à long terme.

(1) « La Société... peut appliquer, avec l'autorisation du Gouvernement, tout autre système ayant pour objet de faciliter les prêts sur immeubles, l'amélioration du sol, les progrès de l'agriculture et l'estimation de la dette foncière. »

en vue de faciliter l'acquisition, l'aménagement, la transformation et la reconstitution des petites exploitations rurales (art. 1ᵉʳ complétant le § premier de l'art. 1ᵉʳ de la loi du 5 novembre 1894).

Les prêts consentis en vue de ces opérations ne peuvent dépasser la somme de 8.000 francs et leur durée ne devra pas excéder quinze années. Ces prêts auront lieu par ouverture de crédit hypothécaire ou seront garantis par un contrat d'assurances, en cas de décès (art. 2).

La loi laisse aux caisses locales et aux caisses régionales une certaine initiative en leur permettant ces prêts individuels à long terme ; mais, dit l'art. 6 : « Les remboursements perçus par les caisses locales de crédit agricole seront versés par elle à leur caisse régionale dans les huit jours qui suivront l'encaissement. Les caisses régionales de crédit agricole mutuel et les sociétés de crédit immobilier verseront à leur tour, à la recette particulière des Finances, avant la fin du mois de janvier, le montant des remboursements qu'elles auront perçus dans l'année précédente. Les avances spéciales que ces caisses et sociétés auront reçues devront être également remboursées à la fin de la vingtième année. »

Il faut espérer que cette loi aura d'heureux effets et viendra efficacement en aide aux cultivateurs auxquels ces dernières années déficitaires ont porté de si grands préjudices. Mais pour qu'une pareille loi reçoive une large application, il faut que l'évolution sociétaire et coopérative se fasse plus grande dans nos populations rurales qui ignorent trop la législation qui les intéresse et se cramponnent à l'individualisme routinier des anciens temps.

Alia tempora, alii mores ! Car la coopération est la

véritable formule de l'organisation agricole moderne. « Elle a pour elle l'expérience du temps et des nations voisines ; c'est l'association libre qui fera la plus grande révolution pacifique de l'avenir, c'est elle qui prépare le monde nouveau (1). »

(1) Discours de M. Lourties, au Sénat, séance du 16 mars 1899.

CHAPITRE IV

LES ASSURANCES AGRICOLES

L'agriculteur doit aussi se prémunir contre l'avenir et garantir contre tous risques ses bâtiments, ses récoltes, ses animaux de ferme. Le paysan d'aujourd'hui est plus accessible qu'autrefois aux idées de prévoyance dont il a compris la valeur et l'importance et il pratique plus volontiers l'assurance qui, quand elle sera suffisamment répandue dans les populations rurales, doit, a dit M. Méline, dans *le Retour à la terre*, « libérer le paysan de l'incertitude du lendemain, principale cause de la désertion des campagnes ».

Définition de l'assurance en général. — Si l'on considère l'assurance dans son objet, on peut la définir la réparation ou la compensation d'un dommage, causé par un fait extérieur ou étranger à l'assuré et complètement indépendant de la volonté de celui-ci. Si on l'envisage dans ses moyens, on la définira, tout aussi exactement, la constitution, à l'aide de versements périodiques effectués par les assurés exposés au même risque, d'un fonds commun destiné à réparer les pertes partielles ou totales qui auront pu être la conséquence de ce risque.

Notre première définition indique nettement combien est étendu le domaine de l'assurance, et si ses applications paraissent encore quelque peu limitées, c'est uniquement à raison des difficultés pratiques que présente l'établissement des tarifs destinés à garantir

certaines natures de risques, difficultés réelles, exigeant
des études sérieuses et approfondies, mais qui sont loin
d'être insurmontables.

De notre seconde définition, il résulte que l'assurance, non seulement en principe, mais aussi en fait,
est et doit être une mutualité. Le fonds commun qui
est affecté aux indemnités dues aux assurés sinistrés
est, en réalité, par sa constitution, un fonds mutuel,
dont les excédents, les bénéfices devraient faire retour
à ceux qui l'ont formé. Mais les Compagnies emploient
cet excédent à la rémunération de leur capital, à la
distribution de gros dividendes à leurs actionnaires
dont les fonds demeurés inactifs produisent sans travail,
sans risques, et aucune parcelle de ces bénéfices, si
minime soit-elle, ne va aux assurés, qui seuls cependant
les ont créés.

Cette observation nous amène au parallélisme à
établir entre les deux sortes de Compagnies d'assurances existant en France : les Sociétés d'assurances à
prime fixe et les assurances mutuelles.

Société anonyme à prime fixe. — Etudions les premières au point de vue qui nous intéresse, c'est-à-dire
à celui agricole.

Ces Sociétés, régies par les lois du 5 juin 1850, du
9 mai 1860, du 24 juillet 1867 et par le décret du 22
janvier 1868, sont constituées par de vastes capitaux
que leur fournissent leurs actionnaires ou obligataires
et les assurés. Moyennant une prime fixe annuelle proportionnelle à la somme assurée, ces Sociétés garantissent ceux qui ont contracté avec elles contre les
risques auxquels sont sujets leurs biens. Les polices
d'assurances agrémentées des statuts de la Société sont
établies pour une période de dix ans, susceptibles, pendant leur durée, de correctifs, sous forme d'avenants.

L'Economiste français du 22 août 1903 donne pour l'exercice de 1902 le budget des dix-huit principales Compagnies. En voici le tableau saisissant et qui prête aux mûres réflexions :

Dépenses

Sinistres	58.174.230,13
Commissions	28.779.611,13
Frais généraux	11.292.288,00
Dépenses diverses	146.492,29
Total	98.392.621,55

Recettes

Primes nettes	114.815.979,99
Bénéfices sur polices et plaques	1.122.113,24
Produit des fonds placés	6.992.924,18
Recettes diverses	44.573,77
Total des recettes	122.975.591,18
Total des dépenses	98.392.621,55
Excédent des recettes	24.582.969,63

Or, d'après les statistiques de 15 années d'exercice, la moyenne des sinistres a été de 46 à 60 0/0 des primes ; la moyenne des commissions de près de 25 0/0 ; celle des frais généraux de plus de 10 0/0. En résumé, à côté d'avantages réels (solvabilité, longue durée des contrats, etc.), les Compagnies d'assurances à prime fixe présentent des inconvénients dont le non moindre est celui de la rémunération perpétuelle des capitaux de fondation, inutiles aujourd'hui, puisqu'ils ne représentent plus qu'une faible fraction des fonds de réserve et des sommes garanties (55 millions de capital versé pour 110 milliards assurés !) En y ajoutant les frais de commission et les frais généraux, on trouve avec raison que ces Compagnies font payer trop cher leurs services et que l'on peut obtenir à bien meilleur compte des

garanties aussi avantageuses. Ajoutons à ceci que les
frais sont si divers, si illogiques, si irrationnels souvent
que l'assuré est stupéfait des sommes qui viennent s'a-
jouter au paiement de la délivrance de polices et des
primes. Les Compagnies s'abattent sur le pauvre assuré
et, sous le couvert de leurs règlements et des lois de
l'Etat, exigent de lui :

1° Un droit de timbre de 0 fr. 04 par 1.000 francs
assurés ;

2° Une taxe de 6 francs par million sur le capital
assuré (loi du 14 avril 1898) ;

3° Un droit d'enregistrement sur le montant des
primes, cotisations ou contributions de 8 pour cent
(art. 6 loi du 23 août 1871), plus 2 décimes (art. 1 même
loi), plus un demi-décime (art. 2 loi du 30 décembre
1873), soit un total de 10 0/0 en principal et décimes.
Cet impôt de 10 pour cent est établi sur le montant
des primes.

Ces impôts écrasants apportés par les Compagnies
d'assurances rejaillissent fatalement sur les assurés.
On voit ainsi qu'une compagnie qui assure un capital
de un million et donnant une prime moyenne de
0 fr. 50 centimes par mille francs, soit 500 francs,
doit payer à l'Enregistrement :

10 0/0 d'impôt sur les recettes.............	50 fr.
0,04 c. par 1000 fr. et 6 fr. par million.....	46 »
Total...........	96 »

Soit, par conséquent, un impôt global de 19, 20 0/0
du montant des primes. C'est excessif.

En outre nous trouvons une mauvaise répartition de
l'impôt qui est basé sur les risques et crée de ce fait
une inégalité choquante entre deux valeurs égales
assurées. Celle qui court le plus de risques sera frap-

pée d'un impôt plus lourd. Une maison de ville, par exemple, d'une valeur de 200.000 francs, paiera pour l'impôt 40 fr. (taxe de 0 fr. 20 c. par 1000), plus 4 fr., soit une somme totale de 44 francs. Par contre, une ferme de 5.000 francs, soit 40 fois moins, paiera au taux de 7 fr. 50 pour mille + 3 fr. 75 d'impôt.

C'est une véritable iniquité commise par la loi qui aurait dû baser l'impôt sur la valeur assurée et non sur les risques. Un riche ayant fait construire un palais luxueux aura proportionnellement beaucoup moins à verser comme impôts qu'un besogneux qui s'est rendu acquéreur d'un petit corps de ferme pauvrement bâti !

Nous voyons donc les défauts que présentent les Compagnies d'assurances auxquelles on oppose aujourd'hui les Mutuelles agricoles.

L'assurance mutuelle. — Le fondateur véritable des assurances mutuelles agricoles est Pierre Bernard Barrau qui, en février 1802 (24 pluviôse an X), fonda à Toulouse une société d'assurances réciproques pour les récoltes en issues et en grains, à laquelle il joignit en 1805 une assurance également réciproque contre la mortalité des bestiaux.

L'assurance mutuelle, jusqu'en 1900, fut peu réglementée ; le décret seul du 22 juin 1868 l'avait visée, mais sous la forme prévue par celui-ci, elle ne laissait pas d'être assez compliquée et entravée de formalités coûteuses et gênantes qui, sages peut-être pour de grandes organisations, sont un obstacle presque invincible à la création des petites.

On se demandait donc, avant la loi de 1900, quelle forme légale adopter pour les assurances mutuelles. Serait-ce la forme de la loi de 1867 régissant les sociétés ?

Nous venons de dire que le décret de 1868 présen-

tait de graves défauts. Il est pourtant juste de remarquer que la loi de 1867 et le décret de 1868 formu-
lèrent plusieurs règles qui ont leur importance, comme
la durée des engagements (art. 25), la faculté de résiliation en cas de modification des statuts (art. 26), l'interdiction de se faire assurer ou réassurer à d'autres
compagnies (art. 27), les fonds de garantie, de prévoyance et leur détermination annuelle (art. 29), le
fonds de réserve et l'interdiction d'opérer sur le fonds
des prélèvements en excédant la moitié pour un seul
exercice (art. 32).

Allait-on d'un autre côté pouvoir assujettir les Assurances mutuelles à la forme de la loi de 1884 sur les
syndicats? Cette loi simplifie de beaucoup la création
et l'organisation des Mutuelles, mais elle ne contient
rien des règles qui sont conformes à la nature et à
l'objet des petites Mutuelles.

Néanmoins, les syndicats agricoles, et plus particulièrement l'Union du Sud-Est, sous l'inspiration de son
vice-président, M. Léon Riboud, prirent une initiative,
hardie peut-être, mais qui devait amener les plus heureux résultats. Dans le but surtout de résoudre le problème intéressant de l'assurance contre la mortalité
du bétail, les syndicats s'avisèrent que cette opération
était un acte de défense des intérêts agricoles, et était
de ceux que l'article 3 de la loi de 1884 les autorisait à
faire. Cette idée fit son chemin. Exposée dans un rapport que M. Léon Riboud, au nom du Comité, présenta
successivement, au Congrès des syndicats agricoles à
Orléans (1897), puis, la même année, à l'Union Centrale des Syndicats des Agriculteurs de France, elle
reçut le meilleur accueil des praticiens, des économistes et même des jurisconsultes. Le principal auteur de la
loi de 1884, M. Waldeck-Rousseau lui-même, lui donna

son entière approbation. Sollicité par le comte de Rocquigny de donner son avis sur le régime légal que devaient suivre les agriculteurs pour s'assurer contre la mortalité de leurs animaux, l'éminent avocat s'exprima ainsi dans une consultation qui, à propos de cette question, a très heureusement précisé la portée de la loi de 1884 : « C'est essentiellement dans l'article 3 qu'il faut chercher quels actes sont d'une façon générale permis aux syndicats... Il faut et il suffit qu'ils aient un caractère d'intérêt professionnel commun aux adhérents du syndicat. Que ce soit un intérêt touchant à la profession agricole d'atténuer les risques de la mortalité du bétail, ce n'est pas douteux. Que ce soit un intérêt commun à tous les membres du syndicat, ce n'est plus contestable. Ce fait, par les membres d'un syndicat agricole, de s'organiser en vue de se garantir mutuellement contre un événement qui menace la profession rentre certainement dans l'ordre des faits assignés aux syndicats par la loi... je n'hésite pas à penser que les syndicats agricoles peuvent faire entrer l'assurance mutuelle des bestiaux parmi les objets de leur constitution et que, de même, un syndicat d'agriculteurs peut se former dans le but spécial d'établir entre ses membres le même mode d'assurance. » Nous ajouterons, en étudiant le rôle qu'ont les syndicats agricoles auprès des assurances mutuelles, que le faisceau d'œuvres créées par eux sera fortifié d'autant. Ces œuvres diverses auront recours les unes aux autres. La caisse de crédit agricole locale sera le banquier non seulement du syndicat, mais de ses caisses d'assurances et pourra le faire jouir des fonds de la Caisse régionale. La caisse de réassurance pourra un jour centraliser tout ce qui concerne non seulement l'incendie, mais aussi les accidents, la mortalité du bétail, tous les ris-

ques de la profession ; et déjà nous prévoyons un faisceau d'œuvres complexes pourvoyant à tous les besoins
des cultivateurs, le prémunissant contre tous les risques
dont il est menacé, lui venant en aide dans toutes les
infortunes et lui assurant la somme de bien-être matériel nécessaire à son plein épanouissement moral et
social. Que les cultivateurs s'assurent donc entre eux !
L'esprit de prévoyance et de mutualité les relève et
les moralise ; il les défend contre les coups du sort et
leur apporte la confiance indispensable à la continuité
de leurs efforts et au succès de leurs entreprises.

Loi du 4 juillet 1900. — Le monde agricole ne savait
trop comment constituer ces caisses d'assurances mutuelles quand survint la loi libératrice du 4 juillet 1900
qui affranchit des formalités prescrites par la loi du
24 juillet 1867 et le décret du 28 janvier 1868.

Voici l'énoncé de l'article unique de la loi :

« Les sociétés ou caisses d'assurances mutuelles
agricoles qui sont gérées et administrées gratuitement, qui n'ont en vue, et qui, en fait, ne réalisent
aucun bénéfice, sont affranchies des formalités prescrites par la loi du 24 juillet 1867 et le décret du 28
janvier 1868, relatifs aux sociétés d'assurances.

Elles pourront se constituer en se soumettant aux
prescriptions de la loi du 21 mars 1884 sur les syndicats professionnels.

Les sociétés ou caisses d'assurances mutuelles agricoles ainsi créées seront exemptes de tous droits de
timbre et d'enregistrement autres que le droit de timbre de 10 centimes prévu par le paragraphe 1ᵉʳ de l'article 18 de la loi des 23 et 25 août 1871. »

En exemptant les mutuelles agricoles de formalités
gênantes, cette loi lève un obstacle de nature à paralyser les initiatives en exemptant des droits de timbre

et d'enregistrement qui s'élèvent à 14 ou 15 pour cent
des primes ; elle donne un encouragement puissant
aux fondations. On ne saurait qu'applaudir à un mouvement qui aurait ce double résultat : d'une part,
d'exonérer les agriculteurs des lourdes charges de
gestion et de rémunération des capitaux que répercu-
tent contre eux leurs assureurs ordinaires, et, d'autre
part, de rendre impossibles les fraudes dans une large
mesure, grâce à la surveillance mutuelle.

Nous voyons donc que, moyennant l'observance des
points principaux de la loi de 1900, c'est-à-dire la gratuité de la gérance et de l'administration et la réalisation d'aucun bénéfice, les Assurances mutuelles agricoles sont dispensées de tous droits de timbre et d'enregistrement autres que le droit de timbre de 10 centimes prévu par le paragraphe premier de l'article 18
de la loi des 23 et 25 août 1871.

L'Etat, au surplus, a consenti à verser des subventions à ces caisses d'Assurances et à s'intéresser
par là à leur développement et à leur diffusion. On
ne peut qu'applaudir à la forme discrète de cette
intervention de l'Etat pour susciter et encourager
l'effort de l'initiative privée. Elle proclame et con-
sacre avec éclat les services rendus par ces petites
mutualités locales qui, à l'imitation des vieilles confréries et des cotises, se sont multipliées prodigieu-
sement sur notre territoire afin de donner un peu de
sécurité aux pauvres cultivateurs. Sans doute, le bénéfice des subventions semble réservé par la circulaire
ministérielle aux seules associations qui se sont constituées en Sociétés d'assurances mutuelles régulières
conformément au décret du 22 janvier 1868, ce qui
exclut l'immense majorité des petites mutuelles rurales
actuellement existantes. Mais il n'est peut-être pas

téméraire d’espérer que celles de ces associations qui, s’étant établies sur le solide terrain du syndicat professionnel, auront fait apprécier leur désintéressement et l’économie de leurs services, obtiendront plus tard de participer, elles aussi, aux encouragements de l’État. La mutualité est une si précieuse ressource pour le progrès des populations rurales qu’il serait fâcheux de restreindre son action en lui imposant un cadre trop rigide.

Mutualité locale. — Les caisses d’assurances mutuelles sont locales et régionales. L’origine de l’organisation de la mutualité locale se trouve dans les anciennes cotises ou consorces du département des Landes, qui étaient des groupements restreints créés entre gens se connaissant tous et s’inspirant une confiance réciproque.

Elles ont pour objet, dans leur forme primitive, de réparer les pertes causées par la mortalité accidentelle du bétail et des chevaux, sans qu’il soit versé de cotisation préalable ; en cas de perte d’un animal appartenant à l’un des sociétaires, l’estimation en est faite de bonne foi et sous le contrôle de tous ; puis, à la fin du semestre, le sociétaire sinistré reçoit l’indemnité à laquelle il a droit et dont chacun des membres de l’association paye sa part porportionnelle à la valeur de tête de bétail qu’il possède.

Pour examiner la constitution d’une caisse d’assurances mutuelles locale, prenons comme exemple le plus typique celui de la caisse d’assurances établie à Louze, canton de Montiérender (Haute-Marne), par l’adhésion de 90 propriétaires. Ceux-ci ont versé un capital de garantie de 606 fr. 90 représentant le quart de la prime que chaque adhérent payait à d’autres Sociétés au moment de son adhésion. Ces sommes sont remboursées lors de l'entrée effective de l'associé dans la Société par une réduction sur sa première prime. Dans la région du Sud-Est un premier groupe local fut formé au début par sept adhérents, qui constituèrent le bureau de la Caisse, puis par des assurés qualifiés d'assurés expectants qui plus tard deviennent également des membres adhérents à la caisse mutuelle. La Caisse locale adressa au ministre de l'Agriculture, par l'intermédiaire du préfet et avec avis favorable de la municipalité, une demande de subvention sur le chapitre 6 du budget de l'agriculture, dite subvention de fondation ; cette subvention est en moyenne de cinq cents francs par mutuelle locale.

La Caisse locale a comme principal rôle de faire signer les polices, de recouvrer les cotisations, de régler les sinistres et de payer la réassurance chaque semestre.

Il serait impossible à un groupement local ayant pour but l'assurance mutuelle de vivre par ses propres moyens et de pouvoir offrir assez de garanties à ses adhérents pour le paiement des sinistres. Aussi est-il nécessaire que toute caisse locale s'affilie à une caisse régionale, tout comme pour les caisses de crédit agricole rurales qui dépendent d'une caisse départementale ou régionale. Le rôle de cette Caisse régionale est d'établir les polices, de faire le décompte des parts de cotisations à partager entre la Caisse locale, la Caisse régionale et les réassureurs. Elle tient également la comptabilité, négocie la réassurance, fait des tournées d'inspection dans les caisses locales.

Mutualité régionale. — A côté de ces petites Mutuelles locales existent ce qu'il est convenu d'appeler les grandes Mutuelles qui, depuis 1850, ont établi des primes fixes ; on relève pour celles-ci 100 milliards d'af-

faires contre 110 milliards pour les Compagnies anonymes.

L'assuré faisant partie de ces caisses locales a donc
une économie appréciable, avec la suppression des
droits de timbre et d'enregistrement (soit une réduction de 12 à 15 pour cent,) et avec les 20 pour cent
diminués sur les tarifs ; soit 32 à 35 pour cent de bénéfice immédiat pour les anciens assurés aux Compagnies anonymes et 12 à 15 pour cent pour les anciens
assurés à une grande Mutuelle.

Il ne faut pourtant pas se lancer à la légère. L'assurance est d'un maniement délicat, et si la petite Mutuelle locale a les grands avantages que nous signalions
tout à l'heure, par contre, elle a l'inconvénient de ne
pas présenter un total assez important de risques pour
que puissent s'appliquer avec exactitude les calculs
de probabilité sur lesquels sont basés les tarifs courants. De là, la nécessité pour elles de se réassurer.
Il faut que la petite Mutuelle sente derrière elle, pour
soutenir ses premiers pas, un autre organisme plus
puissant, assureur véritable, qui garantisse effectivement les risques à lui transmis. Il faut qu'elle perçoive
une part des primes sans courir aucun risque, afin de
constituer infailliblement des réserves qui lui permettront d'endosser une part de plus en plus grande des
risques recueillis. La Caisse locale peut donc réassurer une grosse partie de ses risques aux grandes compagnies françaises qui lui concèdent sur cette part une
commission qui est de 20 pour cent en moyenne ; le
système des commissions et remises permet à la caisse
locale d'encaisser des primes sans courir le risque correspondant et de constituer ainsi des réserves d'une
façon certaine. Son fonds de réserves grossit d'autant
plus vite qu'elle peut ne pas réassurer tous les risques

et garder pour elle-même ceux de minime importance, peu dangereux et éloignés les uns des autres. A mesure que la Mutuelle locale s'étendra, aura les reins plus solides et la caisse mieux garnie, elle ne réassurera qu'une somme de risques de moins en moins importante, ne passant à la grande Mutuelle que les risques supérieurs à 5.000 francs, par exemple. Cette forme de réassurance est ce qu'on appelle la réassurance proportionnelle et décroissante. La Caisse limite ainsi ses bénéfices, sans doute, mais par là elle limite aussi ses pertes et offre toutes garanties désirables. On voit que ce système offre une très grande élasticité et peut se prêter à des combinaisons diverses permettant à la Mutuelle locale de ne couvrir aucun risque tant qu'il lui plaira, puis d'endosser peu à peu une somme plus considérable de ces risques à mesure qu'elle verra ses forces s'accroître et ses réserves grossir ; enfin le moment de prospérité arrivé, elle pourra diminuer ses tarifs de 10, 20 et même 50 pour cent.

Nous trouvons pourtant préférable, tout en reconnaissant l'utilité de la réassurance aux grandes Mutuelles, de grouper les petites Mutuelles, en fédérations régionales, comme nous l'avons dit ci-dessus, au lieu de les laisser traiter individuellement ou directement avec les grandes compagnies. On crée ainsi un organe entre elles et les grandes Mutuelles, organe qui peut les aider, les soutenir et leur faire concéder des avantages qu'elles ne pourraient obtenir en s'adressant directement à leurs aînées.

Idée d'une Caisse centrale. — Il serait enfin désirable de voir les fédérations régionales affiliées à une Caisse centrale de participation aux risques. Mais, pour ce faire, il faut beaucoup de prudence et ne pas vouloir faire de l'étatisme, qui serait mal venu en l'espèce.

Cette Caisse centrale serait ainsi destinée à recevoir en dépôt et à faire fructifier l'excédent des Caisses locales florissantes, et faire des avances de fonds ou prêts à bas intérêt. Elle aiderait aussi au règlement des sinistres, elle servirait à promouvoir la création de nouvelles mutuelles locales, établirait un service d'inspection et de vérification et pourrait enfin servir à réassurer tous les risques agricoles, etc.

Dans la séance de la Chambre des Députés du 9 décembre 1909, M. Ruau, le ministre de l'Agriculture du moment, annonçait le dépôt d'un projet de loi sur la création de la réassurance au 2ᵉ degré, par l'organisation d'une Caisse centrale de réassurance mutuelle agricole gérée par la Caisse des Dépôts et Consignations. Elle fonctionnerait, partie à l'aide de cotisations versées par les sociétés qui veulent se réassurer, partie par une subvention du ministère de l'Agriculture prélevée sur le chapitre des assurances mutuelles agricoles, et enfin par un fonds de premier établissement fourni par un prélèvement unique d'un tiers des sommes recueillies dans les cercles et casinos, en exécution de la loi du 4 juillet 1900.

Agriculteurs, prenez patience, il y a loin de la coupe aux lèvres !

La Société des Agriculteurs, dans ses séances d'assemblée générale de février 1911, a formulé le vœu suivant :

« La Société des Agriculteurs de France.

Vu le projet relatif à l'institution d'une Caisse centrale destinée à réassurer es Sociétés d'assurances mutuelles agricoles présenté à la Chambre des députés le 28 décembre 1909, par M. Ruau ;

Considérant que la mutualité est capable d'organiser à tous les degrés l'assurance et la réassurance agricoles ;

Considérant que les Caisses centrales mutuelles existant actuellement acceptent indistinctement toutes les caisses qui présentent les conditions de garantie suffisantes ;

Considérant que l'assurance agricole réparatrice par l'Etat est une des formes et non des moins dangereuses du socialisme d'Etat ;

Considérant, d'autre part, que l'intervention de l'Etat est inutile et qu'elle aurait pour effet de paralyser l'initiative privée ;

Renouvelle le vœu :

Que le projet de loi présenté à la Chambre des députés le 28 décembre 1910 et relatif à la création d'une caisse centrale de réassurance agricole opérée par la Caisse des dépôts et consignations ne soit pas voté par le Parlement. »

Nous sommes maintenant suffisamment éclairés sur cette question des assurances mutuelles agricoles pour aborder de front les trois sortes d'assurances les plus intéressantes au point de vue mutualité agricole : les assurances contre l'incendie, contre la mortalité du bétail et contre la grêle.

Assurances mutuelles agricoles contre l'incendie. — Les Assurances mutuelles agricoles contre l'Incendie ont pour objet d'indemniser l'assuré des pertes qui peuvent résulter pour lui du fléau du feu. Nous avons vu que, dans ces sortes d'assurances, la spéculation n'y a aucune part et que les primes, outre les frais généraux et les impôts, ne sont destinées qu'à réparer les désastres de l'incendie. Plus une mutuelle compte d'assurés, moins grande est la répartition des pertes entre eux.

Dans toutes les communes rurales, il existe des personnes d'initiative susceptibles de comprendre et d'exposer les avantages considérables de l'assurance agricole mutuelle contre l'incendie. Il appartient à ces personnes d'initiative de provoquer la création de Sections ou Caisses communales en réunissant tous les intéressés pour leur démontrer l'économie et le fonctionnement de l'œuvre nouvelle. A cet effet, nous leur donnons ci-dessous la marche qu'il convient de suivre :

1° Voir individuellement un certain nombre d'intéressés (propriétaires fonciers, cultivateurs, fermiers, vignerons, etc.) et leur exposer succinctement le principe de l'œuvre et ses grands avantages économiques ;

2° Prendre date pour une réunion qui sera annoncée publiquement ;

3° Dans cette réunion, montrer le fonctionnement des caisses départementales ou régionales, établir la situation des compagnies anonymes, montrer aux assurés que leurs polices peuvent être réduites : de la part versée aux actionnaires, des sommes absorbées par les frais d'administration, de l'impôt de 12 à 15 0/0 payé actuellement et dont les Mutuelles agricoles sont exonérées ;

4° Faire l'exposé des Statuts ;

5° La création d'une caisse locale étant décidée, faire signer deux exemplaires des statuts par les adhérents et demander des instructions à la Caisse régionale pour la mise en marche de la caisse locale.

Comme on le voit, rien n'est plus simple, mais il faut donner le « déclanchement » initial.

Dans ces petites caisses fondées dans nos villages peu populeux, tout se passe en quelque sorte en famille, par suite de la connaissance parfaite des adhérents et des relations qui les unissent entre eux ; pour eux, rien n'est plus facile que le recrutement des adhérents, le règlement des comptes agents et le paiement des sinistres.

Les principales caisses départementales d'incendie existent dans les Ardennes, la Meuse, la Somme, la Haute-Savoie, la Marne et la Haute-Marne. Dans ce dernier département, du 20 décembre 1905 au 10 janvier 1906, il s'est constitué 140 caisses communales d'assurance mutuelle agricole-incendie réunissant 3.600 propriétaires, représentant un capital assuré de près de 40 millions de francs.

Les caisses locales se sont principalement développées dans le sud-est de la France (départements de l'Isère et de l'Ain, notamment). La Mutuelle de Vériat (Ain), fondée en 1886, a commencé à fonctionner avec 35 assurés et 400 adhérents à titre de membres expectants. Au bout de trois ans, préservée de tout sinistre, elle avait une réserve de 9.000 francs et comptait 300 participants. Ses tarifs sont les mêmes que ceux des compagnies à prime fixe. Pendant les deux premières années de participation l'assuré paie la prime entière, puis il ne paie plus que la moitié de celle-ci par an. Un sinistre vient-il à se produire : le lendemain les experts fixent à l'amiable l'indemnité ou bien la Société fait réparer les dégâts.

Ajoutons, pour compléter ce tableau exact et alléchant, que la Mutuelle de Vériat a une somme de 17.000 francs de réserve à la Caisse d'Epargne !

D'autres mutuelles locales se sont créées depuis peu d'années dans d'autres régions ; la Haute-Savoie en compte une quarantaine, et en Corrèze la Société d'Eygurande divisée en deux groupes et celle de Bort assurent un capital supérieur à trois millions.

Les statistiques nous apprennent que, chaque année, il brûle une maison sur 7.000. Cela ne veut pas dire que, sur chaque série de 7.000 maisons assurées, il en brûlera nécessairement une. Il pourra arriver, au contraire, que plusieurs séries de 7.000 opérations seront toutes heureuses et que tout à coup une autre série de 7.000 maisons soit atteinte de plusieurs sinistres : « Ainsi, dit M. Charasse dans un rapport présenté au congrès de Marseille, l'on a observé que sur 2.000 bâtiments baleiniers sortis des ports d'un pays pendant une certaine période de temps, vingt n'avaient pas reparu, et l'on a conclu qu'il s'en perd un sur cent. La probabilité qu'un baleinier en partance ne reviendra pas est donc de 1/100. Est-ce à dire qu'il s'en perdra chaque année un sur cent? Evidemment non. Plusieurs campagnes pourront se passer sans désastre ; 2 à 300 vaisseaux pourront rentrer au port sans accident, puis 3 ou 4 vaisseaux pourront manquer sur la quatrième centaine. Tout ce que l'on peut conclure de cette probabilité de 1 0/0, c'est que, sur un grand nombre d'opérations du même genre, ce cas funeste se réalisera dans le rapport de 1 à 99, la probabilité d'obtenir ce rapport augmentant avec le nombre d'opérations embrassées. Aussi l'assureur ne peut-il espérer une exacte compensation de chances de gain et de perte qu'en étendant le cadre de ses opérations. Un système d'assurances, pour être parfait, doit être basé sur une somme considérable de nombres pris dans le temps et dans l'espace... Une compagnie d'assurance, pour être solide, doit étendre autant que possible sa sphère d'action, et être constituée pour une longue série d'années. »

Ainsi donc, le point délicat pour les petites Mutuelles-Incendie est de savoir limiter le nombre des risques assurés, afin de ne pas, dès le début de leur fondation, être englouties dans une ruine financière complète.

Heureusement qu'elles peuvent remédier à cette fâcheuse perspective par des emprunts, l'établissement d'un fonds de réserves et le refus des gros risques. Elles ont enfin le repêchage de la réassurance.

Jetons un coup d'œil très rapide sur les assurances-incendie à l'étranger.

Danemark. — L'assurance contre l'incendie constitue un service public représenté par deux caisses, l'une rurale, l'autre urbaine.

Suède. — Ce pays possède un fonds commun d'assurances remontant à 1782 et divisé en fonds urbain et en fonds rural.

Norvège. — Nous y voyons appliquer le principe de l'obligation en matière d'assurance mutuelle immobilière qui est divisée en section urbaine et en section rurale.

Suisse. — Chaque canton est doté d'une caisse d'assurance autonome et les caisses cantonales se réassurent entre elles.

Autriche. — Les Autrichiens possèdent deux sortes de sociétés d'assurances contre l'incendie : des sociétés capitalistes et des sociétés mutuelles privées et publiques. Toutes sont soumises au contrôle de l'État.

Russie. — La Russie possède l'assurance immobilière obligatoire jusqu'à un certain chiffre et facultative au-dessus de ce chiffre. Quant à l'assurance mobilière, elle est toujours facultative.

Allemagne. — C'est l'Allemagne qui, en matière d'assurances, a distancé toutes les autres nations européennes.

L'assurance est pratiquée par des sociétés privées et des caisses publiques, facultatives ou obligatoires, suivant les États de l'Empire ; toutes les caisses publiques sont réassurées entre elles. Les statistiques démontrent que, depuis l'application de l'assurance obligatoire dans certains Etats, les sinistres y sont plus rares ; dans de pareilles conditions, de 1866 à 1895, les dégâts ont été de 56 pour cent moindres que pendant une période antérieure correspondante. L'Allemagne, vu ce résultat de statistique, a rendu l'assurance obligatoire, mais seulement pour les immeubles, l'habitation devant être considérée comme indispensable. Dans le système d'assurance allemande, il existe des clauses préservatrices comme celle dite de reconstruction de l'immeuble détruit, avec tout l'argent reçu de la Compagnie, par l'assuré ; ce qui diminue et même supprime les incendies de spéculation.

B. — Assurances mutuelles contre la mortalité du Bétail. — De toutes les pertes qu'il peut éprouver, celle qui frappe le plus cruellement et aussi le plus fréquemment le cultivateur, c'est celle de ses animaux ou des bêtes de selle ou de trait employées au service de son exploitation. Parcourons donc les grandes lignes de cette assurance contre la mortalité du bétail qui, a écrit le comte de Rocquigny dans un de ses ouvrages si intéressants, « est peut-être la forme de la mutualité la plus simple, la plus pratique, la mieux adaptée aux besoins des populations rurales et aussi la mieux comprise ».

Aujourd'hui, l'assurance contre la mortalité du bétail est rendue très facile par suite de la loi de 1900, qui donne l'existence légale aux petites mutuelles et peut protéger efficacement les pertes que les cultivateurs peuvent éprouver dans leurs animaux. Disons aussi que la valeur du bétail français, qui atteint 6 milliards, n'est pas quantité négligeable et mérite qu'on s'intéresse à elle.

Il y a différentes formes d'assurances mutuelles contre

la mortalité du bétail. Ou bien ce sont des mutualités à cotisations préalables et facultatives de (1, 2, 3, pour cent de la valeur des animaux correspondant au versement d'un quart de la somme assurée ou de la moitié), ou bien des mutualités à cotisation postérieure et variable. Ainsi, tous les six mois, par exemple, il y a assemblée générale des sociétaires ; on fait la somme des pertes subies et l'on répartit cette somme sur chacun des assurés au prorata des valeurs assurées par chacun d'eux. Nous avons enfin les mutualités à cotisation préalable et fixe qui, à notre avis, sont les meilleures. Trois ou quatre fois par an, les sociétaires paient, entre les mains du trésorier, tant pour cent de la valeur assurée. La cotisation est assez élevée, surtoutau début, pour pouvoir parer à toutes éventualités. En cas de mortalité ils reçoivent dans la quinzaine l'indemnité fixée par le règlement. Ceci pourrait ne pas avoir lieu au début s'il arrivait quelques accidents de suite. Mais si la Société est bien établie, après quelques semaines, le fonds de réserve permettra de faire face à toutes les éventualités. On peut donc dire que ces sociétés présentent les avantages suivants : chaque associé connaît d'avance la somme à payer tous les trimestres, le sinistré reçoit l'indemnité immédiatement après l'accident et ce sont de véritables sociétés d'assurance scientifiquement établies.

On peut citer comme type de ces assurances à cotisation préalable et fixe la caisse de secours mutuels contre la mortalité du bétail fondée par le Syndicat agricole de Remiremont pour les seuls membres du comice et du syndicat de cet arrondissement. Elle ne concerne que les animaux de l'espèce bovine, et un cultivateur ne peut y avoir recours que pour la totalité de ceux qu'il possède. La cotisation annuelle est fixée à deux francs par tête de bétail, quelle qu'en soit la valeur. Une commission locale, formée dans chaque commune, recueille les cotisations qui sont ensuite centralisées par le trésorier de la caisse. Cette commission est composée de trois membres, choisis par les assurés, et du maire qui la préside. Lorsqu'un animal est atteint d'une maladie ou d'un accident, le sociétaire est tenu d'en informer dans les vingt-quatre heures l'un des membres de la commission. Celle-ci décide alors s'il y a lieu d'appeler le vétérinaire, auquel cas tous les frais de maladies, visites, médicaments, opérations, etc., sont à la charge de la Société.

Si l'animal vient à périr, sur la déclaration du sinistré, la commission locale procède sur-le-champ à l'estimation de la perte éprouvée, en s'adjoignant un ou deux membres d'une commission locale voisine, afin d'apporter à cette opération toute l'impartialité désirable. La valeur de la dépouille de l'animal est également mentionnée sur la déclaration de perte signée par le sinistré et les experts. Cette déclaration est transmise au bureau central de la caisse et, par une très bonne mesure de contrôle, le double en est affiché pendant huit jours à la porte de la mairie du domicile du sinistré. A la fin de l'exercice, lorsque toutes les pertes causées par la mortalité du bétail ont été constatées, la commission centrale en dresse un état général, et l'ensemble des cotisations recueillies, sous la déduction des frais indispensables d'administration, est réparti, à titre de secours, entre les sinistrés. La répartition se fait proportionnellement au montant de la cotisation, au nombre et à la valeur des animaux possédés dans la commune par le Sociétaire au moment du sinistre et enfin au montant de la perte éprouvée. En aucun cas le secours ne peut dépasser 75 pour cent de la perte. Des secours provisoires peuvent être accordés dans le courant de l'année, en attendant la répartition définitive. Le 1er octobre 1907, la caisse comptait 300 sociétaires assurant 1.700 animaux d'une valeur globale d'environ 520.000 francs.

L'expérience a démontré qu'à l'inverse de l'assurance-grêle, l'assurance-bétail ne réussit bien que lorsqu'elle est organisée localement, c'est-à-dire qu'elle fonctionne dans un rayon limité où tous les sociétaires, se connaissant et se contrôlant, une bonne foi absolue préside à ces opérations. Ces rapports de loyauté et de solidarité existent généralement entre les membres d'un syndicat ; il est très facile au bureau de cette association de créer dans sa circonscription, selon son étendue, une ou plusieurs institutions d'assurances contre la mortalité du bétail qui s'administreront sous son contrôle.

Dans quelques communes du département des Landes, dans les Basses-Pyrénées, sous le nom de confréries, il existe depuis plus d'un demi-siècle des associations communales d'assurances et de secours mutuels destinés à couvrir les pertes occasionnées par les maladies, les accidents, la mort des animaux domestiques, bœufs et vaches de travail, vaches laitières, animaux à l'engrais, chevaux, etc. Ces associations, établies entre gens se connaissant tous et ayant entre eux une confiance réciproque, sont administrées avec simplicité : les sociétaires ne versent pas de cotisation préalable, mais en cas de perte d'un animal appartenant à l'un d'eux, l'estimation en est faite, et à la fin du semestre le sociétaire sinistré reçoit l'indemnité qui lui est due, indemnité dont chacun des membres de l'association paie sa quote-part proportionnelle à la valeur des têtes de bétail qu'il possède, sous peine d'être rayé et déchu de tout droit à l'indemnité pour l'avenir.

Le chapitre 44 du budget du ministère de l'Agriculture allouait, en 1902, une somme de 245.000 francs pour secours aux agriculteurs pour calamités agricoles et subventions aux sociétés d'assurances mutuelles agricoles contre la grêle et la mortalité du bétail. Depuis plusieurs années, le gouvernement s'efforce de substituer aux secours individuels (dont le taux ne peut dépasser 5 0/0 et qui ne constitue, comme on l'a dit avec raison, qu'une poussière d'assistance bien peu efficace pour ceux qui la reçoivent) les subventions aux mutualités agricoles afin de pousser le cultivateur à l'assurance mutuelle, qui, seule, suivant les expressions fort justes d'une circulaire, « peut mettre le cultivateur en état de supporter les sinistres et les fléaux auxquels il se trouve exposé à toute heure et qui rendent sa position si précaire (1). »

Depuis quelque temps déjà, l'administration, sans contester la validité des comptes de prévoyance ouverts par un syndicat agricole général, a déclaré vouloir réserver ses subventions aux caisses dont l'administration et la comptabilité seraient absolument distinctes de celles du syndicat. Les comptes qui désirent obtenir des subventions ont donc à se conformer à ces prescriptions, et beaucoup de comptes dépendant d'un syndicat se sont en effet transformés pour obtenir les subventions qui, ainsi que le rappelle une autre circulaire (2), « sont accordées non seulement aux mutualités qui viennent de se créer afin de leur permettre de faire face aux dépenses d'organisation et de premier établissement et de se constituer un pre-

____

(1) Circulaires du 15 avril 1898 et 28 février 1902.
(2) Circulaire du 12 juillet 1902.

mier fonds de réserve, mais encore aux mutualités déjà créées et en plein fonctionnement ».

Nous donnons ci-après la liste des pièces à fournir pour obtenir cette subvention, telles que les a fournies un compte de prévoyance à qui une subvention a été accordée :

1° Demande à M. le Préfet par les membres de la commission administrative de la caisse, laquelle devra contenir, obligatoirement, les renseignements suivants :

a) la date de la création de la société ; *b*) le nombre d'assurés ; *c*) le chiffre du capital assuré ; *d*) le montant des primes perçues ; *e*) le chiffre des pertes subies par les sociétaires ; *f*) le montant des indemnités allouées ; *g*) le rapport pour cent entre le chiffre des pertes subies et celui des indemnités ;

2° Quatre exemplaires du règlement (sans commentaires) ;

3° Deux listes des membres participants, avec noms, prénoms et adresses certifiées en actes par le Président de la Commission ;

4° Certificat du Maire constatant la subvention allouée par le conseil municipal ;

5° Certificat du professeur d'agriculture, à l'appui de la demande. Ces deux dernières pièces ne seront fournies que s'il y a lieu.

Comment sont organisées nos assurances mutuelles contre la mortalité du bétail et quel est leur fonctionnement ?

Pour rendre plus clair notre exposé divisons ces assurances en deux parties distinctes : les assurances au premier degré et celles au second degré.

A. *Assurances au 1ᵉʳ degré*. — Elles comprennent les assurances mutuelles locales. On doit adopter de préférence une circonscription restreinte, en principe la commune. Comme l'un des axiomes de ces sortes d'assurances, quel que soit le système de cotisation choisi, est d'éviter la fraude et de se prémunir contre les épizooties ; il est bon d'exiger une déclaration individuelle de l'animal afin qu'au moment d'un sinistre les experts puissent le reconnaître et s'assurer qu'il n'a pas été remplacé par un animal acheté récemment dans un centre peut-être contaminé ou par un animal malingre dont la santé se trouvait d'avance compromise. Il faut donc écarter le système de la déclaration globale à forfait d'une étable, de même que la déclaration par catégories de bestiaux d'après leur âge et leur destination.

Le taux de la cotisation, qui est généralement préalable et fixe, porte sur la valeur déclarée de l'animal. On distingue ordinairement deux sortes de taux, un taux de 1 pour cent minimum pour les bœufs et bouvillons et de 1,50 pour cent pour les vaches, payables d'avance. Ces taux ne sont pas exagérés, surtout dans les débuts d'une société, puisque les cotisations, pour une grande partie, doivent constituer le compte de fonds de réserve. D'après les documents du ministère de l'Agriculture, le taux de la mortalité des bestiaux en France peut être évalué à 1,39 pour cent, pour l'espèce bovine. On voit par ces chiffres que les mesures de prévoyance à prendre par les mutuelles ne sont que fondées. Les taux trop élevés sont dangereux et on ne peut que blâmer l'imprudence de certaines caisses d'assurances, comme dans la Dordogne et le Limousin, où les taux atteignent des chiffres trop élevés. En Belgique, ce sont les taux de 2 et 3 pour cent qui sont mis en usage, et s'ils ne sont pas perçus, c'est que les Belges, gens industrieux, comprenant tout le parti que l'on peut tirer du principe de l'association, utili-

sent la viande dans la mesure du possible et la répartissent entre eux, abaissant ainsi le montant des primes
qu'ils auraient à payer.

Quant aux caisses à cotisation variable proportionnellement aux sinistres, il est bon de leur permettre
de prélever une cotisation préalable fixe de 0 fr. 10
et 0 fr. 20 pour cent pour la constitution de la réserve, augmentée du montant de la prime à verser à la
caisse fédérale lorsque celle-ci sera constituée.

Pour les caisses locales qui n'auraient pas un grand
fonds de réserve au début de leur création, il leur est
loisible, comme nous l'avons dit plus haut, d'avoir recours aux subventions que le gouvernement met à leur
disposition.

Le règlement des sinistres, chose très délicate, se
fait ainsi : à la fin de chaque exercice, tous les 6 mois,
on répartit entre les ayants droit les fonds en caisse au
prorata des sinistres, sans que cette répartition puisse
dépasser un maximum à déterminer, chaque associé
devant toujours rester son propre assureur pour partie. On ne paie que 70 ou 80 pour cent des sinistres,
laissant à l'assuré les 30 ou 20 pour cent restants.

Les caisses locales doivent enfin veiller à l'hygiène
du bétail assuré et ordonner des mesures antiseptiques
en cas d'épidémie.

L'objection la plus grave qui est faite au fonctionnement des mutuelles locales contre la mortalité du
bétail est que le paiement des sinistres ne se fait qu'à
fin de semestre et qu'on peut craindre par suite d'une
mauvaise gestion de celles-ci de ne pas être payé au
taux prévu dans les statuts. Cette objection tombe avec
le système des assurances au deuxième degré que
nous allons examiner.

B. *Assurances au 2ᵉ degré*. — Les caisses d'assurance

locales peuvent s'organiser en fédération départementale. Celle-ci sera, selon l'expression de M. Jouris, président de la fédération mutualiste réassurance bétail de la province de Liège : « l'assurance entre assurances, comme celles-ci sont entre membres associés. C'est une mutualité de mutuelles. »

La fédération départementale doit exiger des sociétés locales l'application des principes garantissant la sincérité des expertises, la circonscription restreinte, la déclaration individuelle, l'estimation par les assurés experts d'une portion des sinistres laissée à la charge de l'assuré.

Mises sous son égide, les assurances mutuelles locales peuvent se développer plus librement et craignent moins les aléas des nombreux sinistres venant à se produire en peu de temps. Elles sont protégées très efficacement par la fédération départementale, qui contribue pour le quart ou la moitié des sinistres moyennant une cotisation à elle versée par la petite mutuelle, cotisation qui, dans aucun cas, ne peut être inférieure à 0 fr. 20 et 0 fr. 40 pour cent du capital assuré pour les bœufs, à 0 fr. 30 et 0 fr. 60 pour cent pour les vaches.

Un autre rôle de la fédération départementale est de constituer une réserve par les subventions, dons, bonis de fin d'exercice, cotisations des membres honoraires, etc.., et de s'affilier à une Caisse de crédit pour bénéficier des avantages de la caisse Régionale et en obtenir des avances. La Caisse de crédit régional peut faire à la fédération départementale des caisses d'assurance bétail, des avances spéciales au taux de 1 pour cent. La fédération peut prêter à son tour à ses filiales sur un taux de 2 et 4 pour cent, suivant les conditions du prêt, ce qui lui laissera encore une marge pouvant servir pour elle de grenier de réserve. Mais la caisse de crédit régionale ne peut se lancer à ce genre de prêts sans exiger de la fédération des mutuelles-bétail des garanties sûres qui pourront être un fonds de réserve plus important, les risques répartis sur un plus grand nombre de bêtes, l'adhésion de sociétés engagées pour plusieurs années (trois ans, habituellement) et des subventions de l'Etat.

On voit donc le grand service que peut rendre le crédit agricole à la Mutuelle-bétail pour laquelle il est véritable banquier. Mais une caisse de crédit local ne pourra faire des prêts qu'en étant affiliée à une caisse régionale qui reçoit des avances gratuites de l'Etat et ouvre des crédits à taux très bas aux caisses de crédit local.

Les caisses de crédit régionales de Lille et de Cambrai ont ouvert des crédits de 10.000 francs chacune au profit des caisses d'assurances-bétail. La caisse de crédit local, ainsi affiliée à la caisse régionale, peut, à son tour, servir des avances à la caisse d'assurance faisant partie de son syndicat, moyennant un taux faible, mais calculé de façon à la couvrir d'un aléa possible au cas où la caisse d'assurance manquerait un jour à ses engagements.

Terminons avec la caisse d'assurances-bétail départementale en disant qu'elle peut aussi déposer ses fonds et sa réserve à la caisse de crédit agricole et accorder aux Mutuelles locales des avances pour franchir des périodes difficiles, mais à 4 pour cent et sous réserves, bien entendu, de bonne gestion et de garanties spéciales.

Vœu de création d'une fédération centrale. — Beaucoup d'économistes pronostiquent la création d'une sorte de fédération centrale groupant toutes les fédérations de caisses mutuelles d'assurances-bétail et font voir les avantages qu'elle offrirait. Elle serait une véritable caisse de compensation et de secours, elle ne grouperait que des fédérations et non des sociétés locales faisant l'assurance au deuxième degré ; leur rôle consisterait à être un véritable lien entre les fédérations régionales existantes, à favoriser leur création, à faire leur instruction, à établir des statistiques mathématiques, à fournir enfin des avances temporaires aux fédérations frappées d'épizootie.

Cette création de fédération centrale ou nationale pour les assurances-bétail est très désirable, mais doit être étudiée avec une grande attention.

Voici ce que dit M. de Rocquigny, au sujet de ce système d'assurances au 3° degré (1).

« Serait-il possible d'accroître la sécurité de l'organisation actuelle en appelant les milliers de petites mutuelles disséminées dans toute la France à participer aux avantages de la réassurance proprement dite qui pourrait être provoquée soit par une institution centrale, réalisant au plus haut point la division et la dispersion des risques, soit par des institutions régionales embrassant un groupe de départements et conçues d'après le type d'unions régionales de syndicats agricoles ou celui des caisses régionales du crédit agricole mutuel. Serait-il possible de solidariser ainsi les opérations des sociétés locales ayant des bases si diverses, des statuts si dissemblables ? Pourrait-on conserver les caisses de compensation et de secours, les propager même à tous les départements et faire fonctionner la réassurance entre elles, comme un troisième degré de mutualité ? Faudrait-il étendre sa garantie supérieure à

<hr>

(1) Guide pour l'organisation des assurances mutuelles agricoles, page 20 (1903).

tous les risques assurés ou couvrir seulement ceux de certaines maladies épizootiques à déterminer ? Cette question demeure entière. Il semble assez probable que le développement si prodigienx acquis depuis peu d'années par l'assurance mutuelle-bétail conduira à consolider cette organisation en lui appliquant les procédés scientifiques de l'assurance, ce qui n'était guère possible au début. »

Agriculteurs, nous vous engageons à suivre le progrès économique et social et à considérer les avantages que vous présentent de telles assurances comme celles contre la mortalité du bétail. Ces avantages sont :

1° Garantir les petits propriétaires et particulièrement les petits cultivateurs contre la ruine qui est la conséquence des accidents et des maladies qui atteignent leurs animaux ;

2° L'institution de l'assurance du bétail est de nature à favoriser et à développer l'industrie agricole. Elle atteint ce résultat, tout d'abord en permettant aux petits cultivateurs de posséder des animaux de choix et d'un prix élevé, condition indispensable à l'amélioration des races ;

3° Elle est le complément nécessaire du crédit agricole et particulièrement du crédit organisé d'après le système Raiffeisen. Les petits cultivateurs ne trouvent de crédit que s'ils ont une garantie sérieuse à offrir, soit leur maison si elle leur appartient, soit leurs récoltes ou leurs animaux.

Comment sont organisées les assurances-bétail à l'étranger ? Examinons très rapidement les principaux caractères de chacune des principales législations étrangères sur cette matière.

En *Allemagne*, les caisses d'assurances-bétail revêtent des formes multiples : caisses d'État, sociétés privées mutuelles, indépendantes et fédérées. En Bavière, par les lois du 11 mars 1896 et du 6 mai 1900, le gouvernement a établi deux systèmes d'assurances facultatives, l'un pour les bovins et les chèvres, l'autre pour les chevaux. L'État a alloué un capital d'un demi-million de marks à chacune de ces deux assurances. En plus, il verse chaque année des subventions qui s'élèvent à 100.000 marks pour l'assurance-bétail et à 40.000 marks pour l'assurance-chevaux.

Dans le duché de Bade, toutes les associations locales de bétail sont réunies en une Fédération d'assurance nationale et l'État lui accorde une subvention de 200.000 marks pour son fonds de réserve.

Citons à titre de mémoire la grande assurance-bétail le « Perleberger ». Il existe enfin l'assurance-boucherie, composée en général des sociétés privées d'assurances, d'associations de boucherie, de commissionnaires en bétail, des communes qui se basent en partie sur l'association professionnelle, en partie sur l'affiliation aux abattoirs communaux.

Cette branche d'assurances est moins développée en *Italie* qu'en France ; il n'y a aucune société libre d'assurances, mais beaucoup de sociétés locales (coopératives ou associations d'assurances mutuelles). L'État ne vient pas en aide à ces sociétés par des subventions, mais, par contre, les sociétés constituées ne sont soumises à aucun frais de timbre et d'enregistrement.

C'est surtout en *Belgique* que l'assurance-bétail a fait de grands progrès. L'État accorde des subsides de premier établissement à raison de un franc par bête assurée ainsi que des primes annuelles de 25 francs aux sociétés qui communiquent avant le 1ᵉʳ mars le relevé de leurs opérations de l'année précédente.

Le Boerenbond, qui a son siège à Louvain, étend son

action à toutes les régions du pays. C'est une sorte de fédération nationale groupant plus de 400 gilde ou associations agricoles locales, réunissant plus de 25.000 membres. Le Boerenbond a une caisse centrale de réassurance qui, au 31 décembre 1902, comptait 240 sociétés reconnues et 55 non reconnues.

Dans la Flandre orientale, toutes les communes possèdent une caisse d'assurance mutuelle contre la mortalité du bétail. La caisse de réassurance est merveilleusement organisée.

En somme on peut répartir les mutualités belges en trois types différents :

1° Le type fonctionnant dans les provinces du Brabant, de Liège et du Limbourg où l'indemnité du sinistre est prélevée dans tous les cas sur le fonds social formé au moyen de versement périodique des membres.

2° Les types des provinces d'Anvers, de la Flandre Orientale et du Hainaut, où les pertes entraînant la saisie de la viande sont seules liquidées sur le fonds social, mais si la viande peut être livrée à la consommation, elle est débitée entre les membres, proportionnellement au nombre de leurs animaux assurés ;

3° Celui de la plupart des sociétés non reconnues d'Anvers et de la Flandre orientale qui fonctionnent sans fonds social. En cas de sinistre, la viande, si elle est consommable, est reprise par ses membres à un prix convenu ; si elle ne l'est pas, les sociétaires paient au propriétaire la même quote-part en argent que si elle l'avait été. Les sociétés sont surtout composées de petits cultivateurs, car, le plus souvent, la moyenne des animaux n'atteint pas trois têtes de bétail par sociétaire.

En *Suisse* enfin, on rencontre de très nombreuses mutuelles. La constitution de 1894 édicte que les opérations des entreprises d'assurances non constituées par l'Etat sont soumises à la surveillance et à la législation fédérales. Mais, dans certains cantons, sont appliquées des lois spéciales sur l'assurance du bétail qui rendent ceux-ci, dans une certaine mesure, assez autonomes au point de vue législatif : Canton des Grisons (loi sur l'assurance du bétail, entrée en vigueur en 1898, décidant l'assurance obligatoire après referendum), Canton de Schaffhouse (loi du 2 mars 1899 ; principe de l'obligation), Canton de Zurich (contrat d'association régi par le Privatrechtlicher Gezetzbuch).

Assurance mutuelle agricole contre la grêle. — « Si, en homme prévoyant et avisé, le cultivateur, au courant de l'histoire de sa commune, calculait les chutes de grêle qui se sont produites dans la région, dans un intervalle de 20 ou 30 ans, et économisait chaque année une somme modique correspondant à la prime payée à une Compagnie d'assurance, en vue de se garantir du sinistre, ne ferait-il pas un calcul légitime et sensé et ne serait-il pas fondé, s'il y voyait avantage, à refuser de s'assurer ? Combien n'y a-t-il pas de calculs de ce genre au fond des obstacles que rencontre le développement des assurances contre la grêle ?

En France, les dommages imputables à la grêle sont évalués à 95 ou 100 millions de francs pour une année ordinaire. Un document fourni par la Direction générale des contributions directes fixe les pertes occasionnées par la grêle aux récoltes à 113.136.413 francs en 1892 et 69.678.246 francs en 1893 (1).

L'assurance contre la grêle est une assurance très ingrate à établir sur des bases scientifiques bien déterminées et présente, notamment pour les compagnies, de grands aléas. Aussi constate-t-on la disparition

_____

(1) D'après les résultats de l'enquête agricole de 1892 la production végétale du sol est de 10 milliards 611 millions de francs.

successive de presque toutes les sociétés à prime fixe ; une seule, l' « Abeille », a réellement prospéré.

Quant aux mutuelles, elles ne présentent que des garanties relatives ; elles ne s'engagent pas à régler intégralement les sinistres et, dans les mauvaises années, elles ne peuvent les payer que proportionnellement aux ressources disponibles de l'exercice. L'enquête de 1892 a relevé que les compagnies à prime fixe et les mutuelles comptaient 134.816 assurés pour une valeur globale de 567.428.604 francs et que les sinistres réglés pour cet exercice s'élevaient à 5 millions.

L'assurance-grêle a donné lieu à nombre de projets de lois et de réformes proposées qu'il est assez intéressant de passer en revue. Disons de suite qu'aucune loi ne régit spécialement cette assurance, qui est réglementée par les lois générales sur les mutuelles que nous avons étudiées au début du présent chapitre.

Durant la législature de 1889 à 1893, M. Gustave Rivet voulait faire garantir les risques de la grêle, de la gelée et de l'inondation par une Caisse nationale d'assurances agricoles qu'alimenterait le produit de centimes additionnels au principal des quatre contributions directes. M. Chollet proposait la création d'une « Caisse générale d'assurances agricoles » dirigée et administrée par l'Etat, l'assurance étant rendue obligatoire pour les risques de grêle, de gelée et d'inondation. MM. Emile Rey et Lachièze rêvaient d'assurer les agriculteurs contre la grêle au moyen d'une « caisse nationale d'assurances mutuelles entre les communes » organisée et administrée par l'Etat. L'originalité de la proposition consistait à laisser, pour chaque commune, le conseil municipal juge de la participation à l'assurance et des sinistres sur lesquels elle devrait porter. « Facultative entre les communes,

l'assurance serait obligatoire pour tous les propriétaires de la commune assurée. » Cette proposition était
un peu hardie ; ne la critiquons pas, nous aurions trop
à dire ! Deux autres députés, MM. Philippon et Pochon,
voulaient enfin faire assurer par une caisse nationale
d'assurances mutuelles les risques de grêle et de gelée
dont l'assurance deviendrait obligatoire pour les cultures exposées à ces fléaux. Ces diverses propositions
de loi, tant désirées par la majorité du moment, furent
renvoyées à l'examen de la commission du crédit agricole de la Chambre qui admit le principe de l'assurance
obligatoire limitée à la grêle et à la gelée et proposa
la création d'une caisse nationale d'assurances mutuelles gérée et administrée par l'Etat, qui garantirait les
récoltes contre la grêle jusqu'à concurrence de $18/20^e$
de leur valeur, et contre la gelée jusqu'à concurrence
de $8/20^e$ seulement.

Cependant le Gouvernement s'était ému du mouvement marqué qui se dessinait à la Chambre en faveur
d'une intervention active de l'Etat pour l'organisation
des assurances agricoles.

En 1894, M. Viger déposa un projet de loi ayant
pour but d'instituer, avec le concours de l'Etat, des
caisses d'assurances mutuelles destinées à venir en
aide aux cultivateurs ayant éprouvé des pertes résultant de la grêle, de la gelée et de la mortalité des
animaux. Le projet, lui aussi, n'aboutit pas.

On se débattait donc entre deux principes : ou l'intervention de l'Etat dans les assurances, ce qui est une
des formes du collectivisme, ou la libre initiative privée
avec contrôle de l'Etat, quand, le 29 novembre 1901,
une proposition de loi fut déposée par MM. Devins,
Vacher et plusieurs autres ; elle instituait au ministère
de l'Agriculture une caisse de secours pour indemniser

les cultivateurs, fermiers et propriétaires de champs, vignes, bois, prairies et de tous immeubles agricoles qui seraient victimes d'intempéries telles qu'orages, grêle, gelée, inondations, ayant détruit en totalité ou partiellement leurs récoltes ou leurs propriétés.

L'exposé des motifs posait en principe que les assurances contre la grêle sont absolument inabordables aux cultivateurs auxquels il est demandé de cinq à dix pour cent de la valeur des récoltes assurées, sans parler des contestations qui peuvent s'élever, au moment des évaluations des dégâts, entre assureurs et assurés.

L'indemnité allouée devrait être égale à 35 p. cent des pertes éprouvées et portée à 45 ou 50 pour cent si le Conseil général inscrivait dans son budget de l'année courante une contribution égale à deux ou trois centimes.

Au cours de la législature de 1904, M. Devins reproduisit sa proposition notablement modifiée. La caisse spéciale à créer au ministère de l'Agriculture pour venir en aide aux cultivateurs victimes des sinistres agricoles (orages ou intempéries) devait être alimentée : 1° par une somme de 25 millions prélevée annuellement sur le produit de l'impôt foncier ; 2° par des centimes extraordinaires portant sur les quatre contributions directes, à voter par les départements et les communes ; 3° par une assurance que consentiraient les cultivateurs, au moyen d'une fraction par centime de l'impôt foncier, frappant les propriétés qu'ils désirent assurer. La proposition de M. Devins fut renvoyée à l'examen de la commission et... n'aboutit pas.

Le 30 juin 1908, M. Bouhey-Allex déposait une proposition de loi relative à la création d'une caisse nationale d'assurances mutuelles contre la grêle, gérée et administrée par l'Etat ; l'assurance serait facultative.

La prime d'assurance à payer par 100 francs de récolte assurés devrait être déterminée par culture et par commune, au moyen d'un règlement d'administration publique. Cette prime serait établie pour trois ans, durée de l'engagement de l'assuré. L'État verserait annuellement à la caisse une subvention équivalente aux secours qu'il accorde aux victimes des sinistres agricoles.

Cette proposition fut également renvoyée à la commission de l'Agriculture et... n'aboutit pas.

En somme, tout est à faire pour l'assurance contre la grêle, et il est triste de constater que notre pays n'a fait aucun progrès en cette matière quand les États voisins possèdent des réglementations très sérieuses et fort efficaces.

Aussi comptons-nous peu de mutuelles assurances contre la grêle ; nous n'avons que certaines grandes mutuelles assez avantageuses, mais qui demandent des primes fort élevées, tant pour cent à l'hectare et suivant la nature de la récolte (grains, paille) (1).

A l'étranger, c'est autre chose. C'est l'*Allemagne* qui tient la première place ; cela tient à plusieurs causes. D'abord l'esprit d'association y est plus développé qu'en France et les banques agricoles, système de Schulze et de Raiffeisen, ont préparé le chemin à l'expansion de l'assurance. De plus, on y trouve, très forte, l'influence des Bauervereine ou associations de paysans, qui jouent le rôle de nos syndicats, et la loi permet avec facilité la création des sociétés d'assu-

____

(1) Voici le tableau des principales Sociétés mutuelles contre la grêle (d'après le journal *l'Argus*) : la Cérès, la Société de Toulouse, la Mutuelle de Seine-et-Marne, l'Aisne, l'Étoile, la Beauceronne, la Vexinoise, la Mutuelle de Seine-et-Oise, la Garantie agricole, l'Eure, la Ruche, la Régionale du Nord, la Grêle, la Mutuelle générale, la Ferme, le Syndicat général agricole.

rances. En 1791, la première société fut créée dans le Brunswich ; depuis, on a fondé en Allemagne 47 sociétés mutuelles-grêle, dont 20 existent encore. Depuis 1822 dix sociétés par actions ont été créées, dont cinq existent encore. La plus importante des mutuelles-grêle d'Allemagne est la Caisse mutuelle d'assurance-grêle du nord de l'Allemagne, fondée en 1869 avec un champ d'action limité à l'Allemagne du Nord et que depuis elle a étendu successivement à la Bavière, en 1879, à l'Alsace-Lorraine en 1881, au Wurtemberg en 1884 ; si bien qu'actuellement elle embrasse tout l'Empire. Ajoutons que les subventions de l'Etat atteignent 200.000 marks.

La *Belgique* possède, pour l'assurance-grêle, le même mécanisme qu'en France. La plus importante de ses sociétés est la Belgique agricole (circonscription de Liège). Mais les opérations de ces sociétés belges sont très restreintes, par suite du manque presque complet de statistiques se rapportant aux risques-grêle en Belgique.

Pour la *Russie,* contentons-nous de mentionner trois sociétés d'assurances contre la grêle, peu importantes : la Société Moscovite, la Société d'assurances mutuelles de Courlande et celle mutuelle de Livonie.

Seules n'existent en *Angleterre,* que des Compagnies à prime fixe. La grêle y est rare et c'est un pays peu morcelé où les lords, grands propriétaires, restent le plus souvent leur propre assureur.

Comme nous l'avons vu pour les assurances-bétail, la *Suisse* a pour les assurances-grêle une législation spéciale dans chaque canton. C'est sous forme de mutualité que cette sorte d'assurance est appliquée. Dans le canton de Zurich fonctionne la Société d'assurance qui assure la Suisse entière. Les mutuelles sont sous la surveillance du gouvernemeni fédéral qui a créé dans ce but un service spécial. Les statuts, par exemple, exigent un fonds de réserve plus considérable que celui qui est réalisé par les Sociétés mutuelles de France. Le Conseil fédéral alloue à chacun des subventions que ceux-ci emploient pour payer une partie des primes dues par les cultivateurs dont les cotisations ne dépassent pas dix francs. La subvention cantonale ne peut dépasser la moitié de la prime.

Conclusion. — Nous voulons le développement de l'assurance agricole, mais son développement par la liberté. Point n'est besoin, dans les conditions actuelles, de détruire ce qui existe et d'échafauder de toutes pièces un système nouveau sur des bases nouvelles; on risquerait d'arriver à un moins bon résultat. Que les grandes sociétés d'assurances, soit à primes fixes, soit mutuelles, deviennent plus nombreuses et plus prospères. Pour les premières, la libre concurrence amènera l'abaissement progressif des tarifs; pour les secondes, le nombre toujours croissant de leurs adhérents permettra d'exiger d'eux des cotisations de moins en moins élevées. L'assurance agricole est très importante. Dans le monde agricole, pour le risque grêle, il n'est personne, dans les régions où sévit le fléau, qui ne doive, s'il est prudent, songer à s'en garantir en s'adressant à de solides sociétés à primes ou mutuelles. Pour le risque mortalité du bétail, le grand agriculteur qui n'a, le plus souvent, dans son exploitation, qu'une faible partie de sa fortune, pourra sans doute se faire lui-même son propre assureur; mais le petit cultivateur qui a dans son étable le plus clair de son avoir a un intérêt immédiat à s'assurer, et il ne saurait trouver ses garanties que dans le développement des petites sociétés d'assurances. C'est sur cet organisme, si intéressant et si utile pour la démocratie rurale, que les pouvoirs publics doivent principalement porter leur attention et leur sollicitude. L'intervention de l'Etat doit ici s'exercer avec discernement; sa collaboration respectera l'initiative individuelle. L'Etat se bornera à l'encourager en lui prêtant assistance, avec la certitude de voir son secours devenir de moins en moins nécessaire à mesure que prospéreront ces institutions. Par-dessus tout, il respectera leur liberté et leur indépendance ; il leur laissera toutes leurs responsabilités, se contentant de prendre, au point de vue de la publicité, les mesures qu'exige l'intérêt général. Ainsi, pourront se développer librement les petites sociétés d'assurances mutuelles qu'il sera prudent de fédérer dans un département ou dans une région, en constituant entre elles un fonds commun qui, en cas de sinistres extraordinaires, servira à la réassurance. Bien que ces Sociétés d'assurance agricoles à primes fixes, dont les services sont incontestables, fassent, elles aussi, dans une certaine mesure, de la mutualité, nos préférences vont aux Sociétés Mutuelles qui, étrangères à toute idée de spéculation et de lucre, n'ont en vue que le seul intérêt de leurs membres. Liberté et solidarité, telles sont les véritables conditions du Progrès. La Mutualité est, comme le dit M. Méline, « la solution pacifique du problème social ».

DEUXIÈME PARTIE

NOUVELLES LOIS SOCIALES AGRICOLES

CHAPITRE PREMIER

LE PROJET DE LOI SUR LES ACCIDENTS DU TRAVAIL AGRICOLE

L'agriculteur qui se voit dans l'obligation de s'assurer non seulement contre l'incendie, mais encore contre la grêle, contre la mortalité du bétail, contre la gelée, contre l'inondation, sous peine de subir des pertes considérables que l'industrie et le commerce n'ont pas à redouter, est menacé aujourd'hui d'être obligé, légalement cette fois, de s'assurer contre les accidents pouvant survenir aux ouvriers attachés à son exploitation.

Assurance contre les accidents agricoles facultative pour l'exploitant qui ne possède aucune force inanimée (moteur, batteuse à vapeur, etc.) — Jusqu'ici il s'assure contre les accidents que s'il le veut bien quand il n'emploie dans son exploitation aucune force inanimée, afin de garantir sa responsabilité civile contre toute action judiciaire que pourrait exercer un ouvrier blessé, et, d'après les articles 1382 et 1383 du Code civil, c'est à ce dernier de faire la preuve que l'accident survenu est la cause de la faute, de l'imprudence ou de la négligence du patron. L'agriculteur n'est donc tenu au paiement de dommages-intérêts que s'il est bien établi qu'il existe entre sa faute et l'accident un rapport de cause à effet. Assuré, il n'a plus rien à craindre ; sa responsabilité civile est couverte et la Compagnie versera à l'accidenté déclaré les indemnités ou rentes auxquelles il a droit, d'après les statuts approuvés par l'agriculteur en signant la police.

Le principe du risque professionnel en agriculture. — A l'inverse de l'industrie, l'agriculture, logiquement, ne peut se voir appliquer le principe du risque professionnels. Certains auteurs, il est vrai, ont soutenu cette théorie sur le risque professionnel en voulant l'appliquer à l'agriculture : « La production industrielle exposant les travailleurs à certains risques, c'est à celui qui recueille principalement le profit de cette production, c'est-à-dire à l'exploitant, que doit incomber l'obligation d'indemniser la victime en cas de réalisation du risque, abstraction faite de toute idée de faute de l'exploitant. » N'en déplaise à ces auteurs, pareille conception du risque professionnel nous semble inadmissible. Elle découle d'abord d'une assertion hasardée et d'un principe faux : c'est que l'exploitant est nécessairement et toujours celui qui retire le principal profit de l'exploitation. Cela est loin d'être toujours exact, et on peut citer nombre de cas dans lesquels l'exploitant s'est ruiné, tandis que ses ouvriers touchaient régulièrement leurs salaires et absorbaient, en fait, le seul bénéfice de l'entreprise.

Si nous ne pouvons admettre l'extension du principe du risque professionnel à l'agriculture, c'est à cause de la grande différence qui sépare en général le travail de l'ouvrier agricole de celui de l'ouvrier d'in-

dustrie et du commerce, l'un travaillant au milieu de
ses camarades, sous la surveillance des contremaîtres,
sous l'autorité d'un règlement, à un travail presque
toujours le même et souvent mécanique; l'autre, travaillant seul, au milieu des champs, sans témoins ni
surveillants, ni règlement, à des besognes infiniment
variées et pour l'accomplissement desquelles il a autant
d'initiative et de liberté que l'ouvrier d'industrie en a
peu. On peut soutenir que vouloir étendre, même avec
des atténuations, le principe du risque professionnel
à l'ouvrier agricole, c'est ouvrir la porte aux plus graves
abus. Comment considérer la réalité des accidents?
Comment vérifier s'ils se sont produits pendant le travail ou à l'occasion du travail? Comment s'assurer que
la victime ne les a pas provoqués elle-même? Et, à d'autres points de vue, que d'inconvénients pratiques pré-
senterait encore l'application d'un tel système? Les
ateliers industriels étant généralement situés dans l'en-
ceinte ou le voisinage des villes, les secours médicaux
peuvent être assez facilement donnés aux ouvriers
atteints par des accidents. Il n'en sera pas de même
pour les ouvriers de la campagne, et les visites de médecins ou de chirurgiens y entraîneront des frais considérables, souvent excessifs.

Le principe du risque professionnel n'est pas vu
d'un bon œil par le monde agricole, et nombre de
sociétés et de congrès agricoles, notamment la Société
des Agriculteurs de France et le Congrès national des
syndicats agricoles, tenu à Arras en juin 1904, ont émis
divers vœux se résumant dans celui-ci: « Que si le principe du risque professionnel était appliqué à l'agriculture, cette application fût l'objet d'une loi spéciale et
complète, sans aucune référence à la loi du 9 avril
1898. »

Charges très lourdes qu'imposerait à l'agriculteur une loi sur les accidents agricoles. — Les charges qu'une loi sur les accidents agricoles occasionnerait seraient, en outre, très lourdes. On a calculé que le nombre d'hectares cultivés (le montant des primes étant proportionnelles à la quantité des terres labourables) est de 45 millions environ sur 52 millions d'hectares imposables; les agriculteurs auraient donc à payer, en primes annuelles, pour se couvrir des risques que, du jour au lendemain, la loi ferait peser sur eux, une somme annuelle de 135 millions. Il est vrai qu'une partie de cette superficie cultivée est déjà soumise à l'assurance et compte pour un tiers de celle indiquée, mais il ne faut pas perdre de vue que ce tiers est surtout constitué par la grande propriété dans laquelle la culture est en quelque sorte industrialisée: de telle façon que le poids des 90 et 100 millions pèserait à peu près en entier sur la moyenne de la petite culture.

Projet de loi sur les accidents du travail agricole. Analyse et discussion de ce projet. — Un projet de loi ayant pour objet l'extension aux accidents du travail agricole de la loi sur les accidents du travail fut déposé par le gouvernement à la Chambre des Députés, le 5 novembre 1906, et renvoyé à la commission d'assurance et de prévoyance sociales. La commission, après examen, a modifié le projet du gouvernement et confié son rapport à M. E. Chauvin, qui l'a déposé le 22 février 1907. Ce rapport n'est pas encore venu en discussion, mais vient d'être repris par un groupe de membres de la nouvelle Chambre. Examinons-en les points principaux. M. Chauvin conclut à l'extension de la loi de 1898 aux accidents du travail agricole en invoquant à l'appui des considérations de fait et de droit.

En fait, il s'appuie sur les raisons suivantes : nombre considérable de salariés de l'agriculture et fréquence des accidents du travail agricole.

La proposition ne lui paraît pas moins bien fondée en droit, car, d'après lui, « la responsabilité de l'employeur en matière d'accidents reposerait non plus sur l'ancien concept de la faute, mais bien sur cette simple idée d'équité que l'ouvrier, obligé d'obéir, ne choisissant pas ses collaborateurs, bêtes ou gens, abandonné aux dangers résultant de cette collaboration, coopérant en même temps à la création d'une richesse sociale, a droit à ce qu'une part de cette richesse soit consacrée à l'indemniser des accidents qui peuvent diminuer sa capacité au cours de son travail. » Or, dit encore M. Chauvin, « puisque l'équité ne connaît pas de distinctions arbitraires, à de pareilles misères, elle doit apporter un remède identique »; et il conclut qu' « il n'y a aucune raison pour ne pas l'étendre à toute la sphère des souffrances sociales qu'elle doit atténuer ».

Le projet de loi est déclaré applicable à tous les ouvriers et employés, aux tâcherons comme aux ouvriers à l'heure et à la journée, aux domestiques attachés à la personne, aux salariés en nature comme aux salariés en argent, aux collaborateurs bénévoles, aux voisins, par exemple, qui aident aux travaux agricoles sans salaire, mais à charge de revanche, et ce, alors même que ces collaborateurs occasionnels seraient eux-mêmes des exploitants assujettis à la loi. Enfin, d'après l'art. 3, quand un ouvrier est employé par un même patron, principalement à un travail agricole et accidentellement à une autre occupation non visée par la législation des accidents du travail, la loi sur les accidents du travail agricole s'appliquera même aux accidents survenus au cours de cette autre occupation.

tel serait, par exemple, le cas d'un ouvrier de ferme servant de rabatteur, le dimanche, sur l'ordre du fermier. Par contre, ne bénéficieraient de la loi ni les collaborateurs non salariés qui apporteraient un concours spontané sans avoir été sollicités ou acceptés par l'exploitant, ni le membre de la famille de l'exploitant travaillant sans salaire pour le compte ou sous la direction de cet exploitant.

Conformément au principe inscrit dans la loi de 1898, le projet déclare non assujetti à la législation sur les accidents l'exploitant qui travaille habituellement seul ou même avec l'aide simultanée, mais accidentelle, d'ouvriers étrangers à sa famille ; mais il déroge, sur deux points, à la loi de 1898 : d'une part, il considère comme travailleur solitaire celui qui travaille d'ordinaire avec l'aide exclusive de membres de sa famille ; d'autre part, il assujettit à la loi le travailleur solitaire quand ses collaborateurs accidentels, en dehors des membres de sa famille, sont au nombre de plus de deux (art. 4).

D'après l'article 6, « dans les exploitations assujetties, sont présumés accidents du travail, sauf preuve contraire, tous les accidents survenus au cours du travail ». Il n'est pas nécessaire qu'ils se soient produits à l'occasion du travail. Tout ce que le projet exige, c'est que, sauf le cas de force majeure dûment justifié, la victime ait fait, dans le mois qui suit l'accident, la déclaration prescrite par la loi de 1898.

L'article 7 vise spécialement le cas du fermage et du métayage. Il déclare le fermier ou le métayer seul responsable vis-à-vis des victimes d'accidents ; mais, s'il n'y a pas eu d'assurance, il accorde au métayage un recours contre le bailleur jusqu'à concurrence de la moitié des indemnités à payer. En cas d'assurance, le

métayer et le bailleur auront à s'entendre sur la charge
de la prime.

Si l'accident survient à une personne préposée à la
garde d'animaux appartenant à plusieurs exploitants,
la responsabilité leur incombe solidairement, sauf
recours entre eux d'après les règles du droit commun.
Sur quelles bases seront calculées les indemnités journalières et les rentes dues aux victimes d'accident?
L'article 9 répond à cette question. En cas de salaire
fixe, pas de difficulté : l'indemnité journalière sera,
conformément à la loi de 1898, de la moitié du salaire
touché au moment de l'accident.

En cas de salaire variable, « l'indemnité est égale,
jusqu'à l'époque à laquelle devait prendre fin le travail
de la victime dans l'exploitation, à la moitié du salaire
qu'elle touchait au moment de l'accident ». Mais, si
l'incapacité de travail se prolonge au delà de cette
date, comment déterminer le salaire servant de base à
l'indemnité? Ce salaire sera calculé d'après « un taux
fictif moyen » qui sera « arrêté, tous les trois ans, pour
chaque département, par le préfet, après avis du Conseil général et après enquête suivie, notamment auprès
des syndicats agricoles ouvriers et patronaux, d'après
le salaire moyen des domestiques à l'année. C'est le
même « taux fictif moyen » qui servira de base pour le
calcul des indemnités, s'il y a rémunération en nature
ou si la victime n'est pas salariée.

Enfin, dans ces trois cas, salaire variable, salaire en
nature, absence de travail, les rentes dues à la victime
ou à ses ayants droit seront calculées d'après un « salaire normal moyen » fixé comme il est dit plus haut.
Le tarif applicable est celui de la loi de 1898, c'est-à-
dire : en cas d'incapacité permanente et absolue, les
deux tiers du salaire, en cas de mort 20 pour 100 au

conjoint, 15 pour cent à l'orphelin unique, 25, 35, 40 pour cent aux orphelins multiples ; 20 pour cent aux orphelins de père et de mère, 10 pour cent aux ascendants et descendants à la charge de la victime avec maximum fixé à 30 pour cent.

L'article 11 prévoit la constitution de mutualités communales ou cantonales d'assurances auxquelles les exploitants pourront s'assurer pour toutes les indemnités temporaires d'incapacité.

Le délai de vingt-quatre heures, dans lequel le juge de paix, d'après la loi des 1898, doit procéder à l'enquête en cas d'accident, est porté à trois jours pour les accidents agricoles (art. 12).

L'article 13 prévoit la constitution d'un fonds de garantie alimenté par des prélèvements sur les contrats d'assurances ou sur le montant des rentes et indemnités ; mais il renvoie, en ce qui concerne ces prélèvements, à des règlements d'administration publique.

L'affichage des lois et règlements sur la réparation des accidents du travail n'est pas obligatoire dans les ateliers agricoles (art. 14), et la loi projetée sera applicable trois mois après la promulgation des décrets et règlements (art. 15).

Principales critiques à faire à cette proposition de loi. — Telle est, résumée aussi brièvement que possible, la proposition de loi soumise à la Chambre des Députés. Nous n'en acceptons ni l'esprit ni la teneur, et parmi les très nombreuses critiques que nous pourrions lui adresser, voici celles qui sont les plus importantes et les plus « frappantes ».

1° La loi de 1898 rend l'industriel responsable des accidents survenus « par le fait ou à l'occasion » du travail. Avec la nouvelle loi, le cultivateur le serait de tous les accidents survenus « au cours du travail ». Il suffirait donc qu'un ouvrier ivre aille dans les champs se coucher sous le ventre de son cheval pour que l'accident survenu incombe à son patron, au point de vue de l'indemnité à payer ! Quelle logique nègre !

2° Le cultivateur serait responsable des accidents du travail vis-à-vis des domestiques et ouvriers, même quand ils seront employés à une occupation non visée par la législation sur les accidents du travail et vis-à-vis de l'ami ou du voisin qui apportera généreusement son aide sans aucun salaire. Théorie choquante et absurde, au point de vue juridique.

3° La loi du 9 avril 1898 dit que les rentes seront calculées sur un salaire maximum de 2.400 francs, le surplus du salaire des victimes n'entrant en ligne de compte que pour un quart. Par suite de cette disposition la rente ne se trouve ainsi calculée parfois que sur une partie du salaire. Contrairement au projet du gouvernement, qui abaissait ce maximum à 800 francs, celui de la commission le maintient à 2.400 francs. C'est décider, en fait, que, contrairement à l'industriel, le cultivateur devra toujours à son ouvrier une rente basée sur la totalité de son salaire, car les salaires agricoles étant inférieurs à ceux industriels, le taux de 2.400 fr. peut être considéré comme un gros maximum de salaire.

4° Pour le calcul de la rente, quand le travail n'est pas continu, la loi du 9 avril 1898 stipule que le salaire annuel est calculé d'après la rémunération reçue pendant la période d'activité et d'après le gain de l'ouvrier pendant le reste de l'année (§ 3 art. 10).

Le projet que nous étudions, au contraire, en cas de salaire variable, décide que, tant pour l'indemnité journalière que pour le calcul de la rente, le salaire de base sera celui touché par la victime au moment de l'accident jusqu'à l'époque à laquelle doit prendre fin son travail et ensuite le salaire moyen des domestiques employés à l'année dans le département où a eu lieu l'accident. Le salaire variable se présentera surtout en cas de moisson et chacun sait que les ouvriers qui se livrent à ce travail viennent ordinairement de pays où le salaire est le plus bas (Morbihan, Finistère, Italie, Espagne, Belgique).

Il serait pourtant équitable qu'à partir de l'époque à laquelle doit prendre fin le travail de la victime le salaire moyen à elle attribué fût celui qu'elle aurait effectivement touché et par conséquent celui du pays qu'elle habite et où elle retournera, son travail occasionnel accompli.

5° Le projet rend bénéficiaire de la loi le jardinier d'art ou d'agrément qui, cependant, n'est en aucune façon le salarié d'une exploitation « tendant à un bénéfice », mais bien un domestique personnel qui cour d'ailleurs infiniment moins de risques qu'un cocher, qu'un conducteur d'automobiles, un garde-chasse ; ces derniers, cependant, ne bénéficient pas de la loi.

7° Enfin, aucune disposition n'est prise dans le projet pour assurer au patron responsable et à l'ouvrier blessé le concours d'un médecin à des taux raisonnables, alors que l'éloignement, des exigences parfois excessives et l'abus de visites, de pansements et d'ordonnances pharmaceutiques, font, au su de toutes les personnes compétentes, que ces frais médicaux atteignent un chiffre hors de proportion avec la gravité des accident, et suffisent, si l'on n'y prend garde, à rendre presque impossible l'application de la loi. Le projet aurait dû prévoir l'établissement, pour les médecins, de tarifs forfaitaires, comme ceux établis par les communes pour les médecins de l'assistance médicale gratuite.

Telles sont les critiques que nous avions à formuler sur les principaux articles du projet de loi.

Proposition de loi Beauregard. — Ce projet a été remanié et épuré par M. Paul Beauregard, député de la Seine, dans une proposition de loi déposée le 24 octobre 1907 et renvoyée à la Commission d'assurance et de prévoyance sociales... d'où elle n'est pas encore sortie, pour être discutée utilement !

Voici les idées essentielles émises par l'honorable député.

Il faut rédiger une loi complète, absolument indépendante de la loi de 1898, rectifier les bases de calcul, soit des frais médicaux, soit des rentes, limiter à 800 francs la somme des salaires comptant intégralement pour le calcul des pensions, abaisser de seize à quatorze ans l'âge jusqu'auquel les mineurs auront droit à la pension, faire de l'ivresse manifeste et de la brutalité envers les animaux, une faute inexcusable, limiter les incapacités permanentes donnant droit à une pension, assurer les secours médicaux et pharmaceutiques en établissant une liste de médecins et pharmaciens auxquels les intéressés pourront s'adresser, et en posant le principe d'un tarif d'honoraires forfaitaire.

Presque tous les syndicats, associations et sociétés d'agriculture se montrent hostiles au projet de loi de M. Chauvin et donneraient plutôt leur préférence à la proposition Beauregard, qui est plus adéquate à son objet.

Vœux émis. — Beaucoup de vœux ont été émis dans les milieux agricoles à la suite de discussions passionnées sur cette question des accidents du travail agricole ; concluons notre étude en citant *in extenso* celui émis par le sixième Congrès national des syndicats agricoles qui a eu lieu à Angers les 3, 4 et 5 juillet 1907.

Le Congrès, après avoir pris connaissance des projets de loi déposés par le Gouvernement et la commission d'assurance et de prévoyance sociales, dont l'objet est d'étendre aux exploitations agricoles la législation sur les accidents du travail ;

Considérant que ces projets présentent le double et très grave inconvénient de n'appeler à bénéficier de la loi qu'une partie des salariés du travail agricole et d'entraîner cependant des charges écrasantes pour les chefs d'exploitations ;

Qu'une définition spéciale du risque professionnel dans l'agriculture, d'une part, et une juste appréciation des besoins des victimes d'accidents à la campagne, de l'autre, permettraient d'appeler tous les salariés agricoles au bénéfice de la loi sans écraser les patrons ;

Emet le vœu :

1° Que si le principe du risque professionnel est appliqué à l'agriculture, cette application fasse l'objet d'une loi spéciale et complète, sans aucune référence à la loi du 9 avril 1898 ;

2° Que cette nouvelle loi définisse spécialement le risque professionnel dans l'agriculture ;

3° Qu'elle appelle à en bénéficier tous les salariés agricoles étrangers à la famille, sans exception ;

4° Qu'elle proportionne l'importance des indemnités aux facultés des cultivateurs et aux besoins des ouvriers, que diminuaient les facilités de la vie à la campagne, et qu'en particulier elle n'accorde des rentes qu'en réparation d'accidents ayant occasionné une dépréciation physique entraînant véritablement une diminution de salaire :

5° Qu'elle établisse le service médical des accidents du travail agricole ;

6° Qu'elle stipule qu'en dehors des opérations de grande chirurgie, la rémunération des médecins sera basée sur un tarif forfaitaire, établi par M. le Ministre du Travail, après avis de la commission ministérielle ;

7° Que la loi décide la résiliation de plein droit de tous les contrats en cours (accidents du travail agricole), à dater de l'application de la nouvelle loi ;

8° Que la loi maintienne le droit de constituer des petites mutuelles locales, en vue de garantir tout ou partie des risques d'incapacités temporaires, et que les syndicats, chacun dans sa circonscription, s'appliquent à fonder ces petites mutuelles conformément à la loi du 4 juillet 1900 ;

9° Le congrès charge l'Union centrale des syndicats agricoles de poursuivre devant les pouvoirs publics, la satisfaction de ses desiderata et d'éclairer l'agriculture sur l'importance qu'à pour elle la loi en préparation sur la responsabilité des accidents agricoles.

***

Ne souhaitons pas qu'une loi sur les accidents du travail agricole soit votée d'ici peu. Les agriculteurs sont plus tranquilles sans elle, et les ouvriers également. Toutes ces lois de surenchère électorale ne nous disent rien qui vaille. Que nos parlementaires nous apportent des propositions bien étudiées, faites sans esprit de parti, et par des compétences, et nous pourrons prendre leur travail en plus grande considérations. Mais c'est peut-être beaucoup leur demander !...

CHAPITRE II

LA LOI SUR LES RETRAITES OUVRIÈRES ET PAYSANNES

La question des retraites ouvrières et paysannes, depuis longtemps à l'ordre du jour, vient enfin d'être solutionnée par la loi du 5 avril 1910. De nombreuses propositions avaient déjà été déposées sur cette matière depuis trente ans ; nous ne citerons que celle de M. de Mun et de Mgr Freppel consacrant le principe de l'assurance obligatoire et fondant cette mutualité sur l'organisation professionnelle ou coopérative et sur les groupements de caisses régionales. M. Laisant, en 1890, demande qu'il soit accordé aux travailleurs des pensions alimentées par les seules contributions patronales et des impôts spéciaux, tandis que MM. Bérard et Papelier, appliquant le système de la liberté subsidiée, se bornent à allouer des subventions aux prévoyants. Nous avons enfin les propositions, en 1890 et 1891, de MM. Adam et Pierard demandant l'organisation générale de caisses de retraites, à laquelle l'adhésion des travailleurs resterait facultative, de MM. Isambart et Goujon et surtout le projet de loi revêtu de la signature de MM. Constans et Rouvier.

Deux modes de constitution des retraites. — 1° Prévoyance libre ; 2° Assistance obligatoire. — Deux systèmes s'offraient pour la constitution des retraites ouvrières, soit en se basant sur la prévoyance libre subventionnée ou non, soit en appliquant la thèse de l'assistance obligatoire qui, aujourd'hui, compte de nombreux partisans. Les politiciens de l'école de Léon Bourgeois sont partisans des retraites à cause du principe de la solidarité qui implique « la contribution obligatoire de tous les associés aux dépenses inévitables entraînées par le fonctionnement des institutions qui servent à la conservation même de la société, à la garantie des droits individuels et à l'accomplissement des devoirs de solidarité (1) ».

Cette loi sur les retraites ouvrières et paysannes, qui a déjà tant fait couler d'encre, donné lieu à de si vives discussions, qui doit avoir une application si ténébreuse pour certains, si lucide pour d'autres, mérite, vu son importance et sa naissance très laborieuse, d'être brièvement analysée.

Analyse succincte de la loi. — La loi repose sur les trois principes suivants : l'obligation, la capitalisation, le versement de l'ouvrier, du patron et de l'Etat. Applicable à environ 17 millions de Français, elle constitue une assurance obligatoire pour les uns (onze millions) et facultative pour les autres (6 millions).

I. — L'assurance est obligatoire pour tous les salariés touchant une rémunération annuelle de moins de 3.000 francs. Les dispositions du régime permanent ne s'appliquent qu'à ceux qui, au moment de la mise en vigueur de la loi, n'auront pas dépassé l'âge de 34 ans.

Les retraites, comme nous l'avons dit plus haut, sont constituées par un triple versement, ouvrier, patronal et allocation de l'Etat. Les ouvriers paieront par an : 9 fr. pour les hommes, 6 fr. pour les femmes, 4 fr. 50 pour les enfants de moins de 18 ans. Ces versements sont

(1) Léon Bourgeois : les Applications de la solidarité sociale, *Rev. politique et parlementaire*, t. XXI.

prélevés sur les salaires par l'employeur ; c'est ce qu'on a convenu d'appeler la méthode du précompte.

Dans le projet qu'elle avait voté en 1906, la Chambre avait adopté, au lieu d'une cotisation fixe, un prélèvement proportionnel sur le salaire de 2 pour cent (ce qui était plus équitable) et exonéré de toute contribution les salaires inférieurs à 1 fr. 50 par jour.

En plus de ces versements obligatoires, l'assuré peut effectuer des versements facultatifs.

La contribution patronale est la même que pour les hommes : 9 francs. Elle est représentée par un timbre mobile que l'employeur appose sur la carte délivrée gratuitement a tout assuré. Si l'employeur n'observe pas cette prescription, il est passible d'une amende égale aux versements omis... sans préjudice de l'obligation d'effectuer ces versements. Au cas où un patron emploie des ouvriers étrangers qui n'ont pas droit aux contributions patronales comme n'appartenant pas à un pays assurant les mêmes avantages aux ouvriers français, le patron n'en doit pas moins faire les mêmes versements qui sont, dans ce cas, affectés à un fonds de réserve.

Les versements peuvent être encaissés par les Caisses d'Epargne et les Sociétés de Secours Mutuels. Certaines de ces dernières pourront se contenter d'être collectrices des fonds versés par les assujettis en recevant les versements ouvriers et patronaux et en les versant à l'une des caisses autorisées à faire la retraite. Elles devront être agréées à cet effet et recevront comme rémunération du service rendu une allocation de 5 pour cent. Elles peuvent demander à faire elles-mêmes les retraites (ce sera très difficile à obtenir !); elles recevront alors, pour les indemniser de leurs frais d'administration, une somme annuelle de 1 franc par assuré sans préjudice de l'allocation de 5 0/0, si la Société a fait elle-même l'encaissement.

Les Sociétés de Secours mutuels peuvent, en faisant la retraite, établir également l'assurance-maladie. Outre les allocations ci-dessus désignées, elles recevront une subvention annuelle de 1 fr. 50 par assuré ; cette subvention viendra en déduction de la cotisation maladie que verse l'assuré, pourvu que cette dernière cotisation soit au moins égale à six francs.

L'Etat majore la rente en ajoutant une allocation annuelle et viagère de 60 francs. Dans le projet primitif, l'Etat n'intervenait que pour majorer jusqu'a 360 francs, chiffres considérés comme un minimum d'existence, les rentes qui n'atteignaient pas cette somme.

Pour avoir droit à cette majoration, il faudra que le salarié ait effectué 30 versements annuels obligatoires ou facultatifs, représentant la somme de 270 francs. Si ceux-ci sont inférieurs à 30, mais supérieurs à 15, l'allocation sera calculée proportionnellement, à raison de 1 fr. 50 par année de versement.

Les retraites sont servies à l'âge de 65 ans et comprennent, comme nous l'avons dit :

1° La rente fournie par les versements ouvriers et patronaux capitalisés ;

2° L'allocation annuelle de l'Etat. D'après les chiffres fournis par le ministre du Travail, le salarié ayant versé de 12 ans à 65 ans, aura droit à une rente de 414 fr. ; cette somme pourra être plus élevée avec les versements facultatifs joints à ceux qui sont obligatoires.

Mais la retraite peut être acquise avant 65 ans :

1° L'ouvrier peut demander la liquidation anticipée de sa retraite à 55 ans ; il est fait alors une retenue proportionnelle sur l'allocation de l'Etat ;

2° Du jour où les versements, soit obligatoires, soit

facultatifs de l'assuré lui donnent droit à 65 ans à une retraite de 180 francs, il peut disposer en capital du surplus de ses versements pour acquérir une assurance en cas de décès ou un bien inaliénable et insaisissable ;

3° Dans le cas où l'assuré est frappé d'une incapacité permanente et absolue, il peut demander à toute époque la liquidation de sa retraite. Il recevra une bonification variable qui sera payée au moyen d'un crédit inscrit tous les ans dans la loi de finances ;

4° Dans le cas où l'assuré décède au cours de l'assurance, laissant veuve ou orphelins. Ceux-ci reçoivent une mensualité de 50 francs pendant un délai variant de 3 à 6 mois suivant le nombre d'enfants. Les assurés peuvent spécifier que les versements prélevés sur leurs salaires seront faits à capital réservé, la rente, dans ces conditions, à laquelle ils ont droit, est évidemment moins élevée, mais lors de leur décès, à quelque moment qu'il se produise, leurs héritiers reçoivent un capital égal au moment de leurs versements.

Avant que la loi soit applicable à tous les assurés, il doit y avoir un régime transitoire pour la catégorie d'assujettis suivants :

Ceux qui, au moment de la mise en vigueur de la loi, ont dépassé 70 ans restent soumis à la loi d'assistance obligatoire du 14 juillet 1905.

Ceux qui ont moins de 70 ans et plus de 65 ans seront aussi assistés suivant la loi de 1905, mais ils ne recevront que la moitié de l'allocation annuelle, qui ne devra pas dépasser 100 francs à la charge de l'Etat.

Ceux qui ont moins de 65 ans et plus de 44 ans feront les versements que leur âge comporte, et bénéficieront, en plus de la retraite, de ces avantages : 1° ils toucheront l'allocation de l'Etat (60 francs), quel que soit le nombre de leurs versements ; 2° et une allocation sup-

plémentaire variable suivant l'âge de l'assuré (40 fr.
pour ceux de 64 ans, 38 fr. à 63 ans, etc.). Aussi, grâce
à l'addition de ces deux allocations, un salarié qui
aura 64 ans au moment de la mise en vigueur de la
loi fera un versement unique de 9 francs et aura, à 65
ans, une retraite annuelle et viagère de 102 fr. 06.

Ceux de 44 ans et de plus de 34 ans ne pourront faire
les 30 versements nécessaires pour avoir droit à l'allocation de l'État. Mais, à titre transitoire, la loi leur
accorde cependant cette allocation à condition qu'ils
fassent la preuve qu'au moment de la mise en vigueur
de la loi ils étaient dans le salariat et depuis 3 ans au
moins. Sans cette preuve, ils n'auraient droit qu'à une
majoration de l'État proportionnelle au nombre de
leurs versements.

11. — Nous arrivons à l'assurance facultative comprenant les artisans, métayers, fermiers et colons par-
tiaires, cultivateurs, petits propriétaires et les salariés
gagnant plus de 3.000 francs et moins de 5.000 francs.

Sous le régime permanent, il n'y a pas pour les
assurés facultatifs de contribution patronale, à l'exception du métayer, mais la loi leur permet de faire le
double versement (18 francs). L'État augmente d'un
tiers les versements au fur et à mesure qu'ils sont effectués, sans que les majorations capitalisées de l'État produisent une rente dépassant 60 francs à 65 ans. Les
métayers peuvent limiter leurs versements annuels à
6 francs. Dans le cas où ils s'assurent, leurs propriétaires, assimilés aux patrons des salariés, sont tenus à
une contribution égale à leurs versements. Les majorations de l'État se font sur le total des deux versements.

Le régime transitoire s'applique aux assurés facultatifs de plus de quarante-quatre ans d'âge au moment

de l'application de la loi. On a estimé que leurs versements seraient trop peu nombreux pour leur assurer une majoration suffisante de l'Etat. Aussi la loi décide qu'ils auront droit, en plus de la majoration du tiers, à une bonification égale à la rente que produirait un versement annuel de neuf francs.

Ainsi, l'une des personnes auxquelles la loi donne la faculté de s'assurer est âgée de 64 ans au moment de la mise en vigueur de la loi et déclare vouloir bénéficier des dispositions de celles-ci. Elle n'aura à faire qu'un seul versement de 18 francs ; à 65 ans son droit à la retraite s'ouvrira et sa rente sera de 52 fr. 01 établie par son versement de 18 francs ajouté à la majoration du tiers, soit 24 francs (rente de 2 fr. 01), à laquelle somme l'Etat ajoutera une trentaine de francs, soit 52 fr. 01, en supposant qu'il a fait un versement fictif des 9 francs par an de 44 à 64 ans d'âge de l'assuré.

Voici, résumée aussi brièvement et scrupuleusement que possible, cette loi des retraites ouvrières et paysannes dont l'application, d'abord fixée au 1er janvier 1911, est reportée définitivement au 3 juillet de cette même année. Inutile de dire que la rédaction si touffue de ses articles et l'ambiguïté des termes employés rendent très difficile la juste compréhension de la loi qui, hâtons-nous de le dire, réserve bien des surprises. Dernièrement même, M. Guesde, député socialiste unifié, voulant tuer à jamais les chefs-d'œuvre de M. Caillaux, n'a-t-il pas déposé une proposition de loi tendant à l'abrogation des articles de la loi du 5 avril 1910 concernant un prélèvement sur les salaires (1) !

(1) En voici le texte . « Article unique : Sont et demeurent abrogés tous les articles de la loi du 5 avril 1910 sur les retraites ouvrières et paysannes entraînant ou concernant un prélèvement sur les salaires. Il sera pourvu aux ressources ainsi supprimées par une augmentation proportionnelle des droits sur les successions dépassant 100.000 francs.

Rarement loi n'a été si mal accueillie dans les milieux patronal et surtout ouvrier. Le gouvernement a beau multiplier son zèle de propagandiste par toutes les conférences qu'il fait faire en faveur de la loi ; il a beau flatter la masse ouvrière et paraître l'épargner en s'armant contre les patrons, la pauvre loi sur les retraites est bien malade et il faudra toute l'énergie du ministre du Travail actuel, M. René Renoult, pour lui donner quelque apparence de vitalité (1).

Rarement loi enfin n'a prêté à autant de critiques que celle que nous étudions. Contentons-nous d'exposer les nôtres, que nous diviserons en trois principales.

PRINCIPALES CRITIQUES FAITES A CETTE LOI

1° Point de vue philosophique et social de la loi. — On a voulu fonder la nécessité sociale de la loi des retraites ouvrières sur le principe de l'assistance obligatoire que doit créer la société en faveur des déshérités de la fortune, des petits, des humbles, des peu fortunés. Et sous couleur de solidarité et de coopération, on dit aux patrons : « Vous occupez dans votre commerce, dans votre usine, dans votre exploitation agricole, des ouvriers dont vous rétribuez le travail, qui ne se plaignent pas de leurs salaires, mais ces ouvriers vieillissent tous les ans et nous vous obligeons. nous vous donnons l'ordre de verser chaque année, de votre poche, une somme variant de 9 francs à 4 fr. 50 pour chacun d'eux, afin de leur constituer une retraite à 65 ans. »

A cette injonction qui, venant de l'Etat, prend quelque importance, les patrons, de leur côté, peuvent répliquer : « Comment ! nous serions obligés de participer

(1) V. Décret du 16 juillet 1910 créant un office national des retraites ouvrières et paysannes.

Les Associations agricoles.   12

aux retraites de nos ouvriers ? Eh pour quel motif ? Nous les payons largement ; s'il y a des mécontents, c'est à voir entre eux et nous pour étudier une augmentation de salaire, et ce n'est pas à vous à vous mêler de nos affaires. Est-ce de notre faute si nos ouvriers ont tous les ans un an de plus qui vient s'ajouter à leur âge ? Sur quel principe social appuyez-vous votre idée de contribution patronale à la constitution des retraites ? Est-ce au point de vue de la solidarité sociale ? Que l'Etat établisse alors des retraites pour tous, proportionnellement aux versements faits par chacun, de sa poche, suivant sa fortune et ses ressources. Mais pourquoi vouloir diviser le pays en deux factions, celle des retraités, celle des payeurs ? Pourquoi, à toutes les charges budgétaires auxquelles vous me contraignez, ajouter ce nouvel impôt sur ma personne ? A malin, malin et demi. Puisque vous m'obligez à verser dans vos caisses de nouvelles sommes d'argent, je vais réduire mes frais généraux, supprimer une partie de mes ouvriers ou réduire certains salaires. J'établirai mon existence autrement et je me désintéresserai peu à peu de défendre l'essor économique de ma patrie. »

2° Principe de l'obligation. — La seconde critique à adresser à la loi du 5 avril 1910 repose sur le principe de l'obligation qu'elle a édicté et qui a reçu la désapprobation de presque tous les employés et les salariés. En 1909, à la suite de consultations des associations professionnelles sur le projet de loi, 1718 syndicats émirent un avis défavorable à l'obligation et 253 seulement un avis favorable.

Dans un discours du 17 juin 1901 prononcé à la Chambre des Députés, M. de Gailhard-Bancel disait très justement : « Cette obligation, je la considère comme absolument attentatoire aux droits et à la liberté des ouvriers et des patrons, et je ne l'accepte en aucune manière. Assurément, on ne peut pas dire que ce soit un impôt, mais quant au résultat, cependant, c'est bien à peu près la même chose. »

Or, ce n'est pas tout de voter l'obligation. Le gouvernement, encouragé par les exemples de certaines lois étrangères dans lesquelles le principe de l'obligation est inscrit, a voulu faire de même. Mais chaque peuple, chaque nationalité a son statut légal, sa loi personnelle, qui doit être adéquate à son esprit, à ses mœurs, à ses idées, à ses coutumes et à son évolution sociale. Or, quand on veut appliquer une loi telle que celle des retraites ouvrières et paysannes, il faut la faire entrer dans les mœurs et pénétrer dans les faits et l'on peut se trouver en présence de grands embarras.

Une loi d'obligation, en outre, suppose des sanctions effectives qui peuvent être trop sévères, trop brutales, trop arbitraires et révolter les consciences de ceux qui y sont assujettis. D'autre part, si on n'applique pas les sanctions inscrites dans la loi, celle-ci aura le sort de quelques-unes de ses aïeules, comme la loi d'obligation scolaire avec son institution de caisses et de commission d'école dans chaque commune, qui ne servent aucunement aujourd'hui à faire respecter la loi, puisqu'elles se désintéressent elles-mêmes complètement de celle-ci !

Et quelles difficultés d'ordre financier ! Sait-on à quelle somme, pour l'État, reviendra, par an, l'application de la loi des retraites, quand la période permanente sera atteinte ? Personne ne sait ; nos ministres, nos parlementaires bataillent avec les chiffres et sans être d'accord sur ce point essentiel et si important.

Il avait d'abord été question de faire servir le fameux milliard des Congrégations à la constitution de ces retraites pour l'allocation à donner par l'Etat. Le milliard n'existe plus et on doit demander de nouvelles ressources aux contribuables. Nous voyons donc l'Etat engagé dans ce fâcheux dilemme : « Ou je ne tiendrai pas mes promesses de versements pour la constitution des retraites, et je rendrai, peu après l'application de la loi, des décrets diminuant de beaucoup le quantième de mes allocations aux salariés, ou je tomberai à nouveau sur les braves citoyens en augmentant à nouveau leurs impôts.

Or, avec l'obligation inscrite dans une loi, l'Etat, qui impose la contrainte, doit forcément assumer toutes les charges qu'elle entraîne ; un système forfaitaire qui ménagerait ses ressources serait en contradiction formelle avec le principe posé par lui. L'Etat qui oblige tout le monde, patrons et ouvriers, doit d'abord s'obliger lui-même sans marchander, et pour la solution de ce problème, il risque de se débattre entre cette double alternative : ou allouer des pensions insuffisantes ou écraser le budget sous le poids d'un intolérable fardeau.

Nous pouvons donc soutenir que le principe de l'obligation dans les retraites ouvrières sera une cause de moindre épargne dans le pays, supprimera toute liberté de gérer ses biens selon ses idées, sera très difficile à être respecté par les salariés et les employeurs et amènera une certaine dépréciation de la propriété rurale.

3° Versements des ouvriers. — Nous avons vu que tout ouvrier aura un prélèvement à faire chaque année de neuf francs qu'il versera dans la caisse de l'Etat. La loi met donc sur le même pied d'égalité l'ouvrier de l'industrie qui a un salaire journalier de cinq à sept francs et l'ouvrier agricole qui gagne un maximum de trois francs 50 par jour. C'est une grave faute du législateur : car vous verrez les réclamations ouvrières se manifester bruyamment quand on ira aux porte-monnaie des petits salariés pour leur arracher 9 francs tous les ans, pendant 50 ans, pour qu'ils se voient accorder par l'Etat, à l'âge de 65 ans, une très forte retraite de 414 francs, soit 1 fr. 15 par jour !

La loi aurait dû prévoir cette inégalité de salaires et établir une division de versements mieux équilibrés avec les petits revenus de l'ouvrier. Un système parfait est celui pronostiqué par M. de Gailhard-Bancel et basé sur le groupement professionnel.

« La France, écrivait-il (1), serait divisée en un certain nombre de régions ; les individus seraient groupés par professions, et chaque profession organiserait pour ses membres les retraites comme ceux-ci l'entendraient. Des commissions professionnelles cantonales seraient à la base de l'organisation. Les caisses régionales et professionnelles de retraites seraient autonomes ; elles seraient administrées par les délégués de la profession, encaisseraient les cotisations, les emploieraient, comme cela se pratique en Allemagne, à des œuvres, à des institutions locales. Grâce à ce système, on échapperait non seulement aux inconvénients et aux dangers d'une caisse d'Etat unique, mais encore l'âge et le taux de la retraite pourraient varier suivant les professions de la même région et personne ne songerait à se plaindre de ces différences, par la raison qu'elles auraient été voulues et décidées par les membres de la profession, c'est-à-dire par les intéressés eux-mêmes. »

L'ouvrier n'acceptera donc pas sans maugréer cette fausse situation dans laquelle le met la loi. Il réfléchira

(1) Lettre de M. de Gailhard-Bancel à M. Charles Brun, Directeur de la *Revue de l'Action Libérale.*

à la retraite qu'il pourrait avoir s'il pouvait la constituer lui-même sans les contraintes de l'Etat et sans lire tout le texte de la loi (si embrouillé qu'il n'en parcourrait pas beaucoup d'articles), il s'en fera peu à peu une juste compréhension qui lui fera tenir ce raisonnement : « Il faut que je verse 9 francs par an, mon camarade gagnant deux fois plus que moi n'est pas tenu de verser une somme supérieure à ce minimum qui m'est imposé. J'ai une nombreuse famille à nourrir, mon camarade est célibataire ; nous sommes mis sur le même pied d'égalité. »

Et ce raisonnement sera très juste. Pourquoi l'Etat, si soucieux de la repopulation, n'a-t-il pas incorporé dans sa loi des retraites un article visant les familles nombreuses qui pouvaient être dispensées d'une grande partie des versements ou obtenir des primes à l'encouragement et à la natalité ?

Enfin, prélever sur l'épargne de l'ouvrier une somme, si minime soit-elle, mais relativement considérable par rapport à son salaire, c'est dire au travailleur : « Si tu n'as pas la bonne fortune d'arriver à l'âge de 65 ans, ton épargne sera complètement perdue pour toi et pour les tiens ; c'est la caisse d'Etat qui se l'appropriera. »

Concluons donc en rejetant tout à fait cette loi dont les principes faux entraîneront une série de règlements d'administration publique de plus en plus nombreux pour en rendre l'application possible.

Nous ne voyons aucun autre système de constitution de retraites supérieur à celui de la mutualité libre basée sur les idées de prévoyance sociale, mutualité contrôlée par l'Etat et subventionnée par lui.

Le congrès national de la Mutualité française, tenu à Nancy du 22 au 29 août 1909, a fait cette déclaration que nous faisons nôtre : « Le dixième congrès affirme une fois de plus la supériorité de l'association libre en matière de prévoyance sociale, déclare qu'elle reste le type sur lequel devraient être conçues et réglées les institutions destinées à compléter l'œuvre de la liberté, et qu'en tout cas ces institutions ne doivent jamais entraver le mouvement de cette œuvre; qu'ainsi, la justice et l'intérêt social exigeraient que les mutualistes, même assujettis à une loi d'obligation, gardent la faculté de faire fructifier leurs cotisations par les moyens et avec les avantages propres à leurs institutions, et le droit de constituer leurs retraites au sein des œuvres qui ont précédé la loi, et qui ne manqueraient pas d'être atteintes dans leur prospérité, si la loi en détournait les intéressés. »

Les partisans de la loi peuvent nous répondre: « mais personne n'a songé à écraser les prévoyants libres et la situation faite par la loi à la mutualité est très équitable avec les avantages que le Gouvernement lui a accordés. » Ah ! les grands avantages qui obligent les sociétés de secours mutuels à être agréées par le Gouvernement (on sait avec quel arbitraire, à la suite de quelles enquêtes seront faits ces agréements !) Les mutualistes auront tant d'ennuis qu'ils déserteront les sociétés pour se jeter aveuglément dans la gueule du Cerbère-État.

« Si l'on savait, a dit M. Cheysson (1), utiliser, pour la prévoyance, les bonis que fournissent les coopératives de consommation et les remises du commerce, on pourrait constituer les ressources nécessaires à des institutions libres, et il est très probable que ces ins-

---

(1) Extrait d'une conférence de M. Cheysson: coopération et mutualité (*Bulletin de la Société Nationale d'Agriculture française*, juillet 1901, p. 533).

titutions libres pourraient résoudre elles-mêmes le problème des retraites ouvrières, en épargnant à l'Etat bien des dangers financiers et politiques, et à nous-mêmes les périls de l'obligation ».

Nous attendons avec impatience la mise en vigueur de la loi du 5 avril 1910 qui réserve bien des surprises, bien des interpellations au sein du Parlement et qui sera obligée d'être revisée et complètement refondue pour devenir une véritable loi d'intérêt général, d'assistance et de solidarité sociales, de liberté professionnelle, économique et nationale.

CHAPITRE III

ACCESSION A LA PETITE PROPRIÉTÉ
HABITATIONS A BON MARCHÉ

C'est en défendant la terre qu'on défendra le travailleur de la terre. Il est un point sur lequel tous les hommes d'État, dignes de ce nom, ont toujours été d'accord : si la France veut conserver, parmi les peuples, le rang éminent que lui assurent sa situation et sa fertilité, il faut qu'elle veille sans cesse à la prospérité de ses cultivateurs et de ses paysans. Observation d'autant plus importante, à l'heure présente, qu'une rupture d'équilibre s'est produite incontestablement, au profit des villes, du travailleur urbain et de la fortune mobilière.

La loi du 10 avril 1908, qui permet à tout homme de bonne volonté de devenir propriétaire d'un petit coin de terre et d'une maisonnette, peut avoir sur la destinée de la France agricole de très heureuses conséquences.

Pour l'ouvrier des villes, existe déjà, depuis 1894, une loi sur les habitations à bon marché qui lui permet, au moyen d'avances et d'exemptions d'impôts, faites par l'État, de devenir propriétaire de son foyer, au bout d'un certain nombre d'années.

Loi du 12 avril 1906 sur les habitations à bon marché. — Il n'était que juste de répandre sur les ouvriers ruraux les effets de cette législation bienfaisante. C'est évidemment à satisfaire ce sentiment très légitime d'équité sociale que vise la nouvelle loi, en décidant d'étendre « tous les avantages prévus par la loi du 12 avril 1906 pour les maisons à bon marché, sauf l'exemption temporaire d'impôt foncier, aux jardins ou champs n'excédant pas 1 hectare » (art. 1er).

Loi du 10 avril 1908. — En vertu de la loi du 10 avril 1908 (1), l'Etat prête à des sociétés régionales 100 millions; mais ces sociétés régionales de crédit immobilier, pour obtenir ces prêts, devront se constituer sous la forme anonyme et au capital minimum de 200.000 francs ; le dividende annuel à servir aux actionnaires ne devra pas dépasser 4 pour cent (art. 4).

Ces sociétés régionales sont chargées, à leur tour, de faire des avances à ceux qui voudront devenir propriétaires du petit champ qu'ils cultivent. Le mécanisme établi par la loi consiste en une double opération: un prêt hypothécaire et une assurance temporaire obligatoire.

Pour fonctionner, le mécanisme exige d'abord l'effort personnel de l'ouvrier, sa participation active. Dès qu'il aura économisé le cinquième de la petite somme nécessaire à l'achat de son champ, un prêt hypothécaire contracté à une société de crédit immobilier suffira pour le mettre en possession; les quatre autres cinquièmes, la société en fera pour lui l'avance, en lui accordant, pour le remboursement, des facilités de temps et d'intérêt, d'autant plus raisonnables qu'elle bénéficiera elle-même de ces avances faites par l'Etat, au taux réduit de deux pour cent.

En résumé, pour acquérir un champ d'un hectare valant 1200 francs (c'est le maximum fixé par la loi) il

____

(1) V. Décret du 24 juillet 1908 portant règlement d'administration publique pour l'exécution de la loi du 10 avril 1908.

faut payer 240 francs tout de suite, et ensuite 5 francs par mois pendant 25 ans. Cette faveur n'est accordée qu'aux gens qui ont un très petit loyer (moins de 112 fr. dans les villages, et qui cultivent eux-mêmes.

La seconde partie de l'opération consiste dans une assurance temporaire contractée à la Caisse nationale d'assurances en cas de décès ; ce contrat d'assurance à prime-unique garantira « le payement des annuités qui resteraient à échoir au moment de sa mort (de l'emprunteur), le montant de cette prime pouvant être incorporé au prêt hypothécaire » (art. 3, § 2). Cette disposition de la loi est une sage mesure de prévoyance ; que deviendrait, en effet, sans l'assurance, la petite propriété, en cas du décès du chef de famille, avant la libération complète de sa dette?

Un exemple et des chiffres empruntés au rapport de la commission d'assurance et de prévoyance sociales nous permettent de donner un exemple concret des effets de la loi.

1º Acquisition du champ.

Age de l'emprunteur......................	25 ans
Prix du champ...........................	800 fr.

L'emprunteur apportant le 1/5 exigé par la loi, soit 160 francs, une société lui fait l'avance:

1º De la différence entre 800 et 160 francs...	640 fr.
2º Des frais d'acquisition et d'hypothèque évalués à 10 0/0), soit environ.	60 fr.
3º De la prime unique d'assurance applicable au total du prêt hypothécaire...........	42 fr. 70
Total du prêt hypothécaire..............	742 fr. 70

L'amortissement se fait en 10 ans, au taux de 2 fr. 50 0/0 ; le remboursement s'effectue en payant :

Soit, chaque année, une somme de........	84 fr. 85
Soit, chaque mois, une somme de.........	7 fr.

A 35 ans, notre emprunteur, libéré, a l'entière propriété de son champ.

2º Construction de la maison.

A l'expiration des 10 années, le même acquéreur sollicite un autre prêt hypothécaire en vue de la construction d'une maison, dont le coût total s'élève à 3.500 francs.

Il apporte le 1/5 exigé par la loi, soit 700 francs.
La Société lui fait l'avance :

1º De la différence entre 3.500 et 700 francs.. 2.800 fr.
2º Des frais d'hypothèques (évalués à 3 0/0 environ)........................... 85 fr.
3º De la prime unique d'assurance applicable au total du 2ᵉ prêt hypothécaire. .... 357 fr. 20

Total du 2ᵉ prêt hypothécaire.......... ..... 3.242 fr. 20

A l'âge de 54 ans, l'acquéreur est libéré du payement des annuités relatives au remboursement du prix de sa maison.

Nous ne pouvons donc qu'applaudir à cette loi dont l'auteur, l'honorable M. Ribot, en a compris la haute portée sociale. Elle convient tout spécialement aux jeunes paysans qui viennent de terminer leur service militaire. Au lieu de rester à la ville, qu'ils retournent dans leur village. S'ils sont ordonnés, il ne leur sera pas trop difficile d'avoir 100 francs ou 200 francs à la Caisse d'épargne et aussitôt ils deviendront propriétaires : Propriété minuscule, nous l'accordons, qui réclamera beaucoup de soin et ne les dispensera pas, d'ailleurs, d'aller travailler chez les autres. Mais ce coin de terre, si petit qu'il soit, sera suffisant pour les attacher au sol natal, le leur faire aimer et leur permettre d'y passer leur vie sans trop de soucis.

La loi du 10 avril 1908 tend donc à diminuer le nombre de ces « déracinés » malheureux et quelquefois dangereux que nous voyons errer, faméliques, sur les trottoirs des grandes villes où ils auraient bien mieux fait de ne jamais mettre le pied.

Avec tous les avantages que certaines lois sociales offrent à nos ruraux, il faut espérer qu'ils sauront en profiter.

Que les agriculteurs fassent connaître à leurs ouvriers ces lois bienfaisantes, que les instituteurs, même, en parlent à leurs jeunes gens, que les professeurs départementaux les commentent dans nos villages. Ils travailleront pour le bien du pays et celui de nos paysans.

CHAPITRE IV

LE BIEN DE FAMILLE INSAISISSABLE

Il y a dix-sept ans que M. l'abbé Gruel (1) écrivait ces lignes :

« Le jour où vous aurez votre maison insaisissable avec votre mobilier et vos instruments de travail ; le jour où vous aurez la jouissance d'une portion de votre territoire, si vous êtes pauvre, ou la propriété inaliénable d'une portion de votre héritage, si la fortune vous a favorisé ; le jour où le restant du territoire aliénable ne pourra plus passer à des étrangers, mais qu'il se répartira entre ceux qui habitent la commune au prorata de leur activité et de leurs moyens ; ce jour-là, le sol vous sera doublement cher et parce que vous l'habitez et parce que vous le cultivez. Il aura pour vous une attraction puissante ; il vous nourrira et vous mettra à l'abri de la misère. L'industrie ne vous séduira plus autant, vous n'irez plus grossir si facilement les rangs de l'armée des sans-travail... On ne verra plus se tarir si facilement la source de la vie au détriment de la véritable grandeur de la nation. Or, la commune améliorée et la famille sauvegardée, c'est l'État lui-même en pleine sécurité. »

Les vœux de M. l'abbé Gruel sont aujourd'hui exaucés, et parmi les meilleures lois dont puisse profiter le

(1) *La Réforme agricole*, de M. l'abbé Gruel, 1894, pp. 24-25.

monde rural citons celle du 12 juillet 1909 sur le bien de famille insaisissable.

Loi du 12 juillet 1909 sur le bien de famille insaisissable. — La loi nouvelle assure la consistance et la stabilité du foyer familial ; elle s'efforce d'enrayer la dépopulation des campagnes et l'exode vers les villes, dont une des causes principales est la saisie immobilière à la suite d'un emprunt hypothécaire. L'ouvrier des villes peut y trouver, lui aussi, son avantage ; sa maison sera mise à l'abri de la mauvaise fortune ; elle deviendra le cadre de la vie commune, le centre des intérêts et des affections de la famille.

Législation comparée. — L'institution du bien de famille nous vient des États-Unis, où elle est connue sous le nom de homestead. Innovée en 1839 par le Texas, elle fut, par la suite, généralisée dans l'Union. Tout chef de famille vivant sur le territoire du Texas avait le droit, selon le texte de 1839, d'occuper en toute propriété 20 hectares de terre ou un lot de terrain dans une ville. Le domaine ainsi constitué demeurait insaisissable. Ce bénéfice s'étendait à l'habitation, aux meubles, aux instruments aratoires et aux améliorations, à concurrence de 2.500 francs.

En Allemagne, le bien de famille existe, sous le nom de heimstatt, pour les biens ruraux que le propriétaire ne peut grever que jusqu'à concurrence de la moitié du revenu.

En Angleterre, une loi de 1877 a multiplié les allotments de 40 ares au maximum, donnés aux ouvriers à bail perpétuel. Une loi de 1892 a créé de petits domaines suffisants pour nourrir une famille.

Historique de la loi. — En France, dès 1894, M. Léveillé déposait à la Chambre une proposition de loi qui tendait à la création du « bien de famille » insaisissable. La question fut reprise par MM. Hubbard, Berteaux et Lemire. En 1902, M. Maurice Violette demandait qu'on organisât l'insaisissabilité partielle du domaine du cultivateur cultivant lui-même sa terre, pour 2 hectares de terre et jusqu'à concurrence de 6.000 francs. MM. Louis Martin, DujardinBeaumetz , Paul Lebaudy étendaient encore la valeur maxima de l'insaisissabilité. Enfin le 31 janvier 1905, M. Ruau déposait un projet de loi qui avait, au préalable, été soumis au Conseil d'Etat. La Chambre en approuva le texte le 13 avril 1906. Le Sénat le retoucha les 28 janvier et 4 février 1909. La Chambre, pour en terminer, se rallia le 8 juillet, aux modifications apportées par le texte du Sénat.

Analyse de la loi. — La loi du 12 juillet 1909, avec son article 1er, introduit dans notre Droit un principe nouveau qui porte à notre vieux Code civil, une atteinte sérieuse : Toute famille a la faculté de se constituer « *un* » bien dont l'originalité et l'utilité résident dans son insaisissabilité. Le Code civil mettait à la disposition du créancier tout le patrimoine du débiteur (1). La loi nouvelle fait du bien de famille un bien en tout cas insaisissable. Pour que les étrangers puissent bénéficier de cette institution, il faut qu'ils aient été autorisés à établir leur domicile en France conformément à l'article 13 du Code civil.

Ce bien, unique par famille, ne sera établi que sur un immeuble non indivis (art. 4), non grevé d'un privilège ou d'une hypothèque (art. 5). Il pourra comprendre, soit une maison ou portion divise de maison,

---

(1) Cf. art. 2092 C. civ. « Quiconque s'est obligé personnellement est tenu de remplir son engagement sur tous ses biens mobiliers et immobiliers, présents et à venir. »

Cf. aussi art. 2093 : « Les biens du débiteur sont le gage commun de ses créanciers. »

soit à la fois une maison et des terres attenantes ou voisines, occupées et exploitées par la famille. Mais la valeur du bien ne devra pas dépasser, lors de sa fondation, 8.000 fr..., y compris les cheptels et immeubles par destination. Il sera toutefois possible de la porter à ce taux, si elle ne l'atteint pas, par des acquisitions nouvelles soumises aux mêmes conditions et formalités que la fondation (art. 2 et 4).

Les modes de formation du « homestead » français sont prévus par l'article 3. Pour que puisse prendre naissance ce petit bien de famille, il faut qu'une famille existe. Seuls les gens mariés ou qui vont se marier ou les chefs de famille peuvent profiter de la loi du 12 juillet 1909. La constitution par le mari est faite sur ses biens personnels ou sur ceux de la communauté ou sur ceux qui appartiennent à la femme et dont il a l'administration, avec le consentement de celle-ci. La femme peut la faire seule, sans autorisation de quiconque sur les biens dont l'administration lui est réservée. Le bien de famille peut aussi être créé par le survivant des époux ou l'époux divorcé, s'il existe des enfants mineurs , sur ses biens personnels ; par l'aïeul ou l'aïeule, suivant les distinctions ci-dessus, qui recueille ses petits-enfants orphelins de père et de mère, ou moralement abandonnés ; par le père ou la mère, sans descendants légitimes, d'un enfant naturel reconnu ou d'un enfant adopté. Et même il est possible à toute personne, capable de disposer, de constituer un semblable bien au profit d'une autre personne qui pourrait légalement faire cette constitution. Celle-ci peut être faite par contrat de mariage, par déclaration reçue par notaire, par testament ou donation. Le notaire doit insérer dans l'acte une description détaillée de l'immeuble avec une évaluation de sa valeur,

Les Associations agricoles. 13

les nom, prénoms, profession et domicile du fondateur, et, s'il y a lieu, du bénéficiaire de la constitution . Il constate que l'immeuble n'est ni indivis, ni frappé d'hypothèque (sauf lorsqu'il s'agit d'hypothèques légales (1)) et qu'il est assuré contre l'incendie.

Pendant deux mois, l'acte reste affiché par extrait sommaire, au moyen de placards manuscrits, à la porte de la mairie et de la justice de paix de la situation des biens. Cet affichage ne nécessite pas de procès-verbal d'huissier. Un avis est, en outre, inséré par deux fois, à quinze jours d'intervalle, dans un journal du département recevant les annonces légales. Aux termes de l'article 7, les privilèges et hypothèques garantissant les créances antérieures à la constitution du bien peuvent être inscrits jusqu'à l'expiration du délai de deux mois. Passé ce délai, la loi exige l'homologation de la déclaration par le juge de paix et sa transcription.

A partir de la transcription, le bien de famille, ainsi que ses fruits, sont insaisissables, même en cas de faillite ou de liquidation judiciaire ; il n'est fait exception qu'en faveur des créanciers antérieurs qui se sont conformés aux dispositions de la loi.

Critiques adressées à la loi. — Quelles sont les principales critiques qu'a suscitées cette loi ? On a prétendu tout d'abord que cette législation instituerait une véritable classe de privilégiés, que le propriétaire subirait, par la restriction de ses droits, une sorte de déchéance, et qu'enfin on violerait ainsi les articles 2092 et 2093 du Code civil. Il est facile de réfuter ces objections. Il n'existerait point de classes privilégiées puisque le même droit serait accordé à tous.

L'insaisissabilité n'est point non plus une innovation

(1) Elles ne font pas obstacle à la constitution et conservent leurs effets.

dans notre droit : les biens dotaux, les pensions de retraites, les rentes sur l'Etat sont insaisissables. Destinées souvent à protéger la femme contre la mauvaise administration du mari, ses mesures seront heureusement complétées par l'institution du bien de famille, le consentement de la femme étant nécessaire pour son aliénation.

En ce qui concerne les articles 2092 et 2093 du Code civil, les droits des créanciers seront sauvegardés par une publicité suffisante (1).

A ces critiques d'ordre juridique, on a voulu joindre des considérations économiques.

La création du bien de famille serait, a-t-on dit, une entrave à la circulation des biens et aux améliorations du sol ; elle aboutirait à la perte du crédit. Or, le bien constitué atteignant au maximum un revenu de 500 fr., il ne saurait être question de culture intensive ni d'industrie agricole ; d'ailleurs, le petit propriétaire n'a-t-il pas tout intérêt à améliorer un bien qui assure sa subsistance ? Quant à la perte du crédit, il est difficile d'admettre cette critique, la création du bien de famille ayant pour but d'empêcher les suites fâcheuses d'une hypothèque et de substituer au crédit réel le crédit personnel établi sur la valeur morale du propriétaire.

La question de l'aliénation du bien par le propriétaire, une des plus discutées, a été résolue par la loi dans le sens de l'affirmative, mais *restricto sensu*. Celle-ci entoure l'aliénation, dans le cas où le propriétaire est marié ou a des enfants mineurs, de garanties suffisantes pour que cette faculté d'aliénation ne devienne pas un danger.

(1) M. Lemire, dans la séance de la Chambre du 9 décembre 1909, a demandé au Gouvernement de faire en sorte qu'au moins les animaux, quels qu'ils soient, nécessaires à la culture, et les instruments aratoires soient compris dans la somme de 8.000 fr. qui échappe à la saisie.

Les dispositions qui concernent la continuation de l'insaisissabilité après la dissolution du mariage sont très bonnes. On ne peut également qu'approuver celles qui concernent le conjoint sans enfants et le conjoint avec enfants mineurs.

Le droit, pour le survivant des époux, de réclamer l'attribution intégrale du bien, sur estimation, est une mesure excellente.

Bienfaits de la loi. — Les critiques qu'on a pu adresser à cette loi sont, en somme, peu nombreuses, et n'en touchent point les lignes essentielles.

S'il nous est permis de la considérer à notre point de vue spécial d'agriculteur, nous voyons, par son efficacité, un moyen de rattacher au sol la population rurale dont nous ne pouvons que déplorer les effets de l'exode.

Mais, pour que cette loi soit appliquée sur une assez grande échelle, il faut qu'elle soit connue de nos paysans, de nos populations rurales. Il faut qu'on la dissèque, qu'on l'explique aux intéressés. C'est là le rôle de nos professeurs d'agriculture départementaux, qui devraient joindre à leurs conférences purement agricoles des sortes de causeries sur les principales lois qui s'adressent aux habitants de nos campagnes.

Combien y a-t-il de gens attachés aux travaux de la terre qui connaissent les dispositions ou tout au moins l'existence de cette loi salutaire? Parions qu'il ne s'en trouve pas deux sur cent?

CHAPITRE V

L'IMPOT DANS L'AGRICULTURE

L'agriculture est surchargée d'impôts! Voici déjà de longues années que nous entendons pareille antienne se répercutant aux quatre coins de la France. Quelles sont donc les charges qu'impose l'Etat aux cultivateurs ? quelle est la portée du nouvel impôt sur le revenu dont le public de tous les milieux continue à tant discuter?

Disons tout de suite que le monde agricole, au point de vue de la répartition fiscale, est, certes, le plus mal partagé et a tous droits de réclamer, de se plaindre et de se révolter contre les épées de Damoclès qu'on laisse toujours suspendues au-dessus de sa tête. D'après une statistique récente, il est établi qu'en l'an de grâce 1911 ceux qui ne possèdent que leurs traitements ou leurs salaires paient en moyenne 7,76 pour cent de leurs revenus, la propriété mobilière 16 pour cent, la propriété urbaine 23,46 pour cent et la propriété rurale, chose incroyable mais véritable, 30,70 pour cent.

Notre ministre des Finances, M. Klotz, était peut-être plus encore dans la vérité quand, dans son rapport du budget de l'agriculture de 1905, il disait que la taxe moyenne s'élève à 138 francs par cultivateur français. Il ajoutait : « Il paie, tant à l'Etat qu'au département et à la commune, 21 fr. 80 pour cent de son revenu; la dette hypothécaire, dont le total égale la somme de 15 milliards, produisant 600 millions d'intérêt, a sur cette dernière somme 400 millions de la propriété non bâtie, soit encore 20 pour cent du revenu agricole. Ajoutons 1 pour cent pour frais d'actes dus aux officiers publics. Tout cet ensemble d'impôts représente 41 pour cent du revenu de la France. »

Nous voyons donc le fardeau d'impôts que la population rurale doit supporter. Et, de tout temps, ce fut la terre qui eut les plus grandes charges. Les physiocrates du xviiiᵉ siècle voulaient imposer uniquement la terre, comme rapportant seule, à leurs yeux, une valeur nouvelle excédant les frais de production, c'est-à-dire, un produit net. Quesnay réputait l'Etat co-propriétaire de la terre, dans une proportion fixe, et mettait le profit du capital et le salaire du travailleur à l'abri des charges publiques. L'assemblée constituante de 1789 entra dans les vues de son école en n'établissant guère que des contributions directes : « La contribution la plus forte doit frapper la rente ; car la terre est un instrument de travail naturel qui ne devient propriété individuelle qu'en vertu de sa protection sociale. La contribution frappant l'intérêt des capitaux doit être moins élevée, puisque le capital est un produit du travail humain, et que la société doit favoriser la capitalisation. »

Les agriculteurs et les ruraux mal partagés avec le système actuel d'impôts se trouveront-ils plus avantagés avec ce fameux impôt sur le revenu qui a tant fait couler d'encre depuis ces dernières années ? Cette question nous amène à étudier cette réforme fiscale en nous plaçant sur le terrain purement agricole.

Projet de loi sur l'impôt sur le revenu. Analyse. — Le projet de loi commence, on le sait, par supprimer les « quatre vieilles » contributions directes (foncière,

personnelle mobilière, portes et fenêtres et patente),
mais seulement pour le principal, c'est-à-dire pour la
part de l'Etat (art. 1er). Il les remplace par un impôt
général sur les revenus de toutes les catégories et par
« un impôt complémentaire sur l'ensemble des revenus de chaque chef de famille ».Pour l'application de cet
impôt, les revenus sont divisés en sept catégories dont
nous ne nous occuperons que de la première, de la
seconde et de la cinquième, les revenus des propriétés
bâties, ceux des propriétés non bâties, et les bénéfices
de l'exploitation agricole. Le taux de l'impôt est de
4 pour cent sur les deux premières catégories et de 3 p.
cent sur la cinquième. Quant à l'impôt complémentaire, il est de 5 pour cent; il est dû pour tout contribuable dont le revenu total dépasse 5.000 francs.

Il paraît surprenant que les agriculteurs, plus mena-
cés que tous autres, puisque leur bien ne peut ni se
cacher ni se déplacer, n'aient manifesté aucune inquiétude. On s'explique cependant cette indifférence quand
on se rappelle avec quelle habileté et sous quelles
couleurs le projet a été présenté aux masses rurales.
Ses partisans et les journaux qui lui sont dévoués ont sur
tous les tons répété que le projet Caillaux allait accorder à l'agriculture des dégrèvements énormes : que la
plupart des contribuables actuels, surtout à la campagne, n'auraient plus à passer chez le percepteur et
que la charge dont ils seraient allégés serait reportée
sur les épaules de quelques richards, par le jeu de
l'impôt complémentaire... »

C'est ainsi que l'opinion publique a été trompée et
faussée. Il importe d'essayer de la désabuser et pour
cela il suffit d'examiner ce projet de loi dans les parties qui nous intéressent plus particulièrement.

1° *Propriété bâtie*. L'impôt continuera à être établi

et perçu conformément aux lois qui régissent la contribution foncière sur la propriété bâtie depuis sa transformation en impôt de quotité (lois des 8 août 1885, 8 août 1890, 13 juillet 1900 et 12 avril 1906). Le taux en est porté de 3 fr. 20 pour 100 à 4 pour 100 de la valeur locative de l'immeuble, réduite d'un cinquième pour les maisons et d'un tiers pour les usines (art. 7).

Toutefois, seront exonérés de tout impôt sur la propriété bâtie, aux termes de l'art. 55, les immeubles occupés par leurs propriétaires et dont le revenu imposable n'excède pas 80 francs (soit 100 francs de valeur locative réelle), mais à la condition que le revenu total desdits propriétaires ne dépasse pas 1.250 francs.

2° Propriété non bâtie. — Le taux de l'impôt sur la propriété non bâtie, sur la terre, est fixé, lui aussi, à 4 pour 100 pour la part de l'Etat. Quatre pour cent! C'est là un taux en apparence fort modéré, si on le compare à celui qu'atteint aujourd'hui, dans nombre de cas, l'impôt foncier. Mais il ne faut pas oublier que deux impôts s'y ajoutent, celui sur les bénéfices agricoles et l'impôt complémentaire, sans parler, retenez bien ceci, agriculteurs, du maintien intégral des centimes additionnels départementaux et communaux.

La base de perception de l'impôt sur cette catégorie de revenus est la valeur locative de la terre. Mais quelle sera cette valeur locative ? Comment sera-t-elle déterminée ? Ce sera, dit l'art. 9, « la valeur locative réelle de ces propriétés évaluée comme il est indiqué à l'art. 3 de la loi du 31 décembre 1907, déduction faite du cinquième de ladite valeur locative ». En d'autres termes, c'est l'évaluation de la propriété non bâtie qui a été terminée aux derniers mois de l'année 1910 sur tous les points de la France, qui prépare l'application de l'impôt sur les revenus de la terre. Nous reviendrons plus loin sur les moyens qu'on a employés pour faire cette évaluation.

Le projet accorde aux propriétaires des petits immeubles ruraux des exemptions ou modérations d'impôts en apparence très larges. D'après l'art. 13, tout propriétaire foncier exploitant pour son compte a droit aux dégrèvements suivants :

1° Si son revenu total ne dépasse pas 1.250 francs, exemption totale d'impôt sur le revenu de sa terre jusqu'à concurrence d'un revenu de 625 francs ;

2° Si son revenu total dépasse 1.250 francs sans excéder 5.000 francs, le dégrèvement est des trois quarts sur la fraction du revenu de sa terre comprise entre 0 et 625 francs, de moitié entre 625 et 1.000 francs, d'un quart entre 1.001 et 1.250 francs.

Au delà de 5000 francs de revenu total, il paiera sur la totalité du revenu de sa terre, soit pour 6.000 francs 240 francs, pour 10.000 francs 400 francs. Et ainsi de suite, mais toujours pour le principal seulement et sans tenir compte des centimes additionnels. En somme, les fameuses exemptions d'impôt promises aux petits cultivateurs se réduisent pratiquement à ceci :

Aucun ne cessera d'aller porter son argent chez le percepteur, puisque les centimes additionnels subsistent sans changement.

Quant à une exemption d'impôts des plus minimes, le propriétaire de quelques lopins de terre devra livrer l'état de sa fortune, faire une déclaration qui est presque une déclaration d'indigence qui ruinera son crédit et qui, de plus, l'exposera à un danger permanent de poursuites judiciaires, et d'amendes. En résumé, bouleversement complet des bases actuelles de taxation de la terre, incertitude complète sur les conséquences fiscales de cette transformation, taxation d'office par les contrôleurs, exemptions hypothétiques, dans tous les cas minimes, nécessité, pour les obtenir, de faire une déclaration publique de sa fortune avec risques sérieux de procès et d'amendes : voilà ce que le projet Caillaux offre aux agriculteurs, en particulier aux petits cultivateurs.

3° Bénéfices agricoles. — Dès la première lecture du projet de loi, on est frappé par cette idée que l'impôt sur les bénéfices agricoles (5_e catégorie) fait double emploi avec l'impôt foncier des propriétés non bâties (2e catégorie). Si le législateur a créé cet impôt nouveau, c'est qu'en réalité il s'est laissé hynoptiser par cette idée que l'impôt foncier, seul, risquerait de laisser indemnes des fermiers riches, tandis que, à côté d'eux, de pauvres petits cultivateurs seraient frappés, qui, eux, exploitent directement, mais misérablement, le lopin de terre qu'ils tiennent de leurs aïeux.

Le législateur n'a malheureusement pas songé à l'incidence obligatoire de l'impôt. Le propriétaire exploitera-t-il directement? Alors il sera frappé; l'impôt de la 2e catégorie suffit. Le propriétaire, au contraire, afferme-t-il ses terres? Alors, tout naturellement, automatiquement presque, il se produira une répercussion certaine de l'impôt du loyer.

Mais puisqu'on veut créer [ce nouvel impôt, quelle en sera la base? Après bien des hésitations, le Gouvernement et la commission, repoussant le système de taxation d'après la déclaration du contribuable, se sont mis d'accord sur le système de la taxation forfaitaire. Cherchant dans les statistiques de l'Administration, ils ont découvert que, d'après l'enquête agricole de 1892, le total des bénéfices agricoles avait été, pour une année, de 2.700 millions de francs, et que le total des revenus fonciers de la même année avait atteint

2 milliards environ. Se souvenant alors que certains économistes estiment que le bénéfice de l'exploitation égale en principal la rente foncière, ils ont cru découvrir dans les chiffres de l'administration une démonstration pratique de ce principe de haute économie politique, et en tête de la partie du projet que nous visons, ils ont posé ce postulat : les bénéfices agricoles égalent le revenu net imposable de la terre. Après de nombreuses modifications, et tenant, en partie, compte des protestations soulevées, le projet gouvernemental dit aujourd'hui : le bénéfice agricole égale une fraction seulement du revenu net de la terre. Et c'est à vous, agriculteurs, que l'on vient dire : « Il y a entre le bénéfice agricole et le revenu foncier, c'est à-dire la valeur locative du sol, une relation constante. Dites-moi quel est le taux du loyer de vos terres et je vous dirai ce que vous gagnez; je vous dirai aussi ce que vous devez payer comme impôts. » Disons que ce raisonnement est grotesque. La relation entre le bénéfice agricole et le revenu imposable de la terre (que dans sa 2e catégorie le projet estime être égale aux 4/5e de la valeur locative) varie d'une région à une autre : pour la même région, d'une terre à une autre, pour la même terre d'une année à une autre.

Est-il nécessaire que nous démontrions aux cultivateurs combien aléatoires sont toujours les bénéfices agricoles? Nous pouvons aisément répondre à la question ; en cette matière plus qu'en toute autre est vrai le vieux principe de la discrimination basée sur la théorie du risque. Plus un revenu présente de risques, moins ce revenu doit être frappé.

Mais non! Bien que primitivement le projet de loi d'impôt sur le revenu ait été en parti conçu dans le but de dégrever l'agriculture, il va aujourd'hui contribuer à la surcharger encore davantage. A la place des 110 millions de l'impôt foncier actuel, elle paiera cette taxe de 4 pour cent que prévoit la deuxième catégorie du projet, sur la rente de la terre. Et. demain peut-être, l'agriculture apprendra avec surprise et colère, mais il sera trop tard, qu'à elle seule cette taxe dépasse la contribution abolie. En outre l'agriculture continuera à payer comme par le passé, avec augmentation même toujours progressive :

147 millions pour les centimes départementaux et communaux ; plus de 30 millions pour les prestations ; 12 millions pour les taxes des chevaux et voitures. Elle continuera à supporter aussi les charges écrasantes des droits de mutation (vente, enregistrement). Elle paiera enfin la patente agricole, car cette taxe sur les bénéfices agricoles qu'indique le projet de loi dans sa cinquième catégorie est une véritable patente. La sous-commission sénatoriale de l'impôt sur le revenu a rejeté dans sa séance du 29 janvier 1911 la cédule relative aux bénéfices agricoles (1), espérons qu'elle l'a à tout jamais écartée de la loi.

De quoi sera fait demain? *Chi lo sa!* En tout cas, cet impôt nouveau ne nous dit rien qui vaille pour le bien de l'agriculture et nous ne pouvons mieux conclure cette courte étude qu'en citant ce passage extrait d'un ouvrage (2) de M. Méline dont nous aimons tant à citer les lignes quand l'occasion s'en présente :

« L'impôt sur le revenu aura ce résultat : la dépréciation croissante de la terre. Qui voudra mettre sa fortune en terre quand chacun sentira cette épée de Damoclès de l'impôt sur le revenu suspendue sur sa tête et sera amené à se dire : Quoi que je fasse, je suis désor-

(1) Dont le promoteur est M. Touron, l'honorable sénateur de l'Aisne.
(2) *Le Retour à la terre*, de J. Méline., pp. 133-134.

mais le prisonnier du fisc qui peut me rançonner à sa guise?... Cet impôt global et progressif sur le revenu serait un des coups les plus funestes qu'on puisse porter à notre agriculture renaissante et qui serait de nature à arrêter complètement son relèvement. »

Conseils aux intéressés. — Terminons ce chapitre par quelques conseils pratiques relatifs aux réclamations contre l'impôt établi d'après les dernières évaluations sur la propriété non bâtie et contre ceux supportés par l'agriculteur.

Le mois qui suit la publication du rôle (la date en est fixée sur la feuille d'impôts), l'on signe, pour réclamer, une déclaration à la mairie sur le registre spécial et sans frais ; maire et agents du fisc donnent alors leur avis (loi du 21 juillet 1887).

Si vous n'avez pas de réponse ou si le résultat de celle-ci ne vous est pas favorable, vous réclamez à la Préfecture dans un délai de 3 mois après la publication du rôle. Cette année 1911, le délai est porté à 6 mois : art. 7, loi du 8 août 1880, et art. 33, loi du 18 juillet 1902 (pour la propriété bâtie); art. 12 projet d'impôt sur le revenu voté par la Chambre (pour la propriété non bâtie).

La préfecture communique la réclamation au contrôleur qui demande l'avis des répartiteurs, puis donne le sien ; il fait ensuite connaître le résultat au réclamant qui a dix jours pour former une nouvelle observation ou demander des experts (loi du 21 avril 1882). S'il n'y a pas d'expertise, le Préfet donne le dossier au directeur, qui communique un avis, et le Conseil de préfecture statue.

Si l'arrêt du Conseil de préfecture ne satisfait pas, on introduit une instance au Conseil d'Etat sans frais.

Dans les réclamations, il faut mentionner la contribution contre laquelle on réclame, en y joignant l'avertissement ou le numéro de l'article du rôle (qui est inscrit au haut de l'avertissement), et l'exposé sommaire des moyens qui justifient la demande (art. 17 loi du 13 juillet 1903).

Indiquez toujours dans vos réclamations que vous suspendez le paiement de ce que vous considérez comme exagéré ; si dans les six mois il n'y pas de solution, vous aurez ainsi le droit de le faire sur les douzièmes à échoir après six mois.

N'acceptez d'expertise que si vous avez des preuves irréfutables ; les frais sont en effet considérables et la charge est supportée par le perdant.

Comme conclusion, le contribuable peut aisément défendre ses intérêts soit avant l'évaluation des propriétés bâties et non bâties (qui se fait tous les dix ans), soit après l'évaluation, lorsque l'impôt est appliqué. Une seule chose doit être réclamée avec la dernière énergie et des pouvoirs publics et des représentants de la nation : c'est qu'en matière d'expertise, et même si l'une des parties s'appelle le contribuable et l'autre l'Etat, la loi soit égale pour tous, c'est-à-dire qu'un seul expert représente le contribuable, mais qu'un seul expert aussi représente l'Etat. S'il y a désaccord entre les deux experts, qu'un arbitre commun soit désigné, non par l'Etat (conseil de préfecture), mais par un accord entre les parties ou par une décision du tribunal.

CHAPITRE VI

LES MARCHÉS A TERME

Si, à la Bourse des valeurs, personne n'est obligé de faire des ventes ou achats à terme, il n'en peut être de même lorsqu'il s'agit de marchandises ou denrées. Les marchés à terme sont indispensables en agriculture et sont plus communément appelés « marchés à livrer ». La vente à livrer, par exemple, se fait de deux manières :

1° Paul vend à Pierre mille sacs de blé livrables en une seule fois, à une date quelconque, postérieure à la passation du marché en acte de vente ;

2° Paul vend à Pierre mille sacs de blé livrables à raison de cent sacs par mois, à partir d'une date postérieure à l'acte de vente. Dans le contrat de vente, le premier mois de livraison est fixé, et les autres livraisons suivent tous les mois pendant dix mois. Dans les deux cas nous sommes en présence du marché à livrer, par opposition au marché en disponible.

Les marchés à termes, réglementés par la fameuse loi du 28 mars 1885, ne sont pas parfaits, tant s'en faut. Ils consistent plutôt à augmenter la spéculation qu'à régulariser les cours des céréales. Tous les rouages que la loi a permis, filière, contrepartie, paiement des différences, le jeu, l'intrusion des personnes étrangères au monde agricole dans les Bourses de province soi-disant libres mais bridées par la Bourse de Paris, tout cet amalgame a fait des marchés à terme, la plus grande terreur de nos agriculteurs.

La spéculation, voilà l'ennemi terrible tant à redouter.

Elle peut amener du jour au lendemain une hausse ou une baisse sur telle denrée, sans cause économique basée sur la quantité ou la valeur de la production. M. L. de Lamerie, dans son ouvrage sur le « bimétallisme et l'agriculture », publié en 1896, nous a montré les graves dangers que faisait courir la spéculation aux mains de ses grands maîtres. « Le prix de nos céréales, écrit-il, vient donc surtout de la spéculation arbitragiste qui se livre sur telle ou telle partie de nos produits agricoles. Ainsi spéculent Ephrussi, Rothschild, Hirsch et les autres, gros bonnets de la finance qui, non contents d'envoyer des blés avariés en Russie, comme le prouve l'histoire, nous amènent a un véritable désastre agricole en nous arrachant sou par sou les quelques deniers que nous ramassons par un travail forcé. M. Rouanet nous a montré qu'au mois d'août 1890, à la suite de la spéculation à la baisse faite par Ephrussi et ses compagnons, Paris aurait eu juste pour six jours de vivres si la guerre avait éclaté tout à coup. »

Loi de 1885 sur les marchés à terme. — Cette spéculation outrancière ne pouvait que se développer avec l'appui de la loi de 1885, qui déclare dans son article 1er : « Sont reconnus légaux tous marchés à terme sur marchandise, même lorsqu'ils se traduisent par une simple différence. »

C'était donc légaliser le jeu, le consacrer officiellement.

Les anciens articles 421 et 422 du Code pénal abrogés par la loi de 1885 punissaient les paris faits sur la

hausse ou la baisse des effets publics (pour les marchandises, à la Bourse du Commerce). On avait donc
une arme légale contre ceux qui se livraient à ces jeux ;
aujourd'hui, on est sans défense, et les paris étant en somme devenus légaux, on fait de plus en plus de la contre-partie. Par ses opérations, chaque maison de contre-partie devient un Marché de Paris particulier,
marché clandestin, qui se tient parallèlement au véritable marché et lui emprunte ses cours. Il arrive parfois
qu'un ou plusieurs contre-partistes ont des clients qui
gagnent et alors, pour éviter la simple différence à
payer, ces contre-partistes... « travaillent » le Marché. On voit alors les cours les plus fantastiques surgir,
sans qu'on sache pourquoi ; cela se termine souvent
par un certain nombre « d'arrangements d'affaires ».

Le marché à livrer, tel qu'il fonctionne sous le couvert de la loi de 1885, est très mauvais et demande
une étude approfondie. Doit-on le supprimer ? Non,
mais on doit le réglementer.

Le marché à livrer est d'une grande utilité en agriculture ; il est un parfait régulateur. Tous ceux qui ont
été acheteurs ou vendeurs ont pu observer un double
phénomène extrêmement curieux :

1° Lorsque la marchandise arrive en abondance dans
les gares, il se produit la baisse. Immédiatement il n'y
a plus d'acheteurs ; ils sont pris de peur, ils n'ont plus
besoin de marchandises, ils attendent une baisse forte
pour faire leurs achats ;

2° Lorsqu'une hausse se produit, immédiatement la
marchandise disparaît ; il n'y a plus de vendeurs, ils
attendent une hausse plus forte pour effectuer leurs
ventes. En d'autres termes, la baisse raréfie les acheteurs, on achète moins ; la hausse raréfie la marchandise, on vend moins. Cette sorte de marché, qui est

celui en disponible, est donc extrêmement sensible ; les gens du bâtiment disent qu'il est très étroit. Or, le marché à livrer est bien moins sensible ; lorsqu'un cours est établi pour une longue période ou à une échéance éloignée, il faut des événements graves pour modifier ce cours dans un sens ou dans l'autre. On sait que, tous les ans, après les battages, la petite et moyenne culture, ayant des besoins d'argent, encombrent les marchés de la marchandise qu'elles veulent réaliser. A cette époque, les agioteurs font la baisse, et comme la marchandise est abondante, il n'y a presque plus d'acheteurs et la baisse s'accentue, pour la plus grande joie desdits agioteurs et le malheur des agriculteurs. Eh bien ! le jour où, soutenue par ses syndicats et par le crédit agricole, la culture pourra se dispenser de jeter par nécessité ses produits sur le marché, ce jour-là, bien des agioteurs auront vécu !

Mais la culture doit employer le marché à terme. Qu'elle fasse ainsi quelques marchés sur quatre ou cinq mois de septembre ou même d'août : cela lui assurera un débouché régulier pour une partie de ses denrées et lui donnera le temps de voir l'orientation que prendront les cours pour le reste. Le marché à terme, qui est un régulateur pour les grandes opérations, le deviendra encore bien plus pour la petite et moyenne culture.

Remèdes offerts à la loi de 1885. Proposition de loi de M. de Monzie. — On a cherché plusieurs remèdes aux défauts de la loi de 1885. Des commissions extra-parlementaires furent nommées en 1901, et en 1905, un projet de loi fut déposé par M. Dron-Rajon et un volumineux rapport par M. H. Leygue. Rien n'a abouti.

Dernièrement, la Chambre a été saisie par M. de

Monzie d'une proposition tendant à appliquer aux marchés à termes pratiqués dans les Bourses de commerce le droit de timbre institué par la loi des finances de 1893 pour les opérations faites à la Bourse des valeurs. Voici le texte de la proposition :

Article premier. — A partir du 1er juillet 1910, tout achat ou vente de marchandises, à terme ou à livrer, traité aux conditions des règlements et usages établis dans les Bourses de commerce, sera constaté par un bordereau soumis à un droit de timbre dont la quotité est fixée à dix centimes (0 fr. 10) par mille francs ou fraction de mille francs du montant de l'opération calculé d'après le prix unitaire convenu.

Ce droit est réduit de moitié pour les opérations qui se résoudront par la livraison effective des marchandises.

Il n'est pas soumis aux décimes.

Art. 2. — Les courtiers assermentés et toute personne faisant commerce habituel, pour son compte ou pour le compte d'autrui, de négocier les marchandises visées dans l'article précédent, seront tenus personnellement d'acquitter les droits établis par cet article, à défaut de justifier du paiement de ces droits par leur contre-partie et sauf leur recours contre celle-ci, si elle n'est pas assujettie à la déclaration prescrite par l'article suivant.

La réduction, consentie sur les opérations donnant lieu à la livraison effective des marchandises, reste subordonnée à la justification de cette livraison, qui pourra être faite soit par la représentation des filières arrêtées, soit, à défaut, par tous autres documents suivant les formes et conditions qui seront prescrites par le règlement d'administration publique dont il sera question à l'article ci-après.

Art. 3. — Les personnes désignées à l'article précédent sont tenues de faire une déclaration préalable à l'Administration de l'enregistrement. Celles qui exerceront au moment de la mise en vigueur de la présente loi auront un délai d'un mois pour l'accomplissement de cette formalité.

Les mêmes personnes doivent tenir un répertoire ou livre d'achats et ventes, visé et paraphé conformément à l'article 11 du Code de commerce, sur lequel elles inscriront chaque opération, jour par jour, sans blanc ni interligne et par ordre de numéros.

Ce répertoire sera communiqué à toute réquisition aux agents de l'Administration, sous les peines édictées par l'article 5 ci-après.

Art. 4. — La perception des droits s'effectue au vu d'extraits du répertoire, déposés périodiquement au bureau désigné par l'Administration et ne mentionnant, indépendamment du numéro du répertoire, que la date, la nature et le montant des opérations.

Pour l'exercice de son contrôle, l'Administration aura toujours le droit de se faire représenter le répertoire de même que les filières créées, endossées ou arrêtées par les assujettis.

Art. 5. — Toute inexactitude ou omission, constatée tant au répertoire qu'à l'extrait prévu par l'article précédent, est punie d'une amende dont le montant sera égal à cinq pour cent du prix total de la négociation, sur laquelle aura porté l'inexactitude ou l'omission, sans pouvoir être inférieur à cinq cents francs. Toute autre infraction, tant aux dispositions qui précèdent qu'à celles du règlement d'administration publique prévu par l'article 7 ci-après, est punie d'une amende de cent à mille francs.

Art. 6. — L'action de l'Administration pour le recouvrement des droits et amendes est prescrite par un délai de deux ans, à compter du jour de la négociation ou de l'infraction commise.

Art. 7. — Un règlement d'administration publique déterminera les mesures nécessaires pour assurer l'exécution de la présente loi.

Critiques de la proposition de la loi de Monzie. — Nous repoussons énergiquement cette proposition de loi, mal conçue, mal étudiée, fausse dans son principe. Evidemment, l'impôt pour les autres, c'est ce que connaissent le mieux nos législateurs. Il est impossible de trouver une analogie quelconque entre les opérations faite aux Bourses de valeurs et celles faites aux Bourses de commerce. Le négociant, le banquier, l'agent de change qui opèrent à une Bourse des valeurs, ont besoin, pour ce faire, de quoi? d'un portefeuille, de capitaux et d'un coffre-fort. Les différences qu'ils touchent ne sont grevées que du seul impôt auquel on a assujetti leurs opérations.

Ceux, au contraire, qui opèrent aux Bourses de commerce ne peuvent pas loger dans un coffre-fort les marchandises dont ils sont obligés de se prémunir : ils ont besoin d'avoir à leur disposition des magasins, et cela est autrement onéreux.

Comment peut-on, dans ces conditions, assimiler les marchés à terme de marchandises aux marchés à terme sur papier? Le bénéfice qui résulte d'une opération, basée sur une valeur, entre tout entier dans la poche du spéculateur proprement dit, moins la commission qu'il doit payer à son intermédiaire unique, l'agent de change. Tandis que le bénéfice qui résulte d'une opération basée sur de la marchandise paie d'abord, si l'on peut dire, son propre impôt sous forme de redevance aux Compagnies de transport qui amènent la marchandise aux magasins chargés de la loger.

Ceux qui opèrent dans les Bourses de commerce sont généralement des négociants commissionnaires ou courtiers, qui assurent à la marchandise un cours normal en apportant, éventuellement, au Marché, la marchandise qui y manque, ou en en retirant le trop-plein qui peut s'y produire. Ceux-là paient largement leur impôt sous forme de très grosses patentes. Leur clientèle se compose des négociants ou industriels de Paris et de province qui, eux aussi, paient largement leurs impôts sous forme de tout es sortes de patentes ordinaires et extraordinaires, comme c'est le cas dans les fournitures publiques.

Si, en dehors d'eux, il existe des spéculateurs purs (et il en existe un grand nombre !), qu'on les recherche, qu'on les impose. Ils ne sont pas difficiles à trouver, et si le fisc ne les a pas encore découverts, c'est qu'il n'a pas voulu les chercher.

Qu'on ne commette donc pas la faute d'imposer les

marchés à termes, car on irait à l'encontre du but qu'on voudrait atteindre. On éloignerait des Bourses de commerce les éléments sains qui forment justement et heureusement contre-poids à ceux que l'on nomme des accapareurs.

Les gens qui s'occupent le plus utilement aux Bourses de commerce sont surtout ceux qui ne traitent que de la marchandise, qui, par exemple, se couvrent en blé de ventes faites en farine, en un mot ceux qui sont obligés, par leur commerce même, de faire des arbitrages, qu'ils soient meuniers, fabricants de sucre ou distillateurs.

Avec l'impôt nouveau de M. de Monzie, on les éloignerait tous, et leur abstention aura pour répercussion fatale une grosse perte pour la main-d'œuvre nationale, pour le consommateur et pour le producteur.

Il est donc souhaitable que la proposition de loi ne soit pas prise en considération ou alors qu'il soit dit dans un article additionnel que tout droit soit supprimé ou tout au moins réduit dans le cas où il y aurait livraison de marchandises.

Par contre, nous ne voyons aucun inconvénient à ce que le droit soit payé par chaque endosseur, en ce qui concerne notamment les filières, qui serait intermédiaire entre le vendeur et l'acheteur réel. Tel ou tel spéculateur qui, actuellement, figure sans bourse délier à une filière pour une somme quelquefois énorme, y regarderait à deux fois s'il était obligé de débourser un billet de mille francs.

Nous ne verrions plus ce fait scandaleux : une seule et même marchandise vendue vingt, quarante, cinquante fois, et même davantage, alors que vendeurs et acheteurs n'ont jamais vu un sac de marchandises. Ce sont ces vendeurs et acheteurs, tous joueurs et commerçants fictifs, qu'il est temps d'arrêter dans leur scandaleuse besogne qui fausse les cours des denrées de première nécessité.

En octobre 1910, M. Jean Dupuy, alors ministre du Commerce, a institué une nouvelle commission extra-parlementaire, chargée « d'étudier les moyens d'améliorer le fonctionnement des Bourses de commerce et d'assurer la régularité des opérations qui s'y effectuent, en ce qui touche les denrées, marchandises et produits servant à l'alimentation de l'homme ou des animaux ». Deux changements de ministères étant survenus depuis cette époque, nous pouvons être assurés que les travaux de la commission sont enterrés...

Modifications à apporter à la loi de 1885. — Quelles sont donc les modifications qu'il est souhaitable de voir apporter aux marchés à terme ? Voici, en résumé, les principales :

1o Abrogation de la loi du 28 mars 1885 ;

2o Rétablir les articles 421 et 422 du Code pénal en ce qui concerne les paris sur marchandises ; remettre également en vigueur l'art. 85, § 3, et l'art. 86 du Code de commerce ;

3° Mettre à l'étude, s'il y a lieu, comme conséquences de l'abrogation de la loi du 28 mars 1885, une nouvelle loi spéciale à la Bourse des valeurs ;

4° Soumettre au droit commun (Code civil : de la vente ; art. 1134 : Code de commerce) les marchés à livrer sur marchandises ;

5° Suppression des courtiers assermentés ;

6° Etablissement des cours par une commission composée de négociants et de courtiers et désignée par une commission administrative du Marché ;

7° Faire les cours en séance publique, sous la surveillance de tous les intéressés ;

8° Faire en sorte que les agriculteurs, négociants et industriels de la province, puissent jouir, au Marché de Paris, des mêmes droits que leurs confrères de la Capitale ;

9° Constituer le Marché de Paris réorganisé par la réunion des agriculteurs, négociants, industriels et courtiers libres, groupés en syndicat dans chaque profession ;

10° Permettre aux agriculteurs, meuniers, négociants et industriels de province de faire partie d'un syndicat professionnel dont le siège serait à Paris, au même titre que leurs confrères domiciliés à Paris, avec les mêmes droits et sans aucune clause restrictive ; chaque syndicat professionnel procéderait chaque année, dans le courant de décembre, à l'élection de sa chambre syndicale.

Souhaitons que les pouvoirs publics protègent mieux l'agriculture dans ses opérations commerciales et se souviennent de cette grande et forte parole d'un philosophe chinois :

« La prospérité publique est semblable à un arbre : l'agriculture en est la racine, l'industrie et le commerce en sont les branches et les feuilles ; si la racine vient à souffrir, les feuilles tombent, les branches se détachent et l'arbre meurt. »

CHAPITRE VII

LE SOCIALISME AGRAIRE

Le socialisme ne s'est guère, jusqu'ici, développé dans les campagnes. Il a pris tout son essor dans les villes et les centres industriels, mais n'a pas encore pu gagner les faveurs de nos ruraux et de nos paysans qui tiennent à leurs lopins de terre et sont toujours animés des idées traditionnalistes d'antan. Aujourd'hui, les apôtres du socialisme prêchent la croisade dans nos villages ; ils ont fait dans leur programme de propagande une large place à la question agraire et travaillent avec une infatigable ardeur à gagner à leur cause nos petits propriétaires ruraux. Écoutons leurs adeptes qui ont écrit ces lignes :

« Les socialistes, pendant longtemps, ne se sont occupés que des ouvriers de l'industrie. Ils désirent maintenant avoir les paysans (1). » — « Depuis quelques années, les partis socialistes se sont lancés à la conquête des campagnes (2). »

Nos socialistes ont obtenu, depuis quelques années, d'assez nombreuses victoires dans les villes ; ils s'imaginent qu'ils pourront en remporter d'aussi faciles dans les pays ruraux. Qu'ils se détrompent. D'abord les paysans ne vivent pas en groupes nombreux, mais ils demeurent épars sur leurs champs, et cette dispersion

(1) M. Hubert Walleroux, le Socialisme en théorie et en pratique. 1900.
(2) M. Sorel, la Crise du socialisme. *Revue politique et parlementaire*, 1898.

même n'est pas la moindre difficulté de l'expansion socialiste dans les campagnes. Ensuite, les cultivateurs et les éleveurs, sinon les viticulteurs, sont, par essence, plutôt imbus d'idées conservatrices, et, s'il leur arrive parfois, sous le coup d'une souffrance trop aiguë, comme en 1788-89, de déchaîner d'effroyables tourmentes, ils ne sont pas sympathiques aux brusques évolutions. Il n'est pas douteux que l'enseignement du socialisme doit rencontrer plus d'obstacles en France que partout ailleurs parce que les paysans y sont très nombreux, très hostiles aux innovations et aussi traditionnellement réfractaires aux grands courants issus des agglomérations urbaines.

Nos campagnards aiment leurs terres, ont pour elles une dévotion très forte, se plaisent à vivre par et pour leur petit bien. Aussi, ne voyons-nous pas l'accueil qu'ils pourraient faire aux socialistes (ou plutôt nous le devinons trop bien), qui leur proposeraient l'abandon de leurs propriétés. Mais nos adversaires, gens malins et avisés, ont pris leurs précautions et prétendent ne vouloir détruire que la grande propriété et respecter celle des petits cultivateurs, des petits propriétaires ruraux. Écoutez M. Deville : Révolution ouvrière d'abord, et puis « à peine au pouvoir, le prolétariat annoncera aux paysans l'annulation de toutes leurs dettes non hypothécaires, la suppression de l'impôt foncier en particulier, la faculté de paiement en nature pour toutes leurs redevances (1), la confiscation, au profit de la collectivité, des dettes hypothécaires réduites à 50 0/0, ainsi que la mise gratuite à leur disposition d'engrais, semences et machines agricoles. Le paysan, propriétaire individuel de la terre qu'il cultive lui-même, trouvera de la sorte son bénéfice dans le nouveau régime, jusqu'au jour où soit la *nécessité résultant de la concurrence des grandes propriétés actuelles socialisées*, soit les avantages réels qu'il verra découler de l'exploitation sociale du sol, l'amèneront à renoncer à la propriété exclusive de son morceau de terre. Il ne s'agit donc pas ni de violence ni de persuasion ; mais on verra si le paysan ne comprend pas le langage employé et si son égoïsme, satisfait dans la large mesure que je viens d'indiquer, n'assiste pas, impassible, à l'expropriation des grands propriétaires, et même à *quelque chose de plus*, pour le cas où ceux-ci auraient la maladroite inspiration de faire les récalcitrants (1). »

Voilà donc le gâteau de miel pour le paysan, voilà la loi agraire du socialisme. Elle consiste à désarmer pour un temps et même à satisfaire par de très beaux cadeaux le propriétaire campagnard et à endormir ses défiances ; puis à le forcer, plus tard, en lui faisant concurrence par la propriété socialisée, à renoncer à la propriété individuelle.

Voici l'appât que tendent les socialistes aux ruraux. Il est assez facile de déjouer leurs plans et de montrer clairement la finesse de leur jeu et l'habileté machiavélique de leur tactique. Nos collectivistes prétendent faire, au point de vue de leurs théories, une démarcation nettement établie entre la petite et la grande propriété. Au fond, il n'y a pas de distinction possible entre une propriété individuelle et une propriété capitaliste. Toute propriété individuelle est une propriété capitaliste pour celui qui n'aaucune propriété. Bien entendu, les valeurs des propriétés sont inégales, les unes subviennent bien petitement par les revenus qu'elles procurent à faire vivre leurs détenteurs, mais on ne peut, à moins d'aller contre tout raisonnement logi-

(1) M. Deville : Aperçu sur le socialisme scientifique, en tête de sa traduction du *Capital*, de Marx.

ques, les séparer de ce qu'on appelle le capitalisme.

La propriété individuelle et la propriété capitaliste. — Les socialistes ont aperçu d'avance toutes ces objections et tâchent de chercher des détours et des « biais ». La propriété individuelle, prétendent-ils, ne devient, en matière rurale, propriété capitaliste que si elle occupe des salariés. Et M. Lafargue, dans son rapport déposé au congrès de Nantes, en 1894, écrivait : « Le petit champ est l'outil du paysan comme la varlope est celui du menuisier et le bistouri celui du chirurgien. Le paysan, le menuisier et le chirurgien, n'exploitant personne avec leur instrument de travail, n'ont donc pas à redouter de le voir enlever par une révolution socialiste, dont la mission est d'exproprier les expropriateurs qui ont pris la terre aux laboureurs et la machine aux ouvriers et qui ne s'en servent que pour exploiter les producteurs. »

D'après M. Lafargue, pénétré des théories scientifiques de Marx, là où il n'y a pas de salariés il n'y aura pas de confiscation. Or, ce critérium est trop étroit, car dans n'importe quelle propriété rurale, si petite soit-elle, on trouve toujours au moins un salarié, à moins que la famille du propriétaire soit fort nombreuse. Le socialiste, voulant répondre à tout, nous dit alors : « Entendu, nous faisons cette concession, nous ne demandons qu'une chose pour que la propriété individuelle ne soit pas cataloguée dans la propriété socialisable, c'est que le propriétaire prenne part au travail. » Paroles ambiguës, d'une obscurité voulue, à double et même multiple interprétation. Comment le propriétaire prendra-t-il part au travail ? Quels sont les points de démarcation ? Veut-on parler du travail manuel et lequel ? Autant de questions soulevées par l'argument socialiste que Jaurès a voulu renforcer et faire prendre en considération en disant : « Le socialisme dit simplement au paysan, sans précision, sans une exactitude qui serait périlleuse, sans distinguer entre le paysan qui cultive strictement lui-même et celui qui cultive conjointement avec des salariés : vous êtes en dehors de la question ; vous échappez à la socialisation ; le socialisme ne vous atteint pas. Vous qui vous servez de la terre comme d'un instrument de travail, gardez-la. »

Nous nageons donc dans l'absurde, et ne voyons pas la limite précise entre les deux sortes de propriétés dont les collectivistes se plaisent à faire un subtil distinguo.

Comment, en somme, peut-on déterminer le point où le propriétaire travaille assez pour être considéré comme propriétaire travailleur, donc légitime, et le point où il ne travaille plus assez pour être qualifié propriétaire exploitant? Faudra-t-il faire l'examen des mains et observer si elles sont calleuses et jusqu'à quel point elles le sont? Bêtises que tout ceci, et qui ne méritent pas d'arrêter notre attention.

Le problème de la petite propriété. — Les socialistes ne s'accordent nullement sur cette question : la petite propriété doit-elle être respectée ou non, libre ou asservie ?

Au congrès socialiste de Saint-Etienne d'avril 1909, M. Compère-Morel, député socialiste du Gard, parlant de la propagande dans les campagnes, exposa qu'il faut bien se garder d'effaroucher les paysans « en parlant de suite d'expropriation. Il faut habituer leurs esprits et les préparer graduellement à la propriété collective de demain, c'est-à-dire à la suppression de toute propriété individuelle, y compris la leur ».

Voilà donc la manne offerte aux naïfs. Espérons

que nos cultivateurs ne se laisseront pas « rouler »
par ces paroles incohérentes et directement contraires
à la doctrine socialiste la plus certaine. Verba volant,
scripta manent. Il est bon que nous relevions dans ces
pages quelques citations empruntées aux discours de
nos plus fougueux socialistes européens ; elles montre-
ront mieux que nous pourrions le faire nous-même le
vide et l'hypocrisie de leurs théories.

Au congrès de Breslau, en 1895, où Liebknecht dé-
fendit le programme agraire de Nantes, le Dr Schippel
déclara : « ...Evidemment, nous voulons gagner les
paysans, mais nous les voulons gagner non comme propriétaires, mais comme dépossédés. Nous voulons
leur dire : l'avenir vous possédera. Vous ne serez plus
propriétaires. » Et ce congrès lui a donné raison.

Voici la motion de la Fédération socialiste de la
Seine, au congrès de Saint-Etienne, en 1909 : « La
terre, capital agricole, doit, au même titre que le
capital industriel et que le capital commercial, devenir
propriété commune. » — Dans *le Mouvement socialiste* de l'année 1900, pp. 398 et suivantes, Frédéric
Engels, le collaborateur et l'ami intime de Karl Marx,
démontre que : « les considérants du Congrès de
Nantes chargent le socialisme de faire une chose qu'ils
ont déclaré impossible dans le passage précédent. Ils
lui commandent de « maintenir en possession de la propriété paysanne » les paysans, quoiqu'ils prétendent
« que cette propriété est fatalement appelée à disparaître... » « S'il est donc, écrit Engels, simplement
bête de notre part de promettre aux petits paysans
qu'ils seront maintenus en tant que petits propriétaires,
c'est presque de la trahison que de promettre la même
chose aux paysans moyens et grands. »

En France, les chefs du parti sont du même avis :

« La petite propriété rurale est vouée à la disparition (1). » — « Cette formule générale (suppression de
la propriété), nous la proclamons pour le monde
paysan comme pour le monde industriel (2). » « Moi,
qui suis resté un révolté, un insurgé, qui ne crois pas
à la transformation légale et pacifique, je dis qu'il faut
avoir de notre côté les petits paysans. Il ne faut pas
leur cacher qu'ils seront immolés, mais nous cherche-
rons avec eux les moyens de rendre leur agonie plus
douce (3). »

Le socialisme contemporain veut donc faire des
grandes propriétés une vaste propriété collective et des
petits biens une propriété qui ne serait donnée qu'en
vertu d'une délégation de la Société représentée par
l'Etat. C'est bien là l'idée des collectivistes qui veulent
enlever à tous les propriétaires actuels la possession
de leurs biens pour les donner à la collectivité, à l'E-
tat, désormais seul et unique propriétaire : socialisation
ou nationalisation de leur propriété, du capital et de
tous les moyens de production.

La petite propriété n'est donc plus libre et indépendante, sous le régime socialiste ; elle est l'esclave de
la collectivité, le pauvre chaperon rouge du loup aux
apparences débonnaires.

« Qu'il s'agisse du grand ou du petit propriétaire,
son droit va nécessairement changer de nature. Vous
confisquez la grande propriété et respectez la petite,
dites-vous. Soit : c'est là un fait qui dépend de votre
volonté. Moi, petit propriétaire, je ne conserve plus
ma propriété qu'en vertu d'une décision de l'autorité
publique ; je garde mon titre, mais ce titre change de

(1) Gabriel Deville, *Aperçus sur le socalisme scientifique,* page 15.
(2) Jaurès, *Journal officiel* du 1er juillet 1897.
(3) J. Guesde.

caractère, je ne suis plus propriétaire qu'en vertu d'une délégation de la collectivité (1).

A une question de M. Méline, posée aux socialistes à la séance du 13 novembre 1897 : « Aujourd'hui, le petit propriétaire a le droit de vendre à n'importe quel prix. Allez-vous respecter ce droit ? Lui permettrez-vous de vendre ? », M. Deville répondit avec quelque hésitation : « Je dirai que la solution pour cette question, de même que pour toutes les autres, dépendra de la volonté du pays, exprimée par exemple par des mandataires, comme aujourd'hui; mais si vous voulez mon opinion personnelle, je répondrai qu'il n'aura pas le droit de vendre. A mon avis, et je suis seul responsable de mon opinion, il n'aura pas le droit de vendre parce qu'il n'y aura pas possibilité de vente, parce qu'il n'y aura pas lieu de vente. »

D'après le système socialiste, la terre ne serait donc plus, à un certain temps, propriété privée. Reprise par l'Etat sous forme d'expropriation (sera-ce avec indemnité? Quelle base de chiffres prendra-t-on, comment l'Etat paiera-t-il?), elle serait donnée par ledit Etat aux cultivateurs, qui n'en auraient que la jouissance. Mais comment déterminer cette jouissance? Quels contrats l'Etat passera-t-il avec le tenancier? Celui-ci sera-t-il tenu de payer une sorte de fermage? Toutes questions qui ont leur importance et que les socialistes, à dessein, laissent dans l'ombre. D'après M. Jaurès, « la nation demandera une redevance à ceux qui détiendront les terres d'une fertilité supérieure à la moyenne et une redevance proportionnée à cet excédent de fertilité ». Mais qui fera cette estimation? l'arbitraire n'aura-t-il pas prise sur ces opérations bien

_____

(1) M. Deschanel, *Discours prononcé à la Chambre des députés le 9 juillet 1897.*

délicates et d'une certitude économique bien relative ?

En outre, envisageons l'hypothèse suivante : le cultivateur qui détient quelques terres dont la jouissance lui est déléguée par l'Etat paie régulièrement ses redevances. Il est intelligent, actif et compétent dans sa profession. Il arrive peu à peu à faire des économies suffisantes pour en vivre sans travailler. Pourrait-il dans le cas, improbable pour les socialistes, où il en aurait réalisé, leur donner un autre emploi, emploi productif et non de pure consommation matérielle ? Pourrait-il arrondir son lopin ? Pourrait-il l'affermer ? le faire cultiver par ses salariés ? Mais alors, ne rétablirait-il pas, par toutes ces mesures, l'ancien régime capitaliste ? Et si, par son labeur, par son intelligence, par son économie, il arrondit son domaine, de quel droit viendra-t-on lui dire : Halte-là, tu n'iras pas plus loin ?

Critique du socialisme agraire. — La théorie agraire du socialisme contemporain ne nous convainc donc pas : elle est bâtie dans les nuages, et ne présente aucune conséquence pratique et logique. Appliquer un tel système dans nos campagnes serait réduire les ruraux en serfs de la Terre, cultivant les champs du Seigneur Etat, auquel ils verseraient de grosses redevances sous peine des sanctions les plus rigides, les plus arbitraires, les plus illicites. Ne nous laissons donc pas éblouir par ces belles phrases et ces promesses socialistes qui n'ont comme but que d'exciter le brave ouvrier contre les riches et d'amener à petits pas la désorganisation de notre pays et la révolution sociale.

Ce socialisme agraire est une vaste utopie ; laissons-le pour ce qu'il vaut. Nous pouvons mettre en pratique un autre socialisme agraire, et depuis plusieurs années

Les Associations agricoles.   15

certains promoteurs, comme M. Lemire, ont fait plus de bien aux ouvriers que nos apôtres du collectivisme. La Ligue française du coin de terre et du foyer, autorisée par arrêté ministériel du 24 juin 1897, dont l'organe mensuel s'intitule *le Coin de terre et le foyer*, et les œuvres de Saint-Etienne rendent, dans cet ordre de faits, de très intéressants services.

L'historien des œuvres de Saint-Etienne, le R. P. Volpette, avait parlé de l'idée de constituer des jardins à quelques vieux ouvriers avec lesquels il était en relation de longue date. « Ah ! oui, disait l'un d'eux, ça rappellerait l'ancien temps. On aurait des légumes, on ferait une tonnelle. Nous irions tous, le dimanche... » Bientôt, aux tonnelles s'ajoutèrent les maisons. Voici comment le R. P. Piolet, dans ses « Jardins ouvriers à Saint-Etienne, à Sedan, en France et à l'étranger », publiés en 1899 (page 150) — raconte la création de la première de ces maisons :

« Fraissenou, dit « Coucou », avait 17 sous de retraite comme mineur, un petit secours comme soldat, 200 mètres carrés de jardin, plus une chèvre, un chien, un chat, avec lesquels il faisait très bon ménage, à l'encontre de ce qui se passait entre lui et sa femme. On le vit, un jour, arborer son pantalon rouge et se faire maçon. « C'est l'armée française qui bâtit », disent les enfants du collège. Son hôtel n'était pas luxueux : 4 mètres de long sur 3 mètres de large et 2 mètres de haut, avec des murs ne ressemblant en rien à des lignes droites, avec un toit proprement qualifié de l'ordre composite, car il était fait de bois, de tuiles, de pierres et de treillis de fer. Il y vivait néanmoins heureux, avec un lit et une chaise, avec sa chèvre, son chien et son chat. Et, chaque matin, sa femme, réconciliée avec lui depuis qu'ils ne vivaient plus ensemble, lui portait la soupe et venait traire la chèvre, afin d'en avoir le lait. Lui-même était son propre cuisinier pour le dîner. »

Citons enfin cette autre anecdote, afin de terminer gaiement ce chapitre dont le début pouvait mettre à nos lecteurs un « peu de vague à l'âme ».

Un ouvrier socialiste de Saint-Etienne sollicita du R. P. Volpette un carré de jardin. Après lui avoir énuméré les quatre articles de son règlement, le père lui dit : « Acceptez-vous cela ? — Parfaitement, mais vous savez, je ne veux pas aller à la messe, moi... — Je ne vous demande pas d'aller à la messe. Acceptez-vous mes quatre articles? — Oui. — Eh bien ! vous pouvez vous rendre à tel champ et prendre possession du lot n° tant...» Notre homme prit goût à son jardin, travailla tôt ou tard, nettoya la terre avec soin. Au printemps, il avait les plus beaux légumes de tout l'enclos. Le père, passant un jour par là, le voit suer, la tête penchée sur ses sillons, et l'interpelle : « Eh bien ! père un tel, vous avez de belles pommes de terre. C'est cela qui va arranger la moyenne ! — Quoi ! quelle moyenne? reprend l'ouvrier, en se redressant interloqué. — Mais, vous savez bien : quand la Saint-Jean va venir, on arrachera toutes les pommes de terre, on en fera un gros lot dans ce carré vide et chacun viendra recevoir sa provision, un baquet par tête composant chaque famille... — Ah ! ça, mon père, vous moquez-vous de moi ? Vous croyez que j'ai trimé depuis six mois pour donner mes pommes de terre à ceux qui ont cinq ou six enfants et n'ont rien fait? Elles sont à moi, mes pommes de terre, je veux les manger ou les vendre ; gare à qui y touchera!... » Il avait suffi à ce collectiviste de mettre la main à la terre pour sentir la vanité de ses théories. C'est ce qu'exprimait un jour, sous une forme populaire, un

autre socialiste, en disant : « Nous sommes volés par
les cléricaux. Ils ont trouvé le meilleur moyen d'empêcher notre poussée (1) ! »

(1) Tiré des *Eludes religieuses, philosophiques et littéraires*, du P. Roure,
n° du 15 octobre 1896.

CHAPITRE VIII

LA DÉSERTION DES CAMPAGNES

La désertion des campagnes est une question brûlante et qui mérite d'être étudiée en cherchant les meilleurs moyens de l'enrayer.

Les statistiques récentes ne prouvent que trop combien la dépopulation des campagnes devient un fléau social (1). Mgr Gibier, évêque de Versailles, qui joint à ses autres éminentes qualités celle d'être un sociologue de talent, dans son livre intitulé : *Nos plaies sociales*, fait un portrait saisissant du campagnard, cet homme indépendant, sobre et courageux qui est la force du pays : « Mais pourquoi, dit-il, devient-il si rare ; pourquoi son fils et sa fille quittent-ils le vieux foyer ? » Hélas! l'amour de son clocher, si vif autrefois, est aujourd'hui bien affaibli ; ce besoin de mouvement, qui se manifeste d'une façon si frappante dans les hautes classes de la société, a pénétré également jusqu'au village. On ne craint plus de s'expatrier et de quitter le pays natal, au risque de devenir des déracinés et de souffrir cruellement de ce changement dans toutes les habitudes ancestrales.

Autrefois, lorsque le paysan ne sortait pas de son village, on aurait pu l'accuser d'avoir un esprit un peu rétréci, de vivre trop sur lui-même, de trop s'occuper

(1) Consulter à ce sujet les statistiques contenues dans *le Toit rural*, d'Odysse Richemont, p. 39, et *les Plaies sociales*, de Mgr Gibier, p. 198.

de ses intérêts personnels et pas assez du bien général du pays. Le plus grand comme le plus petit, le riche comme le pauvre veut aller en ville, vivre en ville, travailler en ville, s'amuser en ville. Ajoutez à ce manque d'attrait pour la campagne la division et les haines politiques ; la paix et l'union ont, dans maints villages, fait place à la haine et à la discorde ; c'est que l'insécurité y est de plus en plus grande, c'est que l'impôt y est plus lourd que partout ailleurs, que les nouvelles exactions fiscales dont le pays est menacé seront moins faciles à éviter à la campagne que dans les villes, et que toutes ces circonstances, jointes à la faiblesse relative, ou même absolue, des revenus fonciers, prédisposent naturellement à l'émigration vers la ville la plupart des propriétaires, s'ils n'ont pas pour la terre un amour passionné et même héroïque.

Et pourtant, si l'ouvrier qui déserte les champs savait les épreuves qui l'attendent à la ville où la vie est plus chère, où la santé est moins bonne, où les tentations sont plus grandes, où l'immoralité détruit souvent tous bons sentiments naturels !

Le charme de la vie des champs ! Que de douces choses a-t-on écrites et chantées sur elle, depuis les temps les plus reculés jusqu'à nos jours !

« Tous, dit M. Cheysson (1), nous avons une aspiration inconsciente vers la terre, vers la verdure, vers le soleil qui nous manquent et qui sont cependant indispensables à l'épanouissement de notre vie. De là, cette joie ingénue que nous cause la vue de la nature ; de là notre goût pour les excursions à la campagne. Quand nous retrouvons la forêt, la prairie, les fleurs, nous éprouvons l'apaisement de l'enfant que calme l'apaisement de sa nourrice. L'amour de Jenny l'ouvrière

____

(1) *Réformes sociales*, M. Cheysson.

pour les balcons fleuris et le succès des jardins ouvriers ne s'expliquent-ils pas par ce besoin instinctif du contact avec la nature et par ces aspirations confuses vers un peu de détente, d'idéal et de poésie qui tourmentent dans leurs profondeurs obscures ces pauvres gens, courbés sous la dure loi du labeur quotidien... »

Les anciens savaient, comme nous, goûter les charmes de l'agriculture ; témoins, les écrits laissés par Caton, Columelle, Pline, Cicéron et Virgile qui a écrit ces jolis vers .

O fortunatos nimium, sua si bona norint
Agricolas ! Quibus ipsa, procul discordibus armis,
Fundit humo facilem victum justissima tellus (1).

CAUSES DE LA DÉSERTION DES CAMPAGNES

1° Attraction de la ville. — Quelles sont donc les causes de la désertion des campagnes ?

L'envie de paraître est pour le paysan une des principales causes.

L'amour de la jouissance est aussi un puissant attrait pour la ville. La vie du paysan est assez dure, il est vrai, le travail journalier est souvent pénible ; mais, d'autre part, nous savons toutes les déceptions qui attendent l'ouvrier dans les villes.

Une des autres causes est aussi l'absentéisme des propriétaires qui se désintéressent de la terre parce qu'elle rapporte peu, afferment leurs propriétés et plus souvent vendent leurs biens ruraux en drainant vers la ville tout le personnel employé pour leur service.

Nous avons encore le goût du fonctionnarisme qui est un des défauts particuliers du peuple français.

(1) Virgile, *Géorgiques*.

Tandis que, dans les races anglo-saxonnes, le jeune homme est poussé vers la vie aventureuse, vers les positions commerciales, vers la colonisation, l'idéal pour le Français est d'avoir une bonne petite place bien sûre, bien tranquille, à l'abri de tout aléa, avec, autant que possible, une retraite assurée dans ses vieux jours.

2° *Instruction mal comprise.* — Une autre cause de la dépopulation des campagnes réside dans l'instruction mal distribuée. L'État pousse le plus qu'il peut à ce déclassement social par l'instruction sans mesure. Il accorde, avec l'argent des contribuables, des bourses d'enseignement secondaire ou supérieur, à une multitude de jeunes gens qu'il élève sans rime ni raison au-dessus de la condition de leurs parents, dont il surexcite la vanité par la gloriole des diplômes, par la promesse insensée de titres officiels et de places plus ou moins problématiques. Le certificat d'études primaires est une institution des plus fâcheuses au point de vue qui nous occupe ; il n'est nullement une preuve d'instruction suffisante, car ils sont des milliers, ceux qui ont obtenu ce certificat et qui sont néanmoins d'une ignorance « crasse ». Le résultat le plus net est de donner à ces petits paysans des idées de vaine gloire ; dès qu'ils ont obtenu ce titre si insignifiant, ils se croient un personnage. Leurs parents eux-mêmes ont aussi le tort d'attacher une grande importance à ce titre. L'instituteur pousse à la chose, car c'est une réclame pour lui, et ce certificat d'études est bien souvent la cause que des enfants qui auraient pu faire d'excellents agriculteurs abandonnent la charrue pour devenir de funestes déclassés dans les villes. Aussi voyons-nous de plus en plus nos jeunes campagnards briguer des places dans les administrations et dans les usines, le métier d'ouvrier agricole étant à leurs yeux par trop dégradant.

3° Influence de la caserne. — Après l'influence néfaste de l'école mal comprise, une des causes de la désertion des campagnes est la caserne.

« L'armée enlève, chaque année, plus de quatre-vingt mille paysans à la terre. Sur ce nombre, combien qui, leur congé expiré, s'en reviennent à la ferme ; oui, combien ? Et ceux qui retournent ont-ils la même disposition d'esprit, le même amour du travail rustique qu'au moment de leur enrôlement ? La vie rurale, redisons-le, est une vie très active et dure ; la terre est bonne, mais elle est exigeante, et le paysan doit se pencher vers elle tous les jours de l'année ; l'homme oisif est inconnu aux champs ; il y mourrait de faim. Combien l'existence du soldat est plus tranquille et plus oisive, combien même elle l'entraîne au désœuvrement, lorsque, surtout, le soir venu, la caserne ouvre ses grilles ! Le soldat alors se livre à la ville qui l'absorbe : tavernes, jeux, concerts, spectacles, plaisirs,... il s'amuse, boit, s'avilit... où est donc, en ces heures troublées, le souvenir de la petite maison, tout là-bas dans le village lointain, le souvenir des « bons vieux », de « l'amie » d'enfance, le souvenir de la charrue et du champ paternel (1) ?... »

Il faudrait utiliser ce séjour à la caserne pour tâcher d'instruire le soldat et de le moraliser, mais, hélas ! la politique, laide limace qui s'englue partout, a envahi aussi les casernes, et les conférences qui sont faites à nos jeunes soldats sur des questions sociales ou d'irréligion, les démoralisent au lieu de les améliorer.

4° Aléa des récoltes et mortalité des bestiaux. — Une autre cause de la désertion des campagnes pro-

(1) Odysse Richemont, *le Toit rural.*

vient de l'aléa des récoltes et du danger de mortalité des bestiaux. Le pauvre paysan, en effet, après avoir travaillé toute l'année, avec le froid ou la chaleur, sans avoir ménagé sa peine, peut perdre toute sa récolte en quelques instants par suite d'une grêle, d'une gelée, d'une inondation etc. Autrefois, il en était de même, et le paysan cependant ne se décourageait pas ; mais, semblable au marin qui se livre aux flots de la mer, sachant tous les dangers qui le menacent, il avait plus de bravoure, plus de fermeté d'âme, il avait encore foi en la Providence...

« Quand l'homme des champs est sans religion, a écrit Mgr Gibier, quand il n'est plus retenu, bridé, discipliné par le christianisme, il glisse vers le bas-fond de l'égoïsme, de la barbarie, de l'animalité. La religion est nécessaire à l'homme des villes. Elle est encore plus nécessaire à l'homme des champs. C'est la seule flamme d'idéal qui le relève et le spiritualise. C'est la seule école qui lui enseigne le devoir et le lui fasse accomplir. C'est le seul abri qui le défende contre les duretés de la destinée. C'est la seule joie sérieuse qui illumine ses jours laborieux et ses semaines monotones. Si vous enlevez au paysan la religion, vous lui enlevez sa noblesse, sa dignité, sa force morale, et jusqu'à son bon sens naturel. Il n'a plus que des instincts et des appétits. Déchristianiser le paysan, c'est le mutiler, l'amoindrir et l'animaliser... c'est le démoraliser. Or, que fait-on depuis trop longtemps ? Que fait-on, sinon cela ? »

Quels remèdes à ces aléas qui menacent les paysans ? Nous avons maintenant les ressources de la mutualité transformée et élargie avec les dernières lois votées. Mais le paysan est routinier de nature et toutes ces nouveautés économiques lui sourient peu. Quand on lui parle d'un perfectionnement à apporter à ses cultures ou d'un nouvel usage à établir dans la localité qu'il habite, il vous regarde inévitablement avec un air de mépris et de défiance : « Cela ne s'est jamais fait », dit-il, et après qu'il a prononcé solennellement cette sentence, la question, pour lui, est jugée sans réplique.

Cette disposition naturelle dénote chez nos paysans une tendance traditionnaliste qui a son bon côté, mais il faudrait, tout en tenant fermement aux bons usages anciens, ne pas être pour cela réfractaire aux nouveautés qui peuvent être utiles.

Remèdes à apporter à la désertion des campagnes. — Telles sont, en résumé, les causes de la désertion des campagnes. Indiquons très brièvement les remèdes à y apporter.

1° Il faudrait développer les syndicats et les mutuelles-bétail, ainsi que les coopératives dans un sens exclusivement agricole et économique, sans y envisager les questions de rivalités politiques et de clocher ;

2° Créer des caisses de crédit permettant d'avancer aux cultivateurs qui reviennent du régiment quelques milliers de francs pour qu'ils puissent s'établir ; le remboursement, avec paiement d'un léger intérêt, devrait pouvoir s'échelonner sur trois ou quatre années ;

3° Avoir des instituteurs ruraux, c'est-à-dire des instituteurs ayant eux-mêmes une véritable instruction agricole : tenir les villageois théoriquement et pratiquement au courant des progrès agricoles, et montrer aux enfants que ceux qui font de l'agriculture ne sont pas ceux qui possèdent le moins d'instruction ;

4° Faire des conférences dans les campagnes, et principalement à la caserne, pour montrer aux jeunes cultivateurs la différence des conditions d'existence à la ville et à la campagne ;

5° Voir régner entre les propriétaires agriculteurs une meilleure entente, une plus grande solidarité professionnelle qui profiteraient à l'ouvrier rural ; celui-ci ne craindrait plus le chômage, aurait un salaire égal à celui de ses camarades pour tel travail déterminé, prendrait goût à la vie champêtre en ayant plus de rapports avec son patron qui organiserait, à certaines fêtes agricoles de l'année, de joyeux banquets, dans lesquels maîtres et domestiques chanteraient l'hymne à la paix, à la concorde et au travail de la terre.

CHAPITRE IX

LA CRISE DE LA MAIN-D'ŒUVRE AGRICOLE

Une crise intense sévit actuellement dans nos campagnes et peut avoir des conséquences économiques très graves pour notre pays : nous voulons parler de la crise de la main-d'œuvre agricole.

Comme préambule à notre chapitre sur cette question importante et si délicate, examinons quel a été le processus des taux des salaires, depuis trente ans, au point de vue industriel et agricole.

Statistique des salaires. — En 1880 la moyenne mensuelle des salaires était de 189 francs ; en 1900 elle atteint le chiffre de 216 francs, d'où une augmentation notable ; en 1910 elle arrive à égaler la somme de 220 francs, qui doit rester telle pendant un certain temps maintenant. On voit donc que, dans l'industrie, les salaires n'ont fait qu'augmenter dans une proportion notable, par suite de l'extension du machinisme, de la division du travail et des spécialisations dans les métiers.

Pour les salaires agricoles, au contraire, nous avons une fluctuation de chiffres assez surprenante, mais rationnelle pourtant, quand on en étudie les causes. Ainsi, en 1882, la moyenne mensuelle des salaires agricoles était de 3 fr. 11 centimes ; en 1892 elle baisse à 2 fr. 14 et en 1910 elle remonte à 3 francs. Nous voyons que la période pendant laquelle l'ouvrier agricole a été le moins rémunéré se place au moment de cette fameuse crise de 1892 à 1896 qui fut occasionnée par l'extension de la concurrence étrangère, les cours très bas des céréales et par la mévente. Depuis ces dates les salaires ont augmenté, mais nous verrons plus loin que ce n'est pas par suite d'un retour à la prospérité économique de l'agriculture française.

On trouve aujourd'hui avec beaucoup de peine des ouvriers, même mauvais, et les rapports entre ceux-ci et les patrons sont de plus en plus tendus, et de plus en plus difficiles.

Cette crise fatale a pris naissance il y a quatre ans, environ, à la suite des agitations politiques et sociales qui ont fini par entraîner nos paysans dans la voie d'une émancipation très regrettable.

Nous sommes en pénurie d'ouvriers agricoles dans tous nos villages, et plus les années, les mois et les jours s'écoulent, plus les champs se trouvent privés de bras pour les travaux divers et essentiels qui exigent leur concours. Les vieux ouvriers sont encore les plus enracinés, mais les jeunes gens qui reviennent du service militaire se détournent du travail agricole pour s'établir à la ville, s'employer dans les usines, se réfugier dans les administrations, dans les chemins de fer, devenir des « Messieurs ».

Premier élément de la crise de la main-d'œuvre agricole : le machinisme. — Parmi les premiers éléments de la crise de la main-d'œuvre agricole citons d'abord le machinisme, qui en a été la cause primordiale. Dès que nous avons importé et vulgarisé dans les centres agricoles les machines d'origine américaine, moissonneuses-lieuses, faucheuses, faneuses, etc., des constructeurs français se sont mis à l'œuvre et ont fait une propagande des plus actives dans les plus petits hameaux.

C'est ainsi qu'à cette heure tout cultivateur, même petit, possède au moins une machine agricole remplaçant une partie de son ancienne main-d'œuvre quand, il y a dix ans, la grande culture seule se payait ce luxe... indispensable par suite des frais généraux d'exploitation trop élevés au regard des maigres bénéfices réalisés. Quand nos premières moissonneuses-lieuses se mirent à fonctionner, elles furent l'objet d'un tolle général : les ouvriers, ne croyant pas à l'efficacité de ces instruments, nouveaux monstres pour eux, se moquaient des cultivateurs qui les mettaient à l'essai ; puis, quand ils virent les services que la moissonneuse-lieuse, par exemple, pouvait rendre, ils se dirent : Halte là, il faut nous opposer à la vulgarisation de ces engins qui vont contre nos intérêts, qui tendent tout simplement à supprimer en grande partie le travail manuel, et ils menacèrent les patrons de briser leurs machines à coups de pierre et à faire un sabotage en règle. Heureusement que, peu à peu, cette effervescence ouvrière se calma et fit place à la participation du travail de l'homme au travail-machines.

Mais le machinisme, surtout en agriculture, ne peut remplacer totalement la main-d'œuvre et la terre demande pour certains travaux le secours de l'ouvrier. Aussi le patron, ne pouvant supprimer tous les bras mis à sa disposition, conserva certains ouvriers, les plus âgés, les plus dignes d'intérêt qui, à leur mort, ne purent être remplacés. Insuffisance d'ouvriers créée par le développement du machinisme et par d'autres causes examinées plus haut ! Comment allait faire l'agriculteur ! Lui qui employait avant peu d'étrangers appelés seulement dans son exploitation pour certains travaux spécialisés, comme la culture du lin et de la betterave industrielle, il se voit maintenant dans la nécessité de faire appel à l'auxiliaire étranger à l'état presque permanent.

Agences d'émigration. — Des agences d'émigration se sont alors créées afin de faciliter au cultivateur la recherche de la main-d'œuvre étrangère. Nous occupions jadis des Belges dans le nord de la France ; mais ceux-ci, de plus en plus intempérants et brutaux, sont devenus très exigeants pour la question des salaires et prétendent gagner en 6 mois dans notre pays de quoi pouvoir vivre le restant de l'année chez eux. On a dû faire appel à d'autres étrangers, comme les Polonais, qui ont deux grandes agences à Nancy et à Paris. Nous ne pouvons pourtant pas engager les agriculteurs à prendre chez eux des Polonais dont les contrats, tous collectifs, présentent de grands défauts. Bien que les cultivateurs de l'Est ne soient pas trop mécontents de ces travailleurs, il y a néanmoins des ennuis à les occuper. Leurs contrats prévoient trop de chômages ; ainsi, il est bien spécifié que les ouvriers polonais ne sauraient être astreints au travail les jours qui sont déclarés fériés dans leur pays d'origine ! Il peut en conséquence arriver, puisque le repos dominical est observé autant par eux que par les ouvriers indigènes, qu'une fête polonaise, tombant un jour de la semaine, leur donne deux jours de repos. Considérez l'ennui que cet état de choses peut avoir pour le patron qui verra les travaux ralentis et les ouvriers non étrangers qu'il occupe jalouser les autres et menacer de le quitter s'ils ne jouissent pas des mêmes avantages ! En outre, dans ces contrats collectifs, les salaires sont établis seulement à la journée et non à la tâche ; ce qui est plutôt préjudiciable au patron, qui devra payer la même somme aussi bien aux bons qu'aux mauvais ouvriers dont le travail ne sera pas assez productif.

On a pensé dans certaines régions à demander des Bretons; mais ceux-ci ne veulent plus aller aux champs et cultiver la terre ; ils se placent en grand nombre dans les chemins de fer.

Il est triste de constater que le cultivateur, faute de main-d'œuvre autochtone, se voit dans l'obligation de prendre des étrangers : ceux-ci, établis dans nos campagnes, créent une famille en se mariant à une paysanne française et se retirent après dans leur pays en étant ainsi une des causes de notre dépopulation et de l'infiltration des races étrangères dans la vieille race gauloise.

La terrible crise agricole de 1892 a été arrêtée par une suffisance de production pour les besoins de la consommation. Sommes-nous en état de produire autant qu'il y a 15 ans ? On peut répondre franchement : non. La main-d'œuvre diminue de jour en jour, le machinisme ne peut remplacer pour certains travaux et certaines cultures comme celle de la betterave. On sera donc amené à réduire la production, et, par voie d'incidence, les frais d'exploitation, l'importance des propriétés, etc.. Un exemple frappant est celui donné par les concessionnaires du domaine d'épandage de la Ville de Paris, qui préfèrent posséder des prairies et faire de l'élevage chevalin que de s'adonner à la culture potagère.

« Nous ne serons sauvés de la ruine que par la sagesse paysanne », a écrit Michel Chevallier. Espérons-le, bien qu'actuellement ces paroles soient de peu de justesse avec cet état d'inquiétude latente du monde agricole qui voit, par l'effet de la crise sociale agitant tous les ressorts économiques, une grande tension s'établir entre les patrons et les ouvriers. Les grèves agricoles du midi, celles de Seine-et-Marne en 1906 et dans certains pays du Nord ont fait beaucoup de mal à l'ouvrier dominé par les syndicats auxquels il peut être affilié et qui imposent aux patrons des contrats collectifs de travail.

C'est ce qui se passe avec la Fédération des bûcherons du Centre et celle des ouvriers du Nord et de la Seine. Heureusement qu'on ne compte que 15.000 individus ouvriers agricoles dans ces syndicats ; mais c'est encore de trop.

Remèdes à apporter à la crise de la main-d'œuvre agricole. 1° La participation aux bénéfices. — Quels sont les remèdes les plus immédiats et les meilleurs à apporter à cette crise de la main-d'œuvre agricole ?

Du côté des patrons, pourrait-on envisager la loi de participation aux bénéfices ? Ce serait un grand tort d'étendre ce principe en agriculture, car il est impossible de l'appliquer en toute sécurité ; l'impossibilité d'arrêter les comptes annuels qui chevauchent sur deux années, la grande difficulté de savoir les bénéfices exacts, l'inégalité productive de pays à pays, les sauts trop brusques qui se produisent d'une année à l'autre en agriculture sont des causes assez fortes et essentielles pour interdire l'application logique de cette participation aux bénéfices.

2° Le système des primes. — Une chose pourrait être tentée sans résultats préjudiciables à l'agriculteur, c'est le système des primes pratiqué déjà par certains patrons, notamment pour les travaux des betteraves (primes à la production). On a pronostiqué également l'établissement de primes à la constance des ouvriers, suivant leur nombre d'années de services, et des primes aux familles nombreuses, dont les hommes seraient occupés dans la même exploitation agricole.

3° Construction de logements d'ouvriers agricoles. —

Des économistes agricoles ont enfin demandé pour l'ouvrier habitant la ferme, des logements plus sains et une salle commune dans laquelle il se réunirait avec ses camarades pendant les heures de repas et les dimanches. Ces réformes, à notre avis, sont bien peu pratiques et n'ont fait que germer dans le cerveau de certains écrivains qui sont tout à fait ignorants des coutumes, des mœurs et des habitudes rurales. On a même incité les agriculteurs à avoir chez eux une salle de lecture avec bibliothèque, billard et jeux divers pour leurs ouvriers, et la Société d'agriculture de Meaux a institué depuis dix ans, dans ce but, des prix pour amélioration de logement. Futilités que tout ceci, pures chimères que tous ces perfectionnements en vue de retenir l'ouvrier à la campagne. On a voulu aussi vulgariser en France le système de l'allotement anglais avec habitation gratuite pour l'ouvrier, quelques bêtes qu'on lui laisserait avec des lopins de terre; cette dernière réforme est plus facile à entreprendre, mais elle exige avant tout la solidarité entre propriétaires. Et elle existe bien peu dans nos campagnes! Le cultivateur, ayant besoin d'un appoint supplémentaire d'ouvriers ou ayant à remplacer certains qu'il a renvoyés, fait de la surenchère, offre à des domestiques occupés chez son voisin un salaire supérieur à celui qui leur est versé. Il entretient de ce fait l'augmentation de salaire, corrompt l'ouvrier, le rend plus intéressé que jamais, lui inculquant l'idée de ne travailler que pour gagner davantage, sans dévouement pour le patron, sans goût pour son labeur, quittant sa place pour la moindre réprimande, en étant certain d'être engagé le lendemain chez un autre patron, parce que la main-d'œuvre fait défaut.

Rôle de l'Etat dans le problème de la crise de la main-

d'œuvre agricole. — L'État peut-il remédier avec succès à cette crise déconcertante ? Nous ne le pensons pas. Son rôle doit plutôt être négatif ; il doit « s'empêcher de faire quelque chose », car la législation sociale n'a aucun avenir pour les ouvriers agricoles, et se cantonner dans le domaine purement industriel. Ce qui est donc une situation très fausse à l'ouvrier agricole et lui fait éprouver une certaine rancœur, l'ouvrier industriel jouissant de privilèges qu'il n'a pas, qu'on ne lui a jamais offerts et qu'on ne peut lui offrir.

Nous pouvons donc conclure en disant que la crise de la main-d'œuvre agricole ne peut s'arrêter tant qu'il n'y aura pas un mouvement général du monde rural pour aboutir à un examen sérieux et approfondi de la question.

Cette crise doit être solutionnée par le monde agricole lui-même. — Ce sont les agriculteurs, les patrons eux-mêmes et non les lois qu'on pourra voter qui réaliseront cette grande réforme : le maintien de l'ouvrier agricole dans son village, son retour à la terre, son attachement nouveau pour les champs que ses parents, que ses aïeux ont retournés, hersés, semés, moissonnés.

Il faut que, dans chaque commune de nos régions agricoles, il se forme peu à peu des ententes entre patrons et ouvriers pour la fixation des salaires adéquats à chaque travail spécialisé. Il faut que le cultivateur se mêle davantage à la vie de ses ouvriers, en s'intéressant à leurs familles, en leur venant en aide par des secours en nature et en argent, dans la mesure de ses moyens et dans le versement de gratifications quand l'ouvrier aura une présence de trois années minimum chez lui.

Il faut encourager l'ouvrier à travailler avec goût,

avec dévouement, en l'associant, un peu aux intérêts du patron qui pourra lui rendre de temps en temps des services qu'il finira par apprécier, comme des prix en argent offerts par les comices agricoles aux valets de ferme recommandés par le maître pour leur zèle, leur compétence professionnelle, leur probité.

Il faut que l'agriculteur fasse construire ou se rende propriétaire de logements ouvriers dans sa commune afin de retenir auprès de son exploitation des familles agricoles qui rendent de si grands services.

Il faut enfin, pour attirer l'ouvrier aux travaux champêtres, lui procurer en retour certaines réjouissances pendant les journées de repos et à certaines fêtes agricoles, comme à la Saint-Jean, à la Saint-Eloi, à la Saint-Martin. Les patrons, en organisant entre eux pour leurs ouvriers des banquets à la fin des grands travaux de la moisson, avec réjouissances diverses, gagneraient à eux ces braves gens qui les trouveraient « pas fiers ». Ils pourraient organiser des causeries sur les questions agricoles qui intéresseraient les ouvriers, avec le concours de l'instituteur du village qui dirigerait des projections lumineuses afin de mieux faire comprendre les sujets traités.

Mais pour que ces réformes puissent aboutir et soient salutaires, il serait nécessaire que les politiciens ne tenaillent pas nos paysans avec tant de force et ne leur infusent pas des idées d'émancipation, de désertion des champs, de gloriole et d'ambition mal placées. Et faire disparaître ce virus qui empoisonne nos villages n'est pas une mince besogne !

CHAPITRE X

ENSEIGNEMENT AGRICOLE, ENSEIGNEMENT MÉNAGER

Pour qu'une exploitation agricole soit vraiment lucrative, il faut que celui qui la dirige possède des connaissances multiples et des aptitudes qui ne s'acquièrent
et ne se développent que par la pratique. Notre enseignement agricole est parfait au point de vue théorique,
mais ne s'adresse qu'à une certaine classe de notre
population agricole, à la classe de la bourgeoisie, à des
fils de cultivateurs aisés. Or, il est de toute nécessité
à l'heure actuelle, avant de chercher les meilleurs
moyens à employer pour ramener le jeune paysan à
l'amour de la terre, quand il a déserté sa campagne
pour s'établir à la ville, à le garder au milieu de ses
champs, en lui faisant mieux connaître les beautés de
l'agriculture et les trésors moraux qu'elle renferme.
Notre enseignement agricole pour nos fils d'ouvriers
est à établir d'une façon complète, car nous n'avons
pas, dans nos petites communes, d'enseignement purement agricole. L'instituteur, dans sa classe, inculque
bien à ses élèves des notions de botanique, de géologie,
d'histoire naturelle et de sciences physiques élémentaires, mais parle très peu des champs, du métier de
cultivateur, de ce que celui-ci exige pour être bien
appliqué. Il en est de même pour les jeunes filles qu'on
laisse trop indifférentes aux notions de l'enseignement

ménager. Dans une ferme, si peu importante soit-elle, la femme joue, aux côtés de son mari, un rôle très important. C'est elle qui s'occupe de la basse-cour, des soins à apporter à la couvaison des volatiles, à la préparation de leur nourriture, à l'élevage : elle est souvent seule à la maison et doit surveiller les travaux d'intérieur de cour, savoir commander, être apte à discerner comment certains travaux doivent être faits. Elle est enfin aussi la collaboratrice du fermier au point de vue de la comptabilité ; elle s'occupe des livres usuels, et doit en conséquence savoir les tenir.

Perfectionnement à apporter à l'enseignement agricole. — Aussi, croyons-nous que l'enseignement agricole, pour les jeunes gens, doit être perfectionné, plus mis en pratique dans nos écoles primaires et que c'est par là, principalement, que nous apprendrons aux jeunes paysans à connaître mieux leur campagne, à s'y attacher, à y travailler, à y créer une famille, à vivre par et pour la terre.

Un enseignement agricole plus approfondi à l'école primaire serait déjà une très bonne chose ; mais on peut aussi envisager la création d'écoles purement agricoles, accessibles aux fils de nos ouvriers ruraux et de nos petits cultivateurs qui, placées aux chefs-lieux du département, auraient, comme personnel enseignant, le professeur départemental d'agriculture, le directeur du laboratoire agricole, les professeurs du lycée ou du collège, et, pour les travaux manuels, les meilleurs entrepreneurs de la ville.

Le congrès de la dépopulation rurale, dans ses assises de février 1911, a adopté, entre autres vœux, le suivant:

« Vœu que, dans l'enseignement primaire, une place de plus en plus large fût faite aux questions de technique et de pratique agricoles et que les écoles normales mettent les futurs instituteurs en état de donner cet enseignement.

M. Monis, ancien président du Conseil, dans sa déclaration ministérielle, a écrit ces lignes, qui viennent à l'appui de nos revendications : Une nation parviendra à être forte « en s'efforçant, dès l'école et après l'école, « de munir l'enfant et l'adolescent de connaissances « pratiques, sérieuses et de nature à les mieux adapter « par une préparation bien comprise aux devoirs qui « les attendent à leur entrée dans la vie agricole, « industrielle ou commerciale. C'est ce que nous tenterons d'obtenir par une réforme de l'enseignement « primaire : il doit devenir un enseignement technique « et professionnel. » Voici l'essai à faire :

L'enseignement complet serait donné en deux hivers, à raison de quatre mois par hiver. Les élèves, âgés de seize ans au moins, sans autre limite d'âge, n'auraient pas d'examen à subir à leur entrée, et suivant l'importance des subventions qui devraient être accordées par l'État et le département, le prix de la pension serait plus ou moins élevé, mais, en tout cas, il devrait être toujours à la portée de ceux qui sont destinés à fréquenter l'école. L'enseignement porterait sur les sciences naturelles (géologie, botanique, zoologie agricoles), l'hygiène rurale, les sciences physiques (physique et chimie), les mathématiques (géométrie, arithmétique et mécanique agricoles), l'agriculture générale, les cultures spéciales, la viticulture, l'horticulture, les machines, la comptabilité, l'hygiène vétérinaire, etc. ; et enfin, il serait complété par des exercices et travaux manuels du fer et du bois, pour permettre à nos futurs cultivateurs de réparer leurs instruments de récoltes ou autres sans recourir toujours à l'ouvrier souvent éloigné de la ferme.

En outre, les principes de sociologie et de mutualité agricoles, appelés à jouer désormais un si grand rôle, seraient traités comme il convient devant nos jeunes élèves cultivateurs. Ce programme est un peu chargé ; mais il est bien entendu que l'enseignement ne porterait que sur la partie élémentaire des matières.

A la fin de la seconde année, nos jeunes paysans qui, eux, retourneraient sûrement à la terre, recevraient après examen un diplôme qui serait du meilleur effet aux yeux de leurs voisins auxquels ils enseigneraient par l'exemple ce qu'ils auraient appris. Qu'on se figure l'influence bienfaisante de vingt-cinq à trente de ces jeunes gens; disséminés chaque année jusque dans les petits hameaux du département, et on jugera des progrès et de la richesse qui devront en résulter pour notre agriculture et pour la nation tout entière. Et au point de vue des œuvres mutualistes, combien seraient précieux ces auxiliaires qui, ayant emporté de l'école de généreuses idées, les propageraient et aideraient à en organiser l'application dans les endroits les plus écartés, où ni la parole des apôtres ni les écrits ne sauraient pénétrer ! Et enfin, combien serait rendue facile et agréable la tâche de nos professeurs d'agriculture (qui devraient faire un peu moins de politique, soit dit en passant) rencontrant alors dans leurs tournées de conférences, au lieu d'indifférence, l'accueil le plus chaud, non seulement chez leur ancien écolier, mais encore chez les amis de celui-ci, devenus ses imitateurs !

Le professeur d'agriculture se verrait plus sympathique, en se mêlant plus étroitement au monde rural, et n'entendrait plus le paysan français dire de lui qu'il est « un monsieur payé pour se promener dans les champs et pour dîner chez les fermiers ! ».

Mais nous insistons aussi sur la réforme de l'enseignement agricole par le bas, dans nos écoles de villages, avec des cours d'adultes bien réglementés qui donneraient aux futurs ouvriers agricoles des notions indispensables, précises, qui feraient d'eux des associés intellectuels du patron et non seulement de simples bras routiniers accomplissant toujours les mêmes travaux, sans idée de perfection et d'initiative personnelle venant du cerveau de l'ouvrier. Ne croyez-vous pas qu'apprendre la chimie agricole (des notions élémentaires, bien entendu), un peu de zoologie, un peu de médecine vétérinaire et certaines matières sur les labours, les travaux divers des champs, ne serait pas plus profitable, pour son futur métier, à ce jeune enfant de 11 ans dont on bourre la tête de dates d'histoire, de littérature française, de géographie coloniale !

Voici les réformes que nous serions heureux de voir un jour mises en application.

Principales écoles d'agriculture existant en France. — Les premières écoles d'agriculture furent fondées par Mathieu de Dombasle à Roville, par Auguste Bella à Grignon, par Rieffel à Grand-Jouan, par Nivière à La Saulsaie.

L'enseignement agricole pratique comprend quarante écoles, seize fermes-écoles, une école de bergerie (à Rambouillet), neuf écoles fruitières.

Toutes ces écoles ont été créées peu à peu par l'État qui a également établi cinq chaires de chimie agricole adjointes aux cours des Facultés des sciences, quatre-vingt-dix chaires départementales, soixante-dix spéciales d'arrondissement, un cours d'agriculture (un peu trop succinct ! !) dans chaque école primaire, cent et un cours dans les lycées, collèges, écoles primaires supérieures, stations agronomiques et champs d'expérience. En outre

il existe six écoles nationales d'agriculture, à Grignon,
Rennes, Montpellier, Versailles, Grand-Jouan et l'industrie laitière de Mamirolles.

On doit à l'initiative privée la création d'écoles d'a-
griculture moins importantes certes que l'Institut agronomique, le summun de toutes celles existantes, mais
aux programmes peut-être mieux compris que celles
officielles dont nous venons de citer les noms.

En 1895, l'Institut Catholique de Lille a joint des
cours d'agriculture à ses Facultés de droit, de médecine, des sciences et des lettres. Un institut modèle
est celui agricole de Beauvais dirigé par les frères de
la Doctrine chrétienne.

Pour terminer notre résumé, citons les noms des
grands artisans de la science agricole : Dombasle,
Gasparin, J.-B. Dumas, Saint-Claire-Deville, Boussin-
gault, Barral, Lecouteux, Pasteur, et plus près de nous
Grandeau, Girard, Dehérain, Tisserand, G. Ville, Risler,
Schlœssing, Joulic, Müntz, Aubin.

L'enseignement ménager. — Nous dirons pour l'enseignement ménager des jeunes filles ce que nous avons
dit pour l'enseignement agricole des garçons : on l'a-
bandonne trop dans nos villages. Et pourtant, l'intérêt
vital qui s'attache actuellement à l'enseignement ménager, sa portée générale et son utilité sociale frappent
tous ceux que préoccupe, dans notre pays de France,
le relèvement de la famille et de la société : « L'éducation des femmes, disait Fénelon, est plus importante
que celles des hommes, puisque celle des hommes est
leur ouvrage. » Et il ajoutait: « Le bien est impossible
sans les femmes; elles ruinent ou soutiennent les maisons; elles règlent toutes les choses domestiques. »

L'enseignement ménager est relativement récent. S'il
s'est déjà beaucoup développé dans les pays étrangers

comme la Belgique, l'Allemagne, la Suisse, il ne date, en France, sauf d'intéressantes exceptions, que d'une dizaine d'années. La lenteur de sa diffusion chez nous, alors que son utilité est partout reconnue, a pour causes principales le désintéressement des pouvoirs publics et des... intéressés !

Il faudrait adapter peu à peu l'enseignement ménager agricole dans les écoles primaires rurales, puis créer des écoles ménagères agricoles spéciales ou adaptées à l'enseignement des pensionnats et des instituts normaux d'enseignement ménager supérieur agricole, avec adjonction de cours temporaires ou volants dans ces instituts : voilà la progression de l'enseignement ménager professionnel agricole. Mais avant tout, notre préoccupation est d'encourager l'organisation, en plein milieu rural, d'instituts normaux supérieurs où viendront se former des maîtresses aptes à donner l'enseignement ménager professionnel agricole.

Il faut donc que nos futures fermières, que nos jeunes filles se destinant à vivre à la campagne, dans une région agricole, apprennent de bonne heure la sage administration dans tous ses détails et c'est là comme une consécration de la valeur de la science ménagère telle qu'on s'est décidé, de nos jours, à la donner à notre population féminine. Son bienfait ne se borne pas, d'ailleurs, à introduire l'ordre moral et matériel au foyer ; elle fournit à l'intelligence mieux éclairée de l'épouse des moyens nouveaux de créer autour d'elle le bien-être et de procurer aux siens des satisfactions journalières qui échappaient à son inépuisable dévouement. Socialement, par le règne de l'hygiène et d'une attrayante propreté, elle combat l'effroyable tuberculose et la mortalité infantile ; par le charme donné aux intérieurs les plus modestes, elle retient l'homme, elle l'arrache au cabaret et à l'alcoolisme; par son savoir agricole, elle aide son mari au succès de sa culture en prenant sous sa direction des travaux auxquels elle se prêtera mieux que lui, comme l'élevage, l'administration et la petite comptabilité agricoles.

L'enseignement ménager, tel qu'il existe actuellement, peut se diviser en cours normaux, en écoles ménagères proprement dites, en cours ménagers (avec création de patronages, de cours du soir) et en écoles volantes plus spécialement agricoles.

1° *Cours normaux.*

Ceux-ci sont peu nombreux. Ce sont surtout des cours de vacances comme ceux établis dans la région du Sud-Est de la France. Examinons les détails composant un cours assez important professé depuis 1908 à Saint-Genis-Laval par Mlle de Belfort. Ce cours, appelé cours de vacances ou de six semaines, comprenait au début 70 élèves, qui étaient divisés en quatre sections, ces sections se répartissant en groupes. Le matin est consacré aux travaux pratiques, l'après-midi aux études théoriques.

A huit heures du matin la cloche rassemblait toutes les élèves à la salle de cours où les recettes de cuisine leur étaient dictées et expliquées. A 9 heures, les quatre sections se divisaient : une à la cuisine, une au lavage, une au repassage, une pour mettre ses notes à jour, relever les patrons donnés à la coupe ou exécuter un des exercices de raccommodage imposés par le programme. Le lendemain, les sections changeaient de service.

A 10 heures, un coup de cloche, et chacune interrompait sa besogne pour revenir à la salle du cours prendre des notes sur les théories culinaires et le nettoyage.

Puis on retournait à la pratique jusqu'à l'heure du déjeuner, non sans avoir établi le prix de revient du repas. De 2 h. à 6 h., avait lieu toute la partie théorique : dissertations raisonnées, blanchissage, hygiène, économie sociale, pédagogie, etc. Deux après-midi par semaine étaient employés à la coupe ; le jeudi était réservé à l'agriculture et autres industries annexes.

Dimanche, repos, sauf pour les groupes désignés pour les différents services, car il ne faut pas oublier que le soin de l'entretien de la maison incombait aux élèves par voie de roulement, ceci en dehors des travaux du cours proprement dit. Il va sans dire qu'après cette période de travail intense la formation de la maîtresse n'est pas achevée ; elle a reçu simplement l'instrument nécessaire pour se mettre à l'œuvre. Ce n'est que peu à peu, par un labeur personnel acharné, persévérant, par l'observation, la pratique de chaque jour qu'elle acquerra l'expérience nécessaire pour s'imposer. C'est en causant, en vivant beaucoup avec ses élèves, en les réchauffant sans cesse à la flamme de son généreux idéal qu'elle en fera des épouses dévouées, des mères prudentes et d'incomparables ménagères (1).

C'est ce programme que suit, mais en développant davantage l'enseignement agricole, l'Institut Jeanne-d'Arc, placé sous le haut patronage de la Société d'agriculteurs de France, qui s'est ouvert à la fin de l'année 1908 à Epluches (Oise).

2° *Ecoles ménagères.*

Ces écoles sont spéciales aux jeunes filles qui veulent assister à des cours ménagers moyens qui inculquent des notions de cuisine, de lingerie, de jardinage, d'a-

(1) Détails empruntés au compte-rendu de l'Assemblée générale du Sud-Est (1909).

griculture, de devoirs de la mère de famille, etc. Trois écoles de ce genre ont été fondées dans les Basses-Pyrénées par M. de Lestapis et fonctionnent dans des communes variant de 350 à 800 habitants. Les cours ont lieu tous les jeudis de 8 heures du matin à 11 heures et demie. Deux de ces écoles sont gratuites, la troisième fait payer 0 fr. 20 c. la leçon de cuisine et de repas, 0 fr. 10 c. la leçon de lingerie, etc.

3° *Cours ménagers.*

Ces cours sont identiques à ceux des écoles ménagères, mais jouissent de toute gratuité. Ils sont plutôt suivis par nos jeunes paysannes peu lettrées auxquelles on ne donne que des notions ménagères très succinctes.

4° *Ecoles volantes.*

Celles-ci sont dirigées par des maîtresses qui se répandent dans les campagnes et y portent une part plus ou moins développée de l'enseignement théorique et pratique donné à l'Institut supérieur. Cet institut reste leur point de ralliement. Elles y reviennent après chaque campagne, étudier les moyens d'améliorer sans cesse leur croisade d'enseignement. Ces écoles volantes sont en somme la réduction de la science ménagère enseignée à domicile, comme en Belgique. Elles sont à peine connues en France vu leur manque de développement et l'absence de toute initiative pour leur organisation rationnelle.

Pour que l'enseignement agricole ménager progresse, il faudrait le voir répandu davantage dans les communes rurales, établi par des comités de patronnesses, de protecteurs et de souscripteurs amis de l'Institut ménager, qui, par l'autorité de leurs noms et de leurs conseils, par l'appui généreux de la propagande, inciteraient les jeunes ménagères ou les futures ménagères à suivre les cours gratuits de cet enseignement si important qui ramènerait vers la terre beaucoup de jeunes filles du monde et beaucoup plus encore de filles des champs qui la désertent.

Méditons, en ce siècle de féminisme outrancier, les paroles de M. E. Faguet :

« La nation forte sera celle où les femmes n'exerceront plus de métier, sinon le leur. »

TROISIÈME PARTIE

DOCUMENTS AGRICOLES (1)

Loi sur les syndicats professionnels du 21 mars 1884.

ARTICLE PREMIER. — Sont abrogés la loi des 14-17 juin 1791 et l'article 416 du Code pénal. Les articles 291, 292, 293, 294 du Code pénal et la loi du 10 avril 1884 ne sont pas applicables aux syndicats professionnels.

ART. 2. — Les syndicats ou associations professionnelles, même de plus de 20 personnes exerçant la même profession, des métiers similaires ou des professions connexes concourant à l'établissement de produits déterminés, pourront se constituer librement sans l'autorisation du gouvernement.

ART. 3. — Les syndicats professionnels ont exclusivement pour objet l'étude et la défense des intérêts économiques, industriels, commerciaux et agricoles.

ART. 4. — Les fondateurs de tout syndical professionnels devront déposer les statuts et les noms de ceux qui, à un titre quelconque, seront chargés de l'administration ou de la direction.

Ce dépôt aura lieu à la mairie de la localité où le syndicat est établi, et à Paris à la préfecture de la Seine.

Ce dépôt sera renouvelé à chaque changement de la direction ou des statuts.

Communication des statuts devra être donnée par la mairie ou par le préfet de la Seine au Procureur de la République.

Les membres de tout syndicat professionnel chargés de l'administration ou de la direction de ce syndicat devront être français et jouir de leurs droits civils.

ART. 5.— Les syndicats professionnels régulièrement constitués d'après les prescriptions de la présente loi pourront librement se concerter pour l'étude et la défense de leurs intérêts économiques, industriels, commerciaux et agricoles.

(1) Nous n'avons cité dans ces pages que les principaux documents pouvant intéresser le monde agricole.

Les Associations agricoles.   17

Ces unions devront faire connaître, conformément au deuxiè-me paragraphe de l'article 4, les noms des syndicats qui les composent.

Elles ne pourront posséder aucun immeuble, ni ester en justice.

Art. 6. — Les syndicats professionnels de patrons ou d'ouvriers auront le droit d'ester en justice.

Ils pourront employer les sommes provenant des cotisations. Toutefois ils ne pourront acquérir d'autres immeubles que ceux qui seront nécessaires à leurs réunions, à leurs bibliothèques et à des cours d'instruction professionnelle.

Ils pourront, sans autorisation, mais en se conformant aux autres dispositions de la loi, constituer entre leurs membres des caisses spéciales de secours mutuels et de retraites.

Ils pourront librement créer et administrer des offices de renseignements pour les offres et demandes de travail.

Ils pourront être consultés sur tous les différends et toutes les questions se rattachant à leur spécialité.

Dans les affaires contentieuses, les avis du syndicat seront tenus à la disposition des parties qui pourront en prendre communication et copie.

Art. 7. — Tout membre d'un syndicat professionnel peut se retirer à tout instant de l'association, nonobstant toute clause contraire, mais sans préjudice du droit pour le syndicat de réclamer la cotisation pour l'année courante.

Toute personne qui se retire d'un syndicat conserve le droit d'être membre des sociétés de secours mutuels et de pensions de retraite pour la vieillesse à l'actif desquelles elle a contribué par des cotisations ou versements de fonds.

Art. 8. — Lorsque les biens auront été acquis contrairement aux dispositions de l'article 6, la nullité de l'acquisition ou de la libéralité pourra être demandée par le Procureur de la République ou par les intéressés.

Dans le cas d'acquisition à titre onéreux, les immeubles seront vendus, et le prix en sera déposé à la caisse de l'association.

Dans le cas de libéralité, les biens feront retour aux disposants ou à leurs héritiers ou ayants cause.

Art. 9. — Les infractions aux dispositions des articles 2, 3, 4, 5 et 6 de la présente loi seront poursuivies contre les directeurs ou administrateurs des syndicats et punies d'une amende de 16 à 200 fr. Les tribunaux pourront en outre, à la diligence du Procureur de la République, prononcer la dissolution du syndicat et la nullité des acquisitions d'immeubles faites en violation des dispositions de l'article 6.

Au cas de fausse déclaration relative aux statuts et aux noms et qualités des administrateurs ou directeurs, l'amende pourra être portée à 500 francs.

ART. 10. — La présente loi est applicable à l'Algérie.

Elle est également applicable aux colonies de la Martinique, de la Guadeloupe et de la Réunion. Toutefois, les travailleurs étrangers et engagés sous le nom d'émigrants ne pourront faire partie des syndicats.

Modèle de statuts d'un syndicat.

TITRE PREMIER

Constitution du Syndicat.

ARTICLE PREMIER. — Entre les soussignés et ceux qui adhéreront aux présents statuts, il est formé un syndicat, association professionnelle, qui sera régie par les dispositions ci-après, conformes à la loi du 21 mars 1884.

ART. 2. — L'association prend le titre de syndicat agricole de   ; son siège est établi à   .

Ce siège pourra être déplacé par simple décision de la Chambre syndicale.

Sa durée est illimitée, ainsi que le nombre de ses membres. Elle commencera le jour du dépôt légal des statuts.

TITRE II

Composition du Syndicat.

ART. 3. — Peuvent faire partie du syndicat :

1° Les propriétaires, locataires, usufruitiers ou usagers de fonds ruraux, les faisant valoir par eux-mêmes ou par autrui ;

2° Les régisseurs, fermiers, métayers, vignerons, maraîchers, pépiniéristes, horticulteurs, ouvriers agricoles, fabricants et vendeurs d'instruments d'agriculture, d'engrais ou de produits agricoles ;

3° Et, en général, toutes personnes exerçant une profession connexe à l'agriculture, conformément à la loi de 1884.

Les femmes capables de contracter et remplissant l'une des conditions professionnelles indiquées ci-dessus pourront faire partie du syndicat et jouir de tous ses avantages.

ART. 4. — Pour devenir membre titulaire du syndicat, on

devra être présenté par deux membres titulaires et admis par la Chambre syndicale à la majorité des membres présents.

La Chambre syndicale, si elle le décide, pourra également inscrire des membres adhérents.

Art. 5. — Tout sociétaire reste membre du syndicat tant qu'il n'a pas adressé sa démission, par lettre recommandée, au président, ou signé sur le registre spécial tenu au siège social.

Son exclusion pourra être décidée par la Chambre syndicale sans qu'elle soit tenue d'en faire connaître les motifs.

La faillite, la déconfiture notoire, une condamnation entachant l'honorabilité, le refus de paiement de la cotisation après une lettre de rappel, entraînent nécessairement l'exclusion.

L'exclusion devra également être prononcée contre tout syndiqué qui aurait fait profiter un tiers non syndiqué des avantages du syndicat.

Tout membre démissionnaire ou exclu doit le montant de sa cotisation annuelle en cours ; il perd tous ses droits au patrimoine social.

Art. 6. — Le prix de la cotisation annuelle payable chez le trésorier est de   franc   pour les membres titulaires, et de   franc   pour les membres adhérents, s'il en existe.

TITRE III
But du Syndicat.

Art. 7. — Le syndicat a pour objet général l'étude et la défense des intérêts agricoles.

Et pour but spécial :

1° De provoquer et favoriser des essais de culture, d'engrais, de semences ; d'expérimenter les instruments perfectionnés et tous autres moyens propres à faciliter le travail, augmenter la production, diminuer le prix de revient et réduire autant que possible le coût de la vie dans les campagnes ;

2° De provoquer l'enseignement agricole et de le vulgariser par des conférences et tous autres moyens qui seront reconnus utiles ;

3° De faciliter l'acquisition des engrais, instruments, animaux, semences, et de toutes matières premières ou fabriquées utiles à l'agriculture ;

4° De se procurer des instruments agricoles destinés à être loués à ses membres pour leur usage exclusif ;

5° De favoriser la vente des produits agricoles ;

6° De donner des avis et consultations sur tout ce qui concerne la profession agricole, de fournir des arbitres et experts pour la solution des questions litigieuses ;

7° Eventuellement, d'encourager le travail agricole par l'organisation de concours, la création d'offices de renseignements pour les offres et demandes de travail, et généralement de s'occuper de tout ce qui peut être utile aux intérêts agricoles, notamment de la prévoyance (accidents, bétail, incendie, etc.), de l'assistance (retraites, secours mutuels, aide-mutuelle, etc.), du crédit, de la coopération, etc.

TITRE IV

Administration

§ 1. — BUREAU.

ART. 8. — Le syndicat est administré par une Chambre syndicale dont les fonctions sont gratuites.

Cette Chambre syndicale comprend :

1° Un bureau composé d'un président, deux vice-présidents, un secrétaire, un trésorier ;

2° Trois à neuf membres.

Les membres de la Chambre syndicale sont élus pour trois ans par l'assemblée générale, à la majorité absolue des suffrages exprimés. Tous sont rééligibles.

ART. 9. — Le président préside les séances, dirige les débats et les travaux du syndicat, le représente en justice et dans tous les actes de la vie civile, ordonnance les dépenses. Sa voix est prépondérante en cas de partage.

Les vice-présidents remplacent le président en cas d'empêchement.

Le secrétaire rédige les procès-verbaux, tient la correspondance et fait les convocations sur l'ordre du président.

Le trésorier reçoit les cotisations, encaisse les sommes pouvant revenir au syndicat à un titre quelconque, paye les dépenses sur le visa du président, établit chaque année la situation financière.

ART. 10. — En cas de démission ou de décès d'un membre de la Chambre syndicale, celle-ci pourvoira à son remplacement provisoire jusqu'à la prochaine assemblée générale, qui nommera définitivement un titulaire à la place vacante, comme il est dit ci-dessus.

ART. 11. — La Chambre syndicale peut choisir des syndics pour la représenter dans chaque commune ou hameau ; elle pourra autoriser la constitution de sections.

ART. 12. — La chambre syndicale se réunit toutes les fois que le président le juge nécessaire.

Le syndicat donne à la Chambre syndicale les pouvoirs les plus étendus pour la gestion des affaires de la société.

Les membres de la Chambre syndicale ne contractent à raison de cette gestion aucune obligation personnelle ni solidaire relativement aux engagements et aux opérations du syndicat ; ils ne répondent que de leur mandat.

§ 2. — ASSEMBLÉE GÉNÉRALE.

Art. 13. — Le syndicat tiendra au moins une assemblée générale par an. Les membres titulaires, à l'exclusion des membres adhérents, s'il en existe, ont seuls le droit d'y prendre part.

C'est dans cette assemblée que seront approuvés les comptes de l'exercice, voté le budget et que se feront les élections ; l'approbation des comptes servira de décharge au trésorier.

Une assemblée générale pourra être convoquée extraordinairement toutes les fois que la Chambre syndicale le jugera nécessaire.

Pour toute assemblée générale, les convocations doivent indiquer les questions à l'ordre du jour. Toute question proposée doit être formulée par écrit et remise au président. Le président peut refuser de mettre en délibération toute question qui n'est pas à l'ordre du jour.

TITRE V

Patrimoine social.

Art. 14. — Le patrimoine du syndicat est formé :

1º Des cotisations de ses membres ;

2º De l'excédent possible des prélèvements destinés à couvrir les frais généraux ;

3º Des dons et legs qui peuvent lui être faits ;

4º Des subventions qui peuvent lui être accordées.

Toutefois, le syndicat ne pourra acquérir, soit à titre onéreux, soit à titre gratuit, d'autres immeubles que ceux qui sont nécessaires à ses réunions, à sa bibliothèque et à ses cours d'instruction professionnelle.

TITRE VI

Modification aux Statuts. — Adhésions. Dissolution.

Art. 15. — Les présents statuts peuvent être revisés, modifiés ou complétés par l'assemblée générale.

Pour être valable, toute modification devra être approuvée par les deux tiers des membres présents et ne pourra venir en délibération devant l'assemblée générale qu'après délibération et avis conforme de la chambre syndicale.

Art. 16. — Le syndicat pourra être uni, par simple décision de la chambre syndicale, à un ou plusieurs syndicats pour former une union, ainsi qu'à une ou plusieurs unions de syndicats, notamment à l'Union du Sud-Est des syndicats agricoles. Il donne par les présents statuts pleins pouvoirs à sa chambre syndicale pour faire à cet effet toutes les démarches nécessaires.

Art. 17. — En cas de dissolution de l'association demandée ou motivée par le bureau, l'assemblée générale, réunie à cet effet, décidera, à la majorité des deux tiers des membres présents, l'emploi des fonds pouvant rester en caisse en faveur d'une œuvre d'assistance ou d'intérêt agricole, sans que jamais la répartition s'en puisse faire entre les syndiqués.

Art. 18. — Les présents statuts seront imprimés; deux exemplaires en seront déposés à la mairie du siège social et un exemplaire en sera remis à chaque sociétaire avec indication de son nom, de son numéro d'entrée, de la date de son admission, et portera la signature du président, ce qui, en toute circonstance utile, servira au sociétaire à établir sa situation de membre du syndicat.

(*Statuts-types adoptés par l'Union du Sud-Est des syndicats agricoles.*)

Statuts de l'Union du Sud-Est des syndicats agricoles.

TITRE PREMIER
Constitution de l'Union.

Article premier. — Conformément à la loi du 21 mars 1884, il est formé entre les Syndicats agricoles qui adhéreront aux présents statuts une Union qui sera régie par cette loi et par les dispositions ci-après :

Art. 2. — Cette association est dénommée « Union du Sud-Est des syndicats agricoles »

Art. 3. — Son siège est établi à Lyon.

Sa durée est illimitée. Elle commencera du jour de la déclaration légale de sa formation.

Art. 4. — Elle sollicitera le bénéfice de l'art. 5 des statuts de la Société des Agriculteurs de France, qui donne le droit à toutes les associations agricoles de se faire représenter dans cette Société par les délégués.

TITRE II
Composition de l'Union.

Art. 5. — Peuvent faire partie de l'Union tous les Syndicats agricoles régulièrement constitués d'après la loi du 21 mars 1884, ayant leur siège social dans un des départements suivants : Savoie, Haute-Savoie, Drôme, Isère, Ain, Saône-et-Loire, Loire, Rhône, Ardèche, Haute-Loire, Hautes-Alpes.

Art. 6. — Pour être admis dans l'Union, les Syndicats postulants devront adresser au président de l'Union : 1° un exemplaire de leurs statuts, avec copie du récépissé de dépôt à la mairie ; 2° une demande écrite signée du président ; 3° une copie certifié par le président, soit de la délibération, soit de la disposition des statuts ou du règlement qui aura autorisé ladite demande.

Ces pièces seront soumises au Conseil de l'Union qui, après leur examen et après avoir pris l'avis des présidents des Syndicats unis, ayant leur siège dans le département du Syndicat postulant, prononcera l'admission.

Art. 7. — Tout Syndicat adhérent peut se retirer à tout instant de l'Union. A cet effet, son Président adresse à celui de l'Union une déclaration, par lettre chargée, accompagnée de la copie du procès-verbal de la délibération qui a autorisé la démission, et il lui en est accusé réception. Le Syndicat démissionnaire perd tout droit au patrimoine de l'Union.

Art. 8. — Le défaut de paiement de la cotisation, après trois lettres de rappel, le manquement aux engagements envers l'Union ou envers des tiers, ou tous autres motifs, peuvent donner lieu à l'exclusion, laquelle est prononcée par le Bureau, à la majorité des membres qui le composent.

TITRE III
Objet de l'Union

Art. 9. — L'Union a pour objet général le concert des Syndicats unis pour l'étude et la défense des intérêts économiques agricoles.

Art. 10. — Elle se propose notamment :

1° De servir aux Syndicats unis de centre permanent de relations, de leur procurer les moyens et renseignements nécessaires pour les faire profiter de marchés avantageux, de réductions de transports, etc. ;

2° D'encourager la création de nouveaux Syndicats et d'en faciliter les débuts ;

3° De recueillir et communiquer aux Syndicats unis toutes les indications venant soit de l'intérieur, soit de l'étranger, qui seraient propres à les éclairer sur la situation respective des récoltes, sur les offres et demandes, et à guider ainsi les Syndicats et leurs membres dans leurs opérations, marchés, etc. ;

4° De faciliter la défense des intérêts agricoles auprès des Pouvoirs publics pour la centralisation et la transmission de vœux et de pétitions ;

5° De leur donner des avis et conseils en toutes matières contentieuses ou techniques sur lesquelles les Syndicats unis jugeraient à propos de consulter, soit dans l'intérêt propre des Syndicats, soit dans l'intérêt particulier de leurs membres ;

6° De leur faciliter les analyses de terre, engrais et autres matières à faire exécuter sous le contrôle de l'Union ;

7° De les aider dans la fondation de Caisses de crédit, d'assurances, d'assistance, et de Sociétés coopératives ou autres pouvant servir à la défense de l'agriculture.

TITRE IV
Administration de l'Union.

ART. 11. — L'Union est administrée par un Bureau composé de douze à dix-huit membres : un président, trois vice-présidents, un secrétaire général, un trésorier et six à douze administrateurs.

Le Bureau peut s'adjoindre six à douze auditeurs ayant voix consultative.

ART. 12. — Les membres du Bureau doivent faire partie de l'un des Syndicats unis. Ils sont élus par l'Assemblée générale de l'Union.

En cas de vacance, le Bureau complète provisoirement par un vote à la majorité de ses membres, en attendant la décision de la plus prochaine Assemblée générale.

ART. 13. — Les membres du Bureau sont élus pour trois ans, ils sont rééligibles. Le Bureau est renouvelé chaque année par tiers et par rang d'ancienneté. Les deux premières séries sortantes sont désignées par le sort.

ART. 14. — Les fonctions du Bureau sont absolument gratuites.

ART. 15. — Le Bureau se réunit sur la convocation de son président. Il délibère valablement si trois de ses membres sont présents.

ART. 16. — Il fait procéder au vote sur l'admission des Syndicats, ainsi qu'il est dit dans l'article 6, et prononce les exclusions conformément à l'article 6.

Art. 17. — Il prend toutes décisions et mesures sur toutes les matières qui se rattachent à l'objet de l'Union, à ses intérêts généraux et à ceux des Syndicats unis. Il prépare les travaux, propositions, vœux, pétitions et ordres du jour à soumettre aux Assemblées générales.

Chaque année, il présente à l'Assemblée générale un rapport sur l'ensemble des opérations de l'Union.

Ses pouvoirs ne sont limités que par la loi du 21 mars 1884, et par les présents statuts. Pour tout ce qui n'est pas prévu, il fait des règlements qu'il peut réviser.

Art. 18. — L'Assemblée générale se compose de tous les présidents, de deux membres par bureau et de deux délégués, en tout cinq membres par Syndicat uni.

Les Syndicats qui n'auraient point de membres présents à l'Assemblée pourraient s'y faire représenter par un membre d'un autre Syndicat uni, pourvu d'un pouvoir régulier sur papier libre, et étant lui-même membre de l'Assemblée, sans cependant que ce membre puisse représenter plus de cinq Syndicats.

Dans le vote à intervenir, les présidents, ou leurs représentants, seuls auront le droit de vote : les délégués n'ayant que voix consultative.

Les présidents de Syndicats comprenant plus de mille adhérents auront une voix de plus par mille ou fraction de mille.

Art. 19. — L'Assemblée générale ordinaire se réunira une fois par an, au siège social. Les convocations seront faites par lettres adressées aux présidents, au moins quinze jours d'avance, et indiqueront les questions à l'ordre du jour. Toute résolution émanant de l'initiative d'un membre de l'Assemblée générale doit être préalablement soumise, et dix jours d'avance à l'examen du Bureau, qui décide s'il y a lieu de la soumettre à l'Assemblée générale.

L'Assemblée générale peut délibérer valablement, quel que soit le nombre des syndicats représentés : toutefois, en cas de vote de modifications aux statuts, le quart des Syndicats doit être représenté.

Les vœux émis par cette Assemblée générale seront remis à la Société des Agriculteurs de France par les délégués nommés à cet effet, conformément à l'article 4 des statuts, et pourront être transmis aux Pouvoirs publics par les soins du Bureau.

Art. 20. — Le Bureau peut décider la réunion d'une Assemblée générale extraordinaire. Le délai de convocation peut être réduit à cinq jours.

Art. 21. — Les élections des membres du Bureau peuvent se faire par correspondance et à la majorité des votes exprimés, conformément à l'article 18.

Les autres décisions des Assemblées générales sont prises à la majorité des membres présents. En cas de partage, la voix du président est prépondérante.

TITRE V
Patrimoine de l'Union.

Art. 22. — Le patrimoine de l'Union est formé au moyen :
1° Des cotisations annuelles des Syndicats adhérents ;
2° Des subventions qui peuvent lui être accordées;
3° Des dons qui peuvent lui être faits.

Il est administré par le bureau qui peut choisir un agent salarié.

Art. 23. — La cotisation annuelle de chaque syndicat est fixée à dix centimes par membre, mais avec un maximum de cinq francs. Toutefois ce minimum ne sera pas appliqué aux syndicats faisant partie d'une Sous-Union comprise dans la circonscription de l'Union.

Le maximum de la cotisation sera de vingt-cinq francs pour les syndicats cantonaux et d'arrondissement et de cinquante francs pour les syndicats de département.

TITRE VI
Dispositions générales.

Art. 24. — Tout membre d'un syndicat adhérent à l'Union participe aux avantages résultant de l'ensemble des services rendus par l'Union.

Art. 25. — Chaque syndicat adhérent conserve son autonomie et sa complète indépendance. Il peut, par suite, adhérer à une ou plusieurs Unions. Il n'est pas responsable des actes de gestion et d'administration de l'Union.

Statuts de la coopérative agricole du Sud-Est.

TITRE PREMIER

Formation de la Société. — Son objet. — Sa dénomination. — Sa durée. — Son siège.

Article Premier. — Il est formé, entre les personnes qui adhèrent aux présents statuts par la souscription ou la possession d'une ou plusieurs parts qui sont ou seront créées, une

Société coopérative de production et de consommation, civile anonyme à capital et personnes variables.

Art. 2. — Cette Société a pour double objet :

1° Les achats des coopérateurs ;

2° La vente de leurs produits agricoles ;

3° Et tout traité pouvant leur procurer un avantage.

Peuvent être coopérateurs non seulement les porteurs de parts, mais encore toute personne qui serait admise comme adhérent participant aux clauses et conditions fixées par le Conseil d'administration, notamment moyennant un droit d'entrée qui ne pourra dans aucun cas être inférieur à 8 francs.

L'adhérent participant n'a pas droit de s'immiscer dans les affaires sociales.

La Société est exclusive de toute idée de spéculation. Elle s'interdit toute discussion politique, religieuse ou étrangère à son but.

Art. 3. — La Société prend la dénomination de : Coopérative Agricole du Sud-Est.

Art. 4. — Sa durée est fixée à 10 ans à compter du jour de sa constitution définitive, sauf prorogation ou dissolution anticipée.

Art. 5. — Son siège est à Lyon, rue du Garet, 9 ; il pourra être transporté ailleurs dans Lyon, en vertu d'une simple décision du Conseil d'administration.

TITRE I

Capital social. — Parts. — Versements. — Transferts.

Art. 6. — Le capital social est quant à présent fixé à la somme de cinquante mille francs, divisé en cinq cents parts de cent francs chacune. Toutefois, au cours du premier exercice, le Conseil d'administration aura le droit de porter, en une ou plusieurs fois, le capital social au total de soixante-quinze mille francs au moyen de souscriptions postérieures à la constitution. Il avisera comme il l'entendra au meilleur moyen de se procurer des souscriptions, mais ne sera nullement tenu, en ce qui concerne le capital nouveau, d'attendre qu'il soit souscrit en totalité et réalisé dans la proportion de moitié comme pour le capital initial.

Le capital pourra être ensuite augmenté d'année en année par délibération de l'Assemblée générale décidant la création de nouvelles émissions de parts.

Il pourra, par contre, être réduit par suite de reprises d'apports résultant de retraite ou d'exclusion de porteurs de parts, mais jamais de plus du dixième de capital initial ou augmenté.

Art. 7. — Chaque part est payable :

Moitié en souscrivant, et le surplus à l'appel du Conseil d'administration.

Tout souscripteur pourra se libérer en totalité par un seul versement.

Les versements en retard seront passibles d'un intérêt à raison de 5 0/0 l'an. — Passé le délai de trois mois, la Société en disposera aux risques et périls du souscripteur après une mise en demeure préalable par simple lettre recommandée.

Les porteurs de parts, conformément à la loi, ne sont engagés que jusqu'à concurrence du montant des parts par eux souscrites.

Art. 8. — Les parts seront toujours nominatives, les titres de ces parts seront extraits de registres à souches, signés de deux administrateurs et frappés du timbre de la Société. — Elles sont indivisibles à l'égard de la Société, qui ne reconnaît qu'un seul propriétaire par part. — En conséquence, tous les copropriétaires d'une part sont tenus de se faire représenter par un seul d'entre eux. — Nul ne peut posséder plus de 50 parts.

Art. 9. — Les parts seront transmises par une inscription sur les registres de la Société, signée du cédant, du concessionnaire et d'un administrateur. — Toutefois, le transfert est subordonné à l'agrément du Conseil d'administration.

TITRE III
Admissions. — Retraites. — Exclusions.

Art. 10. — Lorsqu'en vertu de l'art. 6 une augmentation du capital aura été décidée par une Assemblée générale, l'émission des nouvelles parts aura lieu aux conditions fixées par ladite Assemblée, qui devra donner un droit de préférence aux anciens porteurs, mais l'admission des nouveaux porteurs de parts ne pourra avoir lieu qu'en vertu d'une décision du Conseil d'administration.

Art. 11. — Tout porteur de parts a le droit de se retirer de la Société au moyen d'une déclaration signée de lui sur un registre spécial tenu au siège de la Société. La déclaration devra être faite un mois au moins avant la clôture de l'exercice annuel.

Art. 12. — Le Conseil d'administration pourra proposer l'exclusion d'un ou plusieurs porteurs de parts à l'Assemblée générale, qui se prononcera sur les conditions fixées par l'art. 52 de la loi du 24 juillet 1867.

Art. 13. — La retraite et l'exclusion des porteurs de parts cessent d'être praticables lorsque le capital social sera réduit au minimum fixé par l'art. 6, à moins que l'associé sortant ne soit immédiatement remplacé par un nouvel associé dont l'apport soit au moins égal au sein.

Art. 14. — Lors de la retraite ou de l'exclusion d'un porteur de parts, la Société doit lui rembourser ses parts, au prix fixé par la dernière Assemblée générale. — Ce remboursement, ainsi que le paiement du dividende d'intérêt et de la quote-part de coopération lui revenant, ne seront exigibles qu'à l'époque fixée par le Conseil d'administration pour le paiement du dividende d'intérêt et de la répartition pour trop-perçu de l'exercice en cours, conformément aux dispositions de l'art. 44.

Le porteur de parts qui cesse de faire partie de la Société reste tenu pendant cinq ans, envers les coassociés et envers les tiers, de toutes les dettes et de tous les engagements de la Société contractés avant sa sortie, mais cette responsabilité ne peut excéder le montant de ses parts.

Art. 15. — En cas de retraite volontaire ou forcée, les porteurs de parts ou leurs héritiers ou ayants droit ne peuvent, sous aucun prétexte, provoquer l'apposition des scellés sur les biens ou valeurs de la Société, en demander le partage ou la licitation, ni s'immiscer en aucune façon dans son administration; ils doivent, pour l'exercice de leurs droits, s'en rapporter aux décisions de l'Assemblée générale.

En cas de décès d'un porteur de parts, le Conseil d'administration aura toujours le droit de rembourser les héritiers dans les conditions de l'article 14.

TITRE IV
Administration.

Art. 16. — La Société est administrée par un Conseil composé de 9 membres au moins, et de 18 au plus, pris parmi les porteurs de parts et nommés par l'Assemblée générale.

Art. 17. — Les administrateurs doivent être propriétaires pendant toute la durée de leur mandat chacun d'une part. Cette part est affectée à la garantie de tous les actes de leur gestion, même de ceux qui seraient exclusivement personnels à l'un des administrateurs. Elles sont inaliénables, frappées d'un timbre indiquant la caisse sociale.

Art. 18. — Les Administrateurs sont nommés pour six ans.

Le Conseil d'administration se renouvelle par tiers tous les 2 ans. Les deux premières séries sont désignées par le sort. Les administrateurs sont toujours rééligibles.

Art. 19. — En cas de vacance par décès, démission ou autre cause, d'un ou de plusieurs administrateurs, ils peuvent être provisoirement remplacés par le Conseil, par voie d'élection, jusqu'à la prochaine Assemblée générale qui procède à l'élection définitive. Le membre ainsi nommé achève le temps de celui qu'il a remplacé.

Art. 20. — Chaque année, le Conseil nomme parmi ses membres son bureau composé d'un président, de deux vice-présidents et de deux secrétaires.

Art. 21. — Le Conseil d'administration se réunit au siège social, aussi souvent que l'intérêt de la Société l'exige et au moins une fois tous les deux mois, sur la convocation du Président, ou, en cas d'empêchement, sur celle d'un des vice-présidents. Les délibérations sont prises à la majorité des voix des membres présents ; en cas de partage, la voix du président est prépondérante.

Nul ne peut voter par procuration dans le sein du Conseil.

Art. 22. — Les délibérations sont constatées par des procès-verbaux qui sont portés sur un registre tenu au siège de la Société et signé par le président et le secrétaire qui y ont pris part.

Les copies ou extraits des délibérations à produire, en justice ou ailleurs, sont certifiés par le président du Conseil ou l'un des vice-présidents.

Art. 23. — Le Conseil a les pouvoirs les plus étendus pour l'administration des biens et des affaires de la Société ; il peut même transiger, compromettre, donner tous désistements et mains-levées, avec ou sans paiement. Il arrête les comptes qui doivent être soumis à l'Assemblée générale, propose tous projets d'augmentation du capital, toutes modifications énumérées à l'art. 40.

Le Président du Conseil représente la Société en justice, tant en demandant qu'en défendant ; en conséquence, c'est à sa requête, ou contre lui, que doivent être intentées toutes les actions judiciaires.

Les pouvoirs sus énoncés ne sont qu'indicatifs et non limitatifs.

Art. 24. — Les Administrateurs ne reçoivent aucun jeton de présence, leur concours est donc absolument gratuit. Ils ne sont responsables que de l'exécution du mandat qu'ils ont reçu ; ils ne contractent aucune obligation personnelle ou solidaire à raison de leur gestion, relativement aux obligations de la Société.

Art. 25. — Le Conseil peut déléguer ses pouvoirs à un Comité de direction de 3 ou 5 membres.

Le Conseil nommera en outre un Directeur, qui pourra être une personne étrangère à la Société ; de même il pourra le révoquer.

TITRE V

Direction.

Art. 26. — Le Conseil de direction, et, sous son autorité, le Directeur, sont chargés, chacun en ce qui le concerne, de l'exécution des décisions du Conseil d'administration et de la gestion des affaires sociales.

Le Directeur reçoit un traitement annuel dont la quotité est arrêtée par le Conseil d'administration, qui détermine aussi les autres avantages qui peuvent lui être accordés.

Art. 27. — Le Directeur représente le Conseil d'administration vis-à-vis des tiers, dans la limite des pouvoirs qui lui ont été conférés par le Comité de direction.

TITRE VI

Commission de surveillance.

Art. 28. — Conformément à l'article 32 de la loi du 24 juillet 1867, un ou plusieurs commissaires, membres ou non de la Société, seront désignés chaque année par l'Assemblée générale. Ils sont rééligibles et peuvent être rétribués par décision de ladite Assemblée générale.

TITRE VII

Assemblée générale.

Art. 29. — L'Assemblée générale régulièrement constituée représente l'universalité des porteurs de parts, ses décisions sont obligatoires pour tous, même pour les absents ou dissidents. Elle se compose de tous les porteurs de parts.

Art. 30. — Nul porteur de parts ne peut se faire représenter aux Assemblées générales que par un autre porteur de parts.

Art. 31. — L'Assemblée générale est présidée par le président du Conseil d'administration et, en son absence par un vice-président; à défaut, par l'administrateur que le Conseil désigne.

Les fonctions de scrutateurs sont remplies par les deux plus forts porteurs de parts présents ou représentés, et, sur leur refus, par ceux qui les suivent jusqu'à acceptation.

Le Bureau ainsi composé désigne le secrétaire.

Art. 32. — Les délibérations sont prises à la majorité des voix des membres présents ou représentés.

Chacun d'eux a autant de voix qu'il possède de parts, sauf à l'exception prévue par l'art. 27 de la loi du 24 juillet 1867 pour les assemblées constitutives.

Art. 33. — Ces délibérations sont constatées par des procès-verbaux inscrits sur un registre spécial et signé par les membres du Bureau. Une feuille de présence contenant les noms et les domiciles des porteurs de parts membres de l'Assemblée et le nombre de parts dont chacun est porteur est certifiée par le Bureau et annexée au procès-verbal pour être communiquée à tout requérant.

Art. 34. — Les copies ou extraits des délibérations de l'Assemblée à produire en justice ou ailleurs sont signés par deux membres du Conseil d'administration.

Art. 35. — Les convocations aux Assemblées générales ordinaires ou extraordinaires ont lieu par un avis inséré au moins huit jours avant l'époque de la réunion, dans l'un des journaux de Lyon désignés pour recevoir les annonces légales.

Ce délai sera le même dans le cas de deuxième convocation.

Lorsque l'Assemblée est extraordinaire, l'avis de convocation doit relater l'ordre du jour.

Art. 36. — L'ordre du jour est arrêté par le Conseil d'administration ; il est soumis préalablement aux commissaires. Il n'y est porté que les propositions émanant du Conseil ou des commissaires, ou qui ont été communiquées au Conseil un mois au moins avant la réunion avec la signature d'au moins vingt porteurs de parts.

Il ne peut être mis en délibération que les objets portés à l'ordre du jour.

Art. 37. — Il est tenu une Assemblée générale ordinaire chaque année du 1er octobre au 31 décembre à Lyon, au lieu désigné par le Conseil [d'administration dans sa convocation.

Art. 38. — L'Assemblée générale ordinaire délibère valablement lorsqu'elle est composée d'un nombre de porteurs de parts représentant le quart au moins du capital social alors existant.

Si cette condition n'est pas remplie à la première réunion, la délibération ne peut avoir lieu.

Il est fait une nouvelle convocation conformément à l'art. 35, et la délibération sur les objets à l'ordre du jour de la première réunion est valable quel que soit le nombre des membres présents et des parts représentées.

ART. 39. — L'Assemblée générale annuelle entend le rapport des commissaires sur la situation de la Société, sur le bilan et sur les comptes présentés par les administrateurs. Elle discute, et, s'il y a lieu, approuve les comptes. Elle fixe la somme à répartir entre les coopérateurs et la valeur des parts.

Elle nomme les administrateurs à remplacer, et les commissaires chargés de la surveillance pour l'exercice suivant.

Sur la proposition du Conseil d'administration, elle décide, s'il y a lieu, d'augmenter le capital social. Elle constate les augmentations et diminutions de capital effectuées.

Elle délibère et statue souverainement sur tous les intérêts de la Société. Elle confère au Conseil d'administration tous les pouvoirs supplémentaires qui seraient reconnus utiles.

ART. 40. — Les Assemblées générales extraordinaires qui ont à délibérer sur des modifications aux statuts, des propositions de continuation de la Société au-delà du terme fixé pour sa durée ou de dissolution avant ce terme, de transformation de la Société, de l'extension de l'objet de la Société (notamment aux opérations de crédit agricole), de la fusion avec toute autre société, ne sont régulièrement constituées et ne délibèrent valablement qu'autant qu'elles sont composées d'un nombre de porteurs de parts représentant la moitié au moins du capital social alors existant.

TITRE VII

Inventaire. — Etat de situation.

ART. 41. — L'exercice commence le 1er juillet et finit le 30 juin. Par exception, le premier exercice comprend le temps écoulé entre la constitution définitive de la Société et le 30 juin 1894.

L'intérêt à servir aux porteurs de parts ne commencera à courir qu'à partir du 1er juillet 1893.

Il est établi à la fin de chaque année sociale un inventaire contenant l'indication des valeurs mobilières et immobilières, et de toutes les dettes actives et passives de la Société, y compris les frais de déplacement, s'il y a lieu, des Administrateurs habitant hors Lyon. Cet inventaire est mis, ainsi que le bilan et le compte des profits et pertes, à la disposition des commissaires, le quatrième jour au plus tard avant l'Assemblée générale.

Ces divers documents sont ensuite présentés à l'Assemblée générale.

Tout porteur de parts peut en prendre, à l'avance, communication au siège social, ainsi que de la liste des porteurs de parts pendant les quinze jours qui précèdent la réunion de l'Assemblée générale.

ART. 42. — Le Conseil d'administration dresse chaque semestre un état sommaire de la situation active et passive de la Société. Cet état est mis à la disposition des commissaires.

TITRE IX
Répartition.

ART. 43. — Si, lors de l'inventaire annuel, l'actif surpasse le passif, il est prélevé 5 0/0 sur la différence entre ces deux sommes pour constituer la réserve légale.

Et le surplus :

La somme nécessaire pour payer aux porteurs de parts un intérêt de 5 0/0 net d'impôts du capital versé.

Si, après ce double prélèvement, il existe un excédent, il est réparti de la manière suivante :

10 0/0 pour un fonds de réserve supplémentaire.

10 0/0 à la disposition du Conseil d'administration pour être employés en gratifications à la direction et au personnel.

80 0/0 aux coopérateurs (porteurs de parts ou adhérents participants), au prorata du montant de leurs opérations.

En cas d'insuffisance pour le paiement de l'unique dividende d'intérêt de 5 0/0 aux porteurs de parts, le complément sera pris sur les fonds de réserve supplémentaires, et à défaut sur les profits disponibles des exercices suivants après prélèvement de la réserve légale.

Dans le cas où l'inventaire révélerait des pertes, le montant de ces pertes serait prélevé sur les fonds de réserve, et en cas d'insuffisance sur les profits disponibles des exercices suivants et avant le prélèvement des intérêts du capital social.

ART. 44. — Le paiement du dividende d'intérêt aux porteurs de parts et de la répartition aux coopérateurs pour trop perçu, ont lieu dans les trois mois qui suivent l'Assemblée générale annuelle, aux époques fixées par le Conseil d'administration, par les voies et moyens indiqués par lui.

Le dividende d'intérêt est valablement payé au porteur du titre ou du coupon et sans responsabilité aucune pour la société en cas de perte ou de soustraction du titre ou du coupon.

ART. 45. — Tout dividende d'intérêt non réclamé dans les cinq ans de son exigibilité est prescrit au profit de la Société.

Toute répartition non réclamée dans l'année de l'exigibilité est prescrite au profit de la Société.

Les sommes prescrites sont versées au fonds de réserve supplémentaire.

TITRE X
Fonds de réserve.

ART. 46. — Un double fonds de réserve est constitué par l'accumulation des sommes prélevées sur les profits annuels, conformément aux dispositions de l'art. 43, pour faire face aux charges et dépenses extraordinaires et imprévues.

Lorsque le fonds légal de réserve aura atteint le dixième du capital initial ou augmenté, le prélèvement affecté à sa création cessera de lui profiter et sera versé au compte de réserve supplémentaire.

Lorsque la somme des réserves aura atteint le quart du capital initial ou augmenté, l'Assemblée générale décidera, sur la proposition du Conseil d'administration, si le surplus sera laissé à ce compte en totalité ou en partie, ou distribué au personnel, ou réparti entre les coopérateurs, ou enfin employé à des œuvres d'intérêt agricole.

TITRE XI
Contestations.

ART. 47. — Toutes les contestations qui pourront s'élever pendant la durée de la Société ou au cours de la liquidation, à raison des affaires sociales, seront jugées à Lyon, par les tribunaux compétents ; mais, préalablement à toute instance judiciaire, elles seront soumises à l'examen du Comité consultatif du Contentieux de la Société.

ART. 48. — Dans le cas de contestation, tout porteur de parts devra faire élection de domicile à Lyon, et toutes assignations et notifications seront valablement données au domicile élu par lui, sans égard à la distance du domicile réel.

A défaut d'élection de domicile, cette élection aura lieu de plein droit, pour les notifications judiciaires et extra-judiciaires, au Parquet de M. le Procureur de la République près le Tribunal civil de Lyon.

TITRE XII
Dissolution. — Liquidation.

ART. 49. — A l'expiration de la Société, ou en cas de dissolution anticipée, l'Assemblée règle le mode de liquidation, elle nomme un ou plusieurs liquidateurs ou confie la liquidation aux administrateurs en exercice. Pendant la liquidation les pouvoirs de l'Assemblée générale se continuent comme pendant l'existence de la Société. Toutes les valeurs de la Société sont réalisées par les liquidateurs, qui ont à cet effet les pouvoirs les plus étendus, et après paiement des dettes sociales et remboursement du capital, sur la proposition du Conseil d'administration, l'Assemblée extraordinaire pourra décider de l'emploi des fonds de réserve à des œuvres d'intérêt agricole.

Projet de loi sur les syndicats économiques agricoles.

Déposé le 15 juin 1908 sur le bureau de la Chambre par M. Ruau ministre de l'Agriculture.

ARTICLE PREMIER. — Les syndicats économiques agricoles composés exclusivement d'agriculteurs ont pour but, à condition toutefois d'être gérés gratuitement et de ne pas réaliser de bénéfices commerciaux, de servir d'intermédiaire à leurs membres :

1º Soit pour l'achat en commun des engrais, machines, instruments, appareils et outils, semences et plants, animaux et matières alimentaires pour le bétail, produits divers utiles à l'exploitation du sol, la destruction des insectes ou animaux nuisibles et la lutte contre les maladies cryptogamiques;

2º Soit pour la vente en commun des produits agricoles récoltés exclusivement par leurs membres.

Ils pourront se constituer en se soumettant aux formalités prescrites par l'art. 4 de la loi du 21 mars 1884 sur les syndicats professionnels; leur est applicable également le premier paragraphe de l'art. 6 de la même loi.

Ils pourront faire emploi de sommes provenant des cotisations et se rendre acquéreurs des immeubles nécessaires à leurs réunions et au dépôt de marchandises et produits ci-dessus désignés.

Leur sont applicables les art. 1er de la loi du 5 nov. 1894, 5 et 10 de la loi du 19 avril 1905 et 4 de la loi du 29 décembre 1906.

ART. 2. — Les infractions aux dispositions de la présente loi seront poursuivies contre les directeurs ou administrateurs de syndicats et punies d'une amende de 16 à 200 francs; les tribunaux pourront, en outre, à la diligence du procureur de la République, prononcer la dissolution du Syndicat.

ART. 3. — La présente loi est applicable à l'Algérie et aux colonies.

Modèle de statuts d'une Société de laiterie coopérative.
But et organisation de la Société.

Article premier. — Il est formé entre les cultivateurs du
et des communes environnantes une association qui prend le
titre de : Société de la laiterie coopérative de

Art. 2. — Cette association a pour but la fabrication des
beurres en commun pour en obtenir des prix plus élevés. Elle
s'autorise, dans la localité, la vente au détail.

Chaque sociétaire doit fournir à la société tout le lait qu'il
produit, à l'exception de la quantité nécessaire à l'alimentation de sa maison et s'interdit, par conséquent, la fabrication
du beurre pour la vente.

La vente du lait, s'il y a lieu, se fait par l'intermédiaire de
bons de lait délivrés au nom et par les soins de la Société.

Art. 3. — Le siège de la Société est à la laiterie. Sur la
convocation du président, elle se réunit en assemblée générale
au mois de janvier de chaque année. A cette réunion, il sera
rendu compte par le bureau des opérations de l'année et de la
situation financière de la société.

En outre, la société pourra être convoquée en assemblée
générale extraordinaire sur la demande d'un tiers des sociétaires.

Pour être régulièrement constituée, dans tous les cas, l'assemblée devra réunir au moins la moitié de ses membres ;
en cas d'insuffisance de ses membres présents, il sera procédé
à huitaine à une nouvelle réunion dans laquelle les questions
à l'ordre du jour seules seront traitées, quel que soit le nombre
des assistants.

Art. 4. — Toutes discussions politiques ou religieuses sont
rigoureusement interdites. En outre, tout sociétaire qui criti-
quera ouvertement, sans motifs valables, les décisions du conseil et qui, par ses paroles ou tout autrement, cherchera à troubler le bon fonctionnement de la société, pourra être puni
d'une amende de cinq à cent francs, et, en cas de récidive,
exclu au besoin par décision du conseil d'administration.

Art. 5. — La durée de la Société est fixée à six ans.

Le nombre des sociétaires est illimité. Un mois après la formation définitive de la société, les membres nouveaux devront
être agréés par le conseil d'administration et paieront un droit
d'entrée proportionnel au nombre de vaches qu'ils possèdent.
Ce droit sera fixé tous les mois par le conseil d'administration
qui pourra, lorsqu'il le jugera à propos, clore la liste des
sociétaires.

Art. 6. — En cas d'éloignement du siège de la Société ou difficulté d'accès pour le ramassage du lait, pouvant porter préjudice à la société, il appartiendra au conseil d'administration de fixer avec le sociétaire des conditions d'approche facilitant le service.

Art. 7. — Les engagements cesseront de part et d'autre en cas de décès ou d'abandon de la circonscription sociale. Toutefois, en cas de décès, la veuve ou les héritiers d'un sociétaire seront libres de continuer à faire partie de la Société. En cas d'abandon, soit pour cessation de bail ou pour toute autre cause forcée, le sociétaire pourra céder ses droits à son successeur, si ce dernier est agréé.

ÉCHANGE DE SOCIÉTAIRES

Art. 8. — Toute personne ayant fait partie d'une autre laiterie coopérative sera admise sans droit d'entrée si ladite laiterie admet la réciprocité et sous la condition d'être agréée par le conseil.

Dans le cas où un sociétaire irait habiter une région sans laiterie ou si l'entrée gratuite de la laiterie locale lui était refusée, le conseil jugerait s'il y a lieu de lui accorder une indemnité. Dans l'affirmative, le montant en serait fixé par le conseil.

Tout sociétaire qui, par suite de changement de domicile, cause des difficultés nouvelles de ramassage portant préjudice à la société, pourra, sur l'avis du conseil d'administration, en être exclu sous bénéfice d'une indemnité fixée par le conseil.

VACHES ADMISES A LA FOURNITURE DU LAIT

Art. 9. — La société n'admet, pour la fourniture du lait, que les vaches de nos races locales : parthenaise et ses dérivées (vendéenne, nantaise, maraîchine).

Toutefois, si, par suite des circonstances, il devenait utile de recourir à une importation de vaches autres que celles des races locales, la société, réunie de droit en assemblée générale sur la demande de 50 membres, pourra décider qu'il sera permis d'y recourir.

En ce cas, l'assemblée désignera les races qu'il sera permis d'importer.

MINIMUM DE RICHESSE DU LAIT

Art. 10. — Il sera établi un minimum moyen de richesse en beurre du lait que chaque vache doit normalement fournir.

Les propriétaires de vaches dont le lait moyen pendant toute la période de lactation n'atteindrait pas ce minimum seront invités à s'en défaire.

Le conseil sera juge du moment opportun et des mesures à prendre pour l'application de cette mesure.

PRÉLÈVEMENT D'ÉCHANTILLONS. FRAUDES DU LAIT

ART. 11. — Tout sociétaire convaincu d'avoir livré du lait fraudé par addition d'eau, écrémage ou autrement, sera passible d'une indemnité de 100 à 1.000 fr. envers la société pour réparation du préjudice causé. L'indemnité sera fixée par le conseil sur la proposition du bureau.

La condamnation à l'indemnité entraîne l'exclusion du fraudeur.

Le bureau est autorisé à prélever ou faire prélever des échantillons de lait chez tous les sociétaires à toute époque et à toute heure du jour.

Ces échantillons seront pris en triple par un employé spécial désigné par le bureau en présence du sociétaire, de son conjoint ou de la personne chargée de remettre le lait au porteur de la société, à leur défaut en présence de deux témoins qui certifieront, sur des étiquettes fixées aux fioles contenant les échantillons, que l'opération a eu lieu régulièrement en leur présence.

Ces fioles seront cachetées à la cire et porteront l'empreinte du cachet de la société, l'une d'elles sera remise au sociétaire ou à son représentant, la seconde sera déposée à la mairie de et la troisième sera conservée par l'agent de la société pour être soumise à une analyse.

Le sociétaire pourra, s'il le juge utile, coller une bande de papier gommé revêtue de sa signature sur le cachet de chacune de ces fioles.

Un nouvel échantillon en triple sera pris le soir même ou le lendemain matin, après la traite des vaches, faite en présence de l'agent de la société d'une part, et du sociétaire ou de son représentant et deux témoins d'autre part. Ces échantillons seront cachetés, étiquetés et déposés comme les premiers, pour être également analysés.

Tout prélèvement sera constaté par un procès-verbal en deux originaux, dressé dans les vingt-quatre heures, par le contrôleur de la Société. Le sociétaire chez lequel le prélèvement aura été fait sera invité à signer ce procès-verbal dont il lui sera remis un exemplaire.

Lorsqu'il résultera de l'analyse des dits échantillons que le sociétaire chez lequel ils ont été prélevés a trompé la société, ce sociétaire sera passible de l'indemnité fixée comme il est indiqué au premier paragraphe de cet article.

CAS D'EXCLUSIONS

ART. 12. — L'exclusion peut être, en outre, prononcée contre un sociétaire dans les cas et suivant les formes ci-après :

1° Si le sociétaire est condamné à une peine criminelle ou correctionnelle en cas de fraude ou de vol ;

2° S'il ne remplit pas ses obligations vis-à-vis de la société : s'il commet des fraudes à son préjudice ; s'il cherche à lui nuire par des actes ou des propos de nature à troubler son fonctionnement.

L'exclusion est proposée par le conseil, le sociétaire présumé coupable ayant été, par lettre recommandée, appelé devant lui, contradictoirement entendu ou ayant fait défaut. Elle est prononcée par l'assemblée générale, sur un rapport du conseil résumant les faits et les explications entendues. Le vote a lieu sans débats, au scrutin secret, à la majorité absolue des membres présents.

ADMINISTRATION

ART. 13.— La société est gérée par un conseil d'administration renouvelable tous les ans, mais dont les membres sortants sont rééligibles. Ce conseil se compose des membres du bureau, au nombre de six, et d'un délégué au moins pour chacun des bourgs ou villages formant la circonscription sociale.

Les villages comprenant plus de vingt sociétaires auront droit à autant de délégués qu'ils auront de fois vingt sociétaires ou fraction de vingt.

ART. 14. — Le bureau se compose de :

Un président, deux vice-présidents, un trésorier et deux secrétaires.

Tous les membres du bureau sont nommés par l'assemblée générale des sociétaires, au scrutin secret et à la majorité relative.

Les délégués sont respectivement élus par les sociétaires de leur village, les maisons isolées ayant été préalablement réunies à un village voisin.

ART. 15. — Le conseil d'administration est chargé de tout ce qui se rattache au bon fonctionnement de la société, de veiller à l'exécution pleine et entière des statuts et d'approuver, après vérification, toutes les opérations qui ont été faites.

Il se réunit une fois par mois sur la convocation du président.

ART. 16. — Le bureau se réunit toutes les fois que le président juge utile de le convoquer. Il traite les affaires courantes, prépare les comptes mensuels et décide sur les opérations qui ne peuvent attendre la session du conseil d'administration.

Les membres du bureau exercent un droit de surveillance sur tout le personnel salarié.

DÉMISSIONS

ART. 17. — Les membres du conseil d'administration, démissionnaires ou décédés, seront remplacés provisoirement, dans la quinzaine qui suivra les vacances, par le conseil lui-même qui décidera quand sera réunie l'assemblée générale, s'il y a lieu, ou l'assemblée du village, qui aura à pourvoir au remplacement définitif. Les membres démissionnaires resteront en fonctions jusqu'à leur remplacement.

ATTRIBUTIONS DES MEMBRES DU BUREAU

ART. 18. — Le président fait exécuter les décisions prises par le bureau ou le conseil d'administration et représente la société dans ses rapports avec les tiers ou l'autorité publique. Il fait les achats, passe les contrats, signe les correspondances, factures et mandats. Il fournit des explications au conseil d'administration et lui communique toutes les pièces dont il a besoin pour s'éclairer. Il a la police des assemblées qu'il préside et veille à ce que les discussions ne s'écartent pas de leur but spécial.

Les vice-présidents secondent le président dans l'accomplissement de sa tâche et le remplacent en cas d'absence ou d'empêchement.

Le trésorier est chargé du dépôt des valeurs en caisse, dont il est responsable. Il doit en rendre compte à toute réquisition et au moins une fois par an à l'assemblée générale.

Les secrétaires sont chargés de la rédaction des procès-verbaux des assemblées générales, des réunions du conseil d'administration et du bureau. Ils transcrivent ces procès-verbaux sur un registre ad hoc qu'ils doivent tenir à jour et qui est mis à la disposition des sociétaires qui désirent le consulter.

Chaque procès-verbal, après lecture et adoption, doit être signé, au registre des délibérations, par le président et celui des secrétaires qui l'a rédigé.

Toutes les fonctions administratives de la société sont complètement gratuites.

Ils devront s'assurer que le ramassage est fait régulièrement et exactement, et que le lait est fourni sans fraude et en bonne qualité.

Le conseil d'administration pourra en outre, s'il y a lieu, désigner un contrôleur salarié, chargé d'exercer la même surveillance.

Les délégués comme le contrôleur devront, en cas de fraude, inexactitude ou irrégularité, faire constater les faits incriminés et prévenir immédiatement le président, qui prendra les mesures nécessaires.

GESTION DE LA LAITERIE

ART. 20. — La gestion de la laiterie est confiée à un agent salarié. Ce gérant-comptable dirige le travail de la laiterie, donne des ordres à tout le personnel, fait exécuter les règlements intérieurs et extérieurs, et tient une comptabilité complète et régulière de toutes les opérations de la société ; le tout par délégation, sous la surveillance et conformément aux instructions du président.

Le gérant fait en outre les recouvrements et en dépose immédiatement le montant entre les mains du trésorier qui lui en délivre quittance. A la fin de chaque mois, le trésorier lui fait, d'après un mandat du président, remise des fonds nécessaires pour la répartition des sommes dues aux sociétaires.

ART. 21. — Aucun procès ne pourra être engagé sans l'assentiment du conseil d'administration, qui donnera, s'il y a lieu, pleins pouvoirs au président.

Les membres du conseil ne contractent, en raison de leur gestion, aucune obligation personnelle ; ils ne répondent que de leur mandat. (Art. 32 du Code de commerce.)

EMPRUNT

ART. 22. — L'achat du matériel et des accessoires, les constructions nécessaires à l'installation de la laiterie seront couverts à l'aide d'un emprunt.

Le conseil d'administration est chargé de réaliser cet emprunt, d'en fixer la somme, les conditions et le remboursement.

Tous les sociétaires seront solidairement responsables de cet emprunt.

BUDGET

ART. 23. — A la fin de chaque mois, le bureau déterminera

le prélèvement à opérer sur le prix de chaque litre de lait pour payer les dettes annuelles et de premier établissement.

Le surplus sera distribué entre les sociétaires au prorata des fournitures de lait qu'ils auront faites.

DISSOLUTION ET LIQUIDATION

ART. 24. — La dissolution de la société ne pourra être décidée avant l'achèvement de la période de cinq ans, à moins qu'en assemblée générale cette dissolution soit demandée par les trois quarts des sociétaires. Dans ce cas, chaque sociétaire participerait à l'actif et au passif de la société au prorata de la quantité de lait qu'il aurait fournie.

Au bout de la période de cinq ans, si la majorité des trois quarts entend continuer, pendant une autre période à fixer, chaque sociétaire sera libre de se retirer en abandonnant à la société tout l'actif net disponible. Dans le cas contraire, il sera procédé à la liquidation dans les conditions prévues au paragraphe précédent.

SOINS A DONNER AU LAIT

ART. 25. — Le lait demande des soins minutieux pour être livré en bon état, l'été surtout. Tout sociétaire doit se conformer aux prescriptions ci-après :

Le lait doit être coulé aussitôt après la traite dans un seau étamé et tenu en bon état de propreté.

Chaque tirée doit être mise séparément et apportée dans cet état à la voiture du laitier, si ce lait n'est pas complètement refroidi.

Le lait doit toujours être conservé dans un endroit frais et à l'abri de toute odeur.

Le lait des vaches nouvellement vêlées ne pourra être livré à la laiterie que le cinquième jour après la mise bas.

Des règlements particuliers, sanctionnés par des amendes, pourront être établis par le conseil d'administration pour fixer le régime à suivre dans tous les cas non prévus par les statuts.

Pour être exécutoires, ces règlements devront être portés à la connaissance de tous les sociétaires par voie d'affiches accolées aux voitures des laitiers.

REGISTRE D'ADHÉSION. — POLICE

ART. 26. — Chaque sociétaire signera le registre d'adhésion et recevra un double de sa police d'engagement.

Extrait du Code pénal, art. 423 : « Seront punis de la prison

ceux qui falsifieront les substances ou denrées alimentaires »
(Loi du 27 mars 1851).

Le présent règlement a été rédigé en assemblée générale le
, par tous les sociétaires présents.

Ce règlement sera imprimé en forme de livret et délivré à
chaque sociétaire lors de son entrée dans la société.

ASSURANCE DES ANIMAUX

ART. 27. — Il sera nommé une commission d'expertise à
raison de trois membres par section.

L'élection se fera dans les mêmes conditions que le conseil
d'administration ; cette commission composée de quinze membres nommera un président et deux vice-présidents; le président sera convoqué chaque fois que le conseil d'administration
se réunira; il aura voix délibérative; elle sera chargée d'estimer les animaux assurés des sociétaires avant et après le sinistre, sur la demande de ces derniers.

Les experts rempliront leur mandat dans leur section, l'assuré aura droit à un tiers expert, qu'il prendra dans la commission.

Les sociétaires n'auront aucun droit ni de réclamation, ni de
poursuites d'après l'estimation des commissaires chargés de
l'expertise.

Les sociétaires qui voudront participer à l'assurance devront
assurer tous leurs animaux par catégories, vaches, génisses et
veaux, ou leur assurance deviendrait nulle; il y aura pour le
nouvel assuré au moment où il prendra part à l'assurance,
obligation d'appeler les experts qui se rendront compte de la
situation des animaux qu'il voudra déclarer; le sociétaire qui
aurait renoncé à l'assurance et qui voudrait la reprendre serait
dans la même obligation.

Le sociétaire assuré qui voudra laisser l'assurance ne pourra
se retirer avant la fin du mois courant; il ne pourra en faire
partie de nouveau avant qu'il ne se soit écoulé une année à partir du jour de sa sortie.

Les génisses feront partie de l'assurance à partir de leur sevrage et paieront demi-taxe, elles seront considérées comme
vaches à partir du 29 septembre de l'année suivante, et paieront taxe entière.

Les veaux feront également partie de l'assurance à partir du
jour de leur sevrage, ils paieront demi-taxe jusqu'au vingt-
neuf septembre de l'année suivante, à partir de cette époque,
ils paieront taxe entière jusqu'au 15 mai suivant, et, cesseront
à dater de ce jour d'être assurés.

Il sera remboursé aux sociétaires quatre-vingt pour cent du prix estimatif des animaux assurés, perdus par mort naturelle ou accident.

Il ne sera alloué aucune indemnité si la perte de l'animal est due au manque de soin, à une imprudence grave, à un incendie ou à la foudre.

La valeur de l'animal sera payée par tous les sociétaires au prorata de la quantité des animaux assurés.

Les sinistres devront être signalés à bref délai aux experts de la section qui ne devront être ni parents ni alliés à l'assuré, à moins que ce ne soit au delà du quatrième degré ; lorsque ce cas se présentera ils auront recours aux experts d'une autre section.

La décision des délégués sera aussitôt soumise au président de la société, qui donnera les ordres au trésorier de payer le sinistre dans la quinzaine qui suivra l'expertise.

Il sera désigné par les sociétaires dans chaque section un membre auquel les assurés feront leur déclaration en cas d'achat ou de vente et pour une nouvelle inscription.

Chaque assuré aura un livret sur lequel sera inscrit le nombre de ses animaux assurés, il sera tenu, à chaque fois qu'il y aura un changement à faire, de se présenter chez l'expert de la section qui sera désigné.

L'assuré qui, ne livrant pas de lait, oubliera de payer sa part des sinistres sera prévenu ; après deux mois, il cessera de faire partie de l'assurance, à défaut de paiement.

L'assurance sera facultative pour les sociétaires.

(*Extrait de l'ouvrage de M. A. Roseray, professeur départemental d'agriculture.*)

Loi relative à la création de sociétés de crédit agricole.

5 novembre 1894

ARTICLE PREMIER. — Des sociétés de crédit agricole peuvent être constituées, soit par la totalité ou par une partie des membres d'un ou de plusieurs syndicats professionnels agricoles, soit par la totalité ou par une partie des membres d'une ou de plusieurs sociétés d'assurances mutuelles agricoles régies par la loi du 4 juillet 1900 ; elles ont exclusivement pour objet de faciliter et même de garantir les opérations concernant l'industrie agricole et effectuées par ces syndicats ou ces sociétés d'assurance, ou par des membres de ces syndicats ou de ces sociétés d'assurances.

Ces sociétés peuvent recevoir des dépôts de fonds en comptes courants avec ou sans intérêts, se charger, relativement aux opérations concernant l'industrie agricole, des recouvrements ou des payements à faire pour les syndicats ou pour les membres de ces syndicats. Elles peuvent, notamment, contracter les emprunts nécessaires pour constituer ou augmenter leurs fonds de roulement.

Le capital social ne peut être formé par des souscriptions d'actions. Il pourra être constitué à l'aide de souscriptions des membres de la société. Ces souscriptions formeront des parts qui pourront être de valeur inégale ; elles seront nominatives et ne seront transmissibles que par voie de cession aux membres des syndicats et avec l'agrément de la société.

La société ne pourra être constituée qu'après versement du quart du capital souscrit.

Dans le cas où la société serait constituée sous la forme de société à capital variable, le capital ne pourra être réduit par les reprises des apports des sociétaires sortant au-dessous du montant du capital de fondation.

ART. 2. — Les statuts détermineront le siège et le mode d'administration de la société de crédit, les conditions nécessaires à la modification de ces statuts et à la dissolution de la société, la composition du capital et la proportion dans laquelle chacun de ses membres contribuera à sa constitution.

Ils détermineront le maximum des dépôts à recevoir en comptes courants.

Ils règleront l'étendue et les conditions de la responsabilité qui incombera à chacun des sociétaires dans les engagements pris par la société.

Les sociétaires ne pourront être libérés de leurs engagements qu'après la liquidation des opérations contractées par la société antérieurement à leur sortie.

ART. 3. — Les statuts détermineront les prélèvements, qui seront opérés au profit de la société sur les opérations faites par elle.

Les sommes résultant de ces prélèvements, après acquittement des frais généraux et payement des intérêts des emprunts et du capital social, seront d'abord affectées, jusqu'à concurrence des trois quarts au moins, à la constitution d'un fonds de réserve, jusqu'à ce qu'il ait atteint au moins la moitié de ce capital.

Le surplus pourra être réparti, à la fin de chaque exercice, entre les syndicats et entre les membres des syndicats au prorata des prélèvements faits sur leurs opérations. Il ne pourra, en aucun cas, être partagé, sous forme de dividende, entre les membres de la société.

A la dissolution de la société, ce fonds de réserve et le reste de l'actif seront partagés entre les sociétaires, proportionnellement à leur souscription, à moins que les statuts n'en aient affecté l'emploi à une œuvre d'intérêt agricole.

Les sociétés de crédit autorisées par la présente loi sont des sociétés commerciales dont les livres doivent être tenus conformément aux prescriptions du Code de commerce.

Elles sont exemptes du droit de patente ainsi que de l'impôt sur les valeurs mobilières.

ART. 5. — Les conditions de publicité prescrites pour les sociétés commerciales ordinaires sont remplacées par les dispositions suivantes :

Avant toute opération, les statuts, avec la liste complète des administrateurs ou directeurs et des sociétaires, indiquant leurs noms, profession, domicile et le montant de chaque souscription, seront déposés, en double exemplaire, au greffe de la justice de paix du canton où la société a son siège principal. Il en sera donné récépissé.

Un exemplaire des statuts et de la liste des membres de la société sera, par les soins du juge de paix, déposé au greffe du tribunal de commerce de l'arrondissement.

Chaque année, dans la première quinzaine de février, le directeur ou un administrateur de la société déposera, en double exemplaire, au greffe de la justice de paix du canton, avec la liste des membres faisant partie de la société à cette date, le tableau sommaire des recettes et des dépenses, ainsi que des opérations effectuées dans l'année précédente. Un des exemplaires sera déposé par les soins du juge de paix au greffe du tribunal de commerce.

Les documents déposés aux greffes de la justice de paix et du tribunal de commerce seront communiqués à tout requérant.

ART. 6 (modifié par la loi du 20 juillet 1901). — Les membres chargés de l'administration de la société seront personnellement responsables, en cas de violation des statuts ou des dispositions de la présente loi du préjudice résultant de cette violation.

En outre et au cas de fausse déclaration relative aux statuts ou aux noms et qualités des administrateurs, des directeurs ou des sociétaires, ils pourront être poursuivis et punis d'une amende de seize francs (16 francs) à cinq cents francs (500 francs).

ART. 7. — La présente loi est applicable à l'Algérie et aux colonies.

Loi ayant pour but l'institution des caisses régionales de crédit agricole mutuel et les encouragements à leur donner ainsi qu'aux sociétés et aux banques locales de crédit agricole mutuel.

(31 mars 1899).

ARTICLE PREMIER. — L'avance de quarante millions de francs (40.000.000 fr.) et la redevance annuelle à verser au Trésor par la Banque de France, en vertu de la Convention du 31 octobre 1896, approuvée par la loi du 17 novembre 1897, sont mises à la disposition du Gouvernement pour être attribuées à titre d'avances sans intérêts aux caisses régionales de crédit agricole mutuel qui seront constituées d'après les dispositions de la loi du 5 novembre 1894.

(Loi du 29 décembre 1906.)

Le Gouvernement peut, en outre, prélever sur les redevances annuelles et remettre gratuitement aux dites caisses régionales des avances spéciales destinées aux sociétés coopératives agricoles et remboursables dans un délai maximum de vingt-cinq années.

Ces avances ne pourront dépasser le tiers des redevances versées annuellement par la Banque de France dans les caisses du Trésor en vertu de la Convention du 31 octobre 1896 approuvée par la loi du 17 novembre.

ART. 2. — Les caisses régionales ont pour but de faciliter les opérations concernant l'industrie agricole effectuées par les membres des sociétés locales de crédit agricole mutuel de leur circonscription et garanties par ces sociétés.

A cet effet, elles escomptent les effets souscrits par les membres des sociétés locales et endossés par ces sociétés.

Elles peuvent faire à ces sociétés les avances pour la constitution de leurs fonds de roulement.

Toutes autres opérations leur sont interdites.

ART. 3 (Modifié par la loi du 25 décembre 1900). — Le montant des avances faites aux caisses régionales ne pourra excéder le quadruple du montant du capital versé en espèces. Ces avances ne pourront être faites pour une durée de plus de cinq ans. Elles pourront être renouvelées.

Elles deviendront immédiatement remboursables en cas de violation des statuts ou de modifications à ces statuts qui diminueraient les garanties de remboursement.

Les Associations agricoles.   19

Art. 4 (Abrogé et remplacé par la loi du 29 décembre 1906, art. 5. V. n° 105 *bis*).

Art. 5. — Un décret, rendu sur l'avis de la Commission, fixera les moyens de contrôle et de surveillance à exercer sur les caisses régionales.

Les statuts de ces caisses devront être déposés au Ministère de l'Agriculture.

Ces statuts indiqueront la circonscription territoriale des sociétés, la nature et l'étendue de leurs opérations et leur mode d'administration.

Ils détermineront la composition du capital social, la proportion dans laquelle chaque sociétaire devra contribuer à sa constitution, ainsi que les conditions de retrait, s'il y a lieu, le nombre de parts dont les deux tiers au moins seront réservés de préférence aux sociétés locales, l'intérêt à allouer aux parts, lequel ne pourra dépasser cinq pour cent (5 0/0) du capital versé, le maximum des dépôts à recevoir en comptes-courants et le maximum des bons à émettre, lesquels réunis ne pourront excéder les trois quarts du montant des effets en portefeuille, les conditions et les règles applicables à la modification des statuts et à la liquidation de la Société.

Art. 6. — Le Ministre de l'Agriculture adressera chaque année, au Président de la République, un compte-rendu des opérations faites en exécution de la présente loi, lequel sera publié au *Journal officiel*.

Modèle de statuts d'une caisse locale de crédit agricole mutuel.

FONDATION. — CONSTITUTION

Article premier. — Entre les soussignés membres du syndicat professionnel agricole de
et le syndicat lui-même, qui ont adhéré aux présents statuts, il est fondé le (1).
une société de crédit agricole mutuel sous la dénomination de
Là loi du 5 novembre 1894 régit cette société.

Art. 2. — La circonscription territoriale de cette société comprendra (2)

. . . .

Art. 3. — Le siège social est établi à
sa durée est fixée à   années.

(1) Indiquer la date.
(2) Indiquer la ou les communes, le ou les cantons.

Art. 4. — La société ne peut être constituée qu'après versement du quart de capital souscrit.

Art. 5. — Avant toute opération, les statuts avec la liste complète des administrateurs ou directeurs et des sociétaires indiquant leur nom, profession, domicile et le montant de chaque souscription, doivent être déposés, en double exemplaire, au greffe de la justice de paix du canton où la société a son siège principal (1).

CAPITAL SOCIAL

Art. 6. — Le capital de fondation est fixé à la somme de
Il est divisé en parts d'une valeur de (2).

Le quart au moins doit être versé au moment de la souscription (3).

Art. 7. — Le capital social peut être augmenté au moyen soit de l'adjonction de nouveaux membres, soit de la souscription de nouvelles parts faite par les sociétaires, jusqu'à concurrence de   par délibération du conseil d'administration et de   par délibération de l'assemblée générale.

Le capital ne peut être réduit au-dessous du montant du capital de fondation.

Art. 8. — L'intérêt des parts est fixé pour la première année à   et doit être fixé annuellement par l'assemblée générale (Voir art. 36).

Art. 9. — Les parts sont nominatives. La propriété de ces parts est établie par une inscription sur un registre spécial et par la remise d'un certificat signé de deux administrateurs constatant le nombre de parts souscrites et portant un numéro d'ordre. La cession s'opère par une déclaration inscrite sur le certificat, signée du cédant, du concessionnaire ou de leur représentant et du délégué du conseil d'administration (4). Il

----

(1) Les pièces à déposer sont exemptes de timbre, à moins qu'elles ne soient établies sous forme d'actes réguliers. Les récépissés que les greffiers de paix délivrent, dans tous les cas, lors de ces dépôts ne sont pas sujets à être enregistrés dans un délai déterminé, mais ils doivent être rédigés sur papier frappé du timbre de dimension.

(2) L'article 1er, § 3, de la loi du 5 novembre 1894 est ainsi conçu :

« Le capital social ne peut être formé par des souscriptions d'actions. Il pourra être constitué à l'aide de souscriptions des membres de la société. Ces souscriptions formeront des parts qui pourront être de valeur inégale, etc.., »

(3) Le versement du quart du capital est le minimum exigé par la loi du 5 novembre 1894 (art. 1er, § 4). Il y aura lieu soit d'indiquer les délais pour le payement du solde, soit d'indiquer que des appels de fonds seront faits au fur et à mesure des besoins de la société.

(4) La remise du certificat est facultative. — Ces certificats ne consti-

est fait mention de la cession des parts sur le livre des sociétaires.

Les parts ne peuvent être cédées qu'avec l'agrément du conseil d'administration, à la condition que le cessionnaire soit membre d'un syndicat professionnel agricole.

ART. 10. — Le remboursement des parts ne peut être effectué qu'après autorisation de l'assemblée générale (Voir art. 12, 14, 26, 36).

SOCIÉTAIRES

ART. 11. — Tous les sociétaires sont engagés jusqu'à concurrence du montant des parts souscrites par eux (1).

Les nouveaux sociétaires doivent être admis par le conseil d'administration (Voir art. 26).

ART. 12. — Les sociétaires démissionnaires ou exclus ne peuvent être libérés de leurs engagements qu'après la liquidation des opérations contractées par la société antérieurement à leur sortie.

ART. 13. — Tout sociétaire

1° Dont les parts ne seront pas libérées trois mois après la mise en demeure de versement qui leur aura été faite par lettre recommandée avec accusé de réception ;

2° Qui aura été déclaré en état de faillite ou de liquidation judiciaire ;

3°. . . . .

sera exclu provisoirement par le conseil. La radiation ne sera définitive qu'après l'exclusion prononcée par l'assemblée générale à la majorité des votants.

ART. 14. — En cas de démission, exclusion ou décès, les sociétaires ou leurs héritiers ont droit au remboursement de leurs parts en tenant compte des conditions fixées par l'article 7 des présents statuts. Ce remboursement ne pourra être effectué qu'après l'assemblée générale qui suivra la démission, exclusion ou décès et qui aura approuvé les comptes de l'exercice. Ils ont droit uniquement au remboursement des sommes versées et des intérêts échus.

---

tuent pas des actions dans le sens prévu par la loi du 5 juin 1850 ; ils ne peuvent, dès lors, être soumis qu'au droit du timbre de dimension établi par l'application de la loi du 13 brumaire an VII.

(1) Les statuts peuvent prévoir une responsabilité plus grande, en inscrivant soit la solidarité illimitée des membres, soit une solidarité restreinte, cette solidarité restreinte comprenant un certain nombre de membres comme le conseil d'administration, ou x fois le montant de chaque part sociale.

En cas de décès d'un sociétaire, les héritiers désignent l'un d'eux pour les représenter.

OPÉRATIONS

ART. 15. — Les opérations de la société sont principalement les suivantes :

A. — Consentir des prêts, contre remise de papier négociable (1), à ses sociétaires qui justifieront de l'utilité et du caractère agricole de leurs emprunts et présenteront des garanties sérieuses.

B. — Garantir leurs opérations agricoles ;

C. — Escompter leurs effets ayant une cause agricole ;

D. — Faire réescompter ces effets par une caisse régionale, après les avoir endossés ;

E. — Se charger des recouvrements et des payements à faire pour le compte de ses sociétaires ;

F. — Recevoir des dépôts de fonds en comptes courants avec ou sans intérêts, jusqu'à concurrence de   ;

G. — Contracter les emprunts nécessaires à la constitution ou à l'augmentation de ses fonds de roulement ;

H. — Placer les fonds momentanément inutilisés (Voir art. 23).

CONSEIL D'ADMINISTRATION

ART. 16. — La société est administrée par un conseil d'administration composé de (2)   membres nommés par l'assemblée générale (Voir art. 34).

ART. 17. — Le conseil nomme chaque année son président, son ou ses vice-présidents et son ou ses secrétaires.

Le directeur ou l'administrateur délégué, le secrétaire peuvent seuls recevoir des émoluments.

ART. 18. — Le conseil peut déléguer tout ou partie de ses pouvoirs à un directeur, à ses administrateurs, à son secrétaire pour l'exécution des décisions de l'assemblée générale et du conseil d'administration (Voir art. 26).

ART. 19. — Les administrateurs ne sont responsables que de l'exécution du mandat qu'ils ont reçu. Ils n'engagent la société que dans la limite des pouvoirs que l'assemblée générale leur a conférés. Ils ne contractent, à raison de leur gestion, aucune obligation personnelle ni solidaire relativement aux engagements de la société.

(1) Billets à ordre, traites, warrants, etc.
(2) Indiquer le nombre.

Les administrateurs doivent être propriétaires de
parts inaliénables libérées et déposées dans la caisse sociale à
titre de garantie pendant toute la durée de leurs fonctions, et,
s'ils cessent d'être administrateurs, jusqu'à l'approbation des
comptes par l'assemblée générale.

ART. 20. — Le conseil se réunit toutes les fois que les circonstances l'exigent et au moins   fois par mois.

Les délibérations du conseil sont consignées sur un registre
signé par le président et le secrétaire.

Les décisions du conseil sont prises à la majorité des voix
des membres présents : en cas de partage égal des voix,
celle du président est prépondérante. Le conseil délibère valablement lorsque le nombre des administrateurs présents est
égal au moins à la moitié du nombre des membres du
conseil.

ART. 21. — En cas de démission ou décès d'un administrateur, il peut être provisoirement remplacé par le conseil jusqu'à la prochaine assemblée générale qui doit ratifier son choix.
L'administrateur ainsi nommé achève le temps de celui qu'il a
remplacé : il est rééligible.

ART. 22.— En cas de perte de la moitié du capital social, les
administrateurs sont tenus de provoquer la réunion de l'assemblée générale de tous les sociétaires (Voir art. 39).

ART. 23. —Le conseil a la charge de placer les fonds momentanément inutilisés en rentes sur l'Etat, bons du Trésor ou
autres valeurs créées ou garanties par l'Etat, en actions de la
Banque de France, en obligations des départements, des communes, du Crédit foncier de France ou des compagnies françaises de chemins de fer qui ont un minimum d'intérêts garanti par l'Etat. .

Ces fonds peuvent être également versés (en dépôt) dans les
caisses d'épargne, à la Banque de France et dans les caisses
régionales de crédit agricole mutuel qui ont obtenu des avances
de l'Etat.

Le conseil ordonne la vente des valeurs qu'il y a lieu de réaliser pour le fonctionnement de la caisse.

ART. 24. — Le conseil statue sur les demandes de prêts, fixe
le taux de ces prêts, ainsi que le taux de l'escompte et règle le
service des dépôts.

La comptabilité doit être tenue conformément aux prescriptions du Code de commerce et aux indications qui sont données par la caisse régionale.

ART. 25. — Chaque année, dans la première quinzaine de
février, le directeur ou un administrateur de la société dépose,

en double exemplaire, au greffe de la justice de paix du canton, avec la liste des membres faisant partie de la société à
cette date, le tableau sommaire des recettes et des dépenses,
ainsi que des opérations effectuées dans l'année précédente.

Art. 26. — Le conseil convoque les assemblées générales
ordinaires et extraordinaires, statue sur l'admission des sociétaires ; il examine les demandes d'exclusion et de remboursement qui sont soumises à l'approbation de l'assemblée générale
(Voir art. 13, 14, 31, 33).

Le conseil peut faire encaisser toutes sommes dues à la société à quelque titre que ce soit, en donner quittance, plaider,
transiger, compromettre, concilier ; nommer, révoquer tous
les directeurs, employés et agents ; déterminer leurs attributions, fixer leurs traitements et généralement décider et faire
exécuter tout ce qui rentre dans l'objet de la société et que la
loi ou les statuts n'attribuent pas à l'assemblée générale.

Art. 27. — Les extraits ou copies de l'assemblée générale
ou du conseil d'administration sont signés par le président et
par le secrétaire.

ASSEMBLÉES GÉNÉRALES

Art. 28. — L'assemblée générale est composée de tous les
sociétaires porteurs de parts depuis   mois. Régulièrement constituée, elle représente l'universalité des sociétaires ;
ses décisions sont obligatoires pour tous les sociétaires, même
pour les absents.

Art. 29. — L'assemblée générale se réunit chaque année
dans le courant de   ; elle est présidée par le président du conseil d'administration ou, à son défaut, par
Deux assesseurs sont désignés par l'assemblée.

Les délibérations sont consignées sur un livre des procès-
verbaux signé par le président et le secrétaire.

Les décisions de l'assemblée sont prises à la majorité des
voix. En cas de partage égal des voix, celle du président est
prépondérante.

Art. 30. — Chaque sociétaire a droit à autant de voix qu'il
a de parts sans qu'il puisse avoir plus de quatre ou cinq voix ;
il peut se faire représenter par un autre sociétaire porteur d'un
mandat écrit.

Art. 31. — La convocation aux assemblées générales contenant l'ordre du jour doit être envoyée aux intéressés au
moins (1)   jours avant la réunion (Voir article 26).

(1) Généralement huit à quinze jours.

Art. 32. — Les assemblées générales, pour délibérer valablement doivent être composées d'un nombre de porteurs de parts représentant le quart au moins du capital souscrit. Si l'assemblée ne réunit pas ce nombre, une nouvelle assemblée est convoquée et délibère valablement, quelle que soit la portion du capital représenté par les porteurs de parts présents.

Art. 33. — Des assemblées générales extraordinaires délibèrent notamment sur les modifications aux statuts et sur la dissolution de la société. Ces assemblées ne délibèrent valablement qu'autant qu'elles sont composées d'un nombre de porteurs de parts représentant la moitié au moins du capital souscrit.

Art. 34. — L'assemblée générale procède à la nomination et au renouvellement du conseil d'administration tous les ans par (1).

Les premiers membres sortants sont désignés par le sort. Tous les membres sortants sont rééligibles (Voir art. 21).

Art. 35. — L'assemblée générale annuelle désigne au moins deux commissaires chargés de faire un rapport à l'assemblée générale de l'année suivante sur la situation de la société.

Art. 36. — L'assemblée générale fixe annuellement, à la fin de l'exercice, l'intérêt des parts et la valeur de ces parts, qui ne peut pas dépasser le montant des sommes versées.

Elle statue sur les demandes de remboursements de parts, sur les exclusions de sociétaires, sur les versements qu'il y a lieu d'affecter aux fonds de réserve, discute et approuve les comptes, décide l'augmentation du capital (Voir art. 8, 10, 12, 13, 14, 26, 38).

INVENTAIRES. — BÉNÉFICES. — RÉSERVES

Art. 37. — L'année sociale commence le 1er janvier et finit le 31 décembre. A titre transitoire, le premier exercice doit commencer à la date de la constitution de la société.

Il est dressé, chaque année, un inventaire au 31 décembre.

Art. 38. — Après acquittement des tarifs généraux, payement des intérêts des emprunts des fonds déposés en comptes courants et des parts, les bénéfices doivent être d'abord affectés, jusqu'à concurrence des trois quarts au moins, à la constitution d'un fonds de réserve, jusqu'à ce qu'il ait atteint la moitié au moins du capital social versé.

L'excédent, par décision de l'assemblée générale, pourra

(1) Généralement par tiers ou quart.

être réparti entre les sociétaires au prorata des prélèvements faits sur leurs opérations (Voir art. 36).

DISSOLUTION. — LIQUIDATION

Art. 39. — Si, par suite de pertes, le capital se trouve réduit à la moitié du capital versé, le conseil d'administration convoque l'assemblée générale, afin de décider si la caisse doit continuer ses opérations (Voir art. 22).

Art. 40. — En cas de contestation, tout porteur de parts devra faire élection de domicile à
et le différend sera jugé par le tribunal de commerce de

Art. 41. — La société ne peut être dissoute par la mort, la retraite, la faillite, l'interdiction, la déconfiture d'un porteur de parts; elle continuera de plein droit entre les autres porteurs de parts.

Art. 42. — En cas de dissolution de la société, l'assemblée générale nomme, à la majorité des voix, un ou plusieurs liquidateurs chargés de réaliser l'actif, qui, après payement des dettes sociales, sera affecté à une œuvre d'intérêt agricole désignée par l'assemblée générale.

Statuts d'une caisse rurale de droit commun
(UNION DES CAISSES RURALES)

Article premier. — Entre les soussignés :
et toutes les personnes qui adhéreront aux présents statuts, il est fondé une Société en nom collectif, à capital variable, sous le nom de *caisse rurale de*
Cette société a pour but de procurer à ses membres le crédit qui leur est nécessaire pour leurs exploitations.

Art. 2. — Peuvent seules faire partie de la Société les personnes majeures, jouissant de leurs droits civils, habitant la commune de   ou y étant inscrites au rôle de l'impôt foncier.

Les nouveaux membres doivent être agréés par le Conseil d'administration de la Société et accepter toutes les obligations que les présents statuts imposent aux associés. Tout candidat refusé par le Conseil d'administration peut en appeler à l'Assemblée générale, qui statue en dernier ressort dans sa plus prochaine réunion.

Art. 3. — On perd la qualité d'associé :

1o Par démission volontaire : elle peut être donnée en tout temps;

2º Par décès : les héritiers du décédé ne peuvent jouir d'aucun des droits ou prérogatives de leur auteur ;

3º Par la cessation des conditions de résidence ou d'inscription au rôle de l'impôt foncier exigées par les présents statuts ;

4º Par exclusion : elle peut être prononcée par le Conseil d'administration :

a) Si l'accusé est condamné à une peine correctionnelle ou criminelle ;

b) S'il est déclaré en faillite ou s'il se trouve en état de déconfiture notoire ;

c) S'il ne remplit pas ses obligations vis-à-vis de la Société ; s'il n'affecte pas les fonds empruntés à l'emploi qui a été déterminé ; s'il oblige la Société à recourir contre lui aux voies judiciaires.

L'associé qui n'accepterait pas la décision du Conseil d'administration pourra appeler à l'Assemblée générale, qui statuera en dernier ressort. L'exclusion ne pourra être prononcée qu'à la majorité des deux tiers des membres présents.

L'acquisition ou la perte de la qualité d'associé est constatée, vis-à-vis de l'associé, de la Société et des tiers, par une inscription sur le registre des entrées et des sorties des associés, signée par l'associé, le directeur et un membre du Conseil d'administration, en cas d'entrée et de démission, et par les derniers seulement en cas d'exclusion ou de décès.

ART. 4. — L'associé a le droit :

1º De prendre part aux Assemblées générales avec voie délibérative ;

2º De faire avec la Société toutes les opérations prévues par les statuts autant que l'état de la Caisse et la solvabilité de l'associé le permettent.

ART. 5. — L'associé est, vis-à-vis des tiers, tenu sur tous ses biens des obligations de la Société. Entre les associés, les dettes de la Société se divisent par parts viriles. Mais chaque associé n'est tenu que des dettes antérieures à sa démission ou à son exclusion. Cette responsabilité est soumise à la prescription quinquennale établie par l'article 52 de la loi du 24 juillet 1867.

ART. 6. — Les associés ne peuvent engager la Société qui est représentée exclusivement par son administration, d'après les règles ci-après déterminées.

ART. 7. — Les organes de la Société se composent :

1º Du Conseil d'administration ; 2º du directeur ; 3º du Conseil de surveillance ; 4º de l'Assemblée générale ; 5º du comptable.

DU CONSEIL D'ADMINISTRATION

ART. 8. — Le Conseil d'administration se compose de
(écrire le nombre des membres du Conseil d'administration :
habituellement c'est trois) membres élus par l'Assemblée générale pour   (trois, ou six, ou neuf. Ecrire le nombre d'années qui est adopté par la Caisse) ans; il est renouvelable par
                   (tiers chaque année, ou par tiers tous les deux
ans, si le Conseil est élu pour six ans, ou par tiers tous les trois
ans si le Conseil est élu pour neuf ans).

Les premières fois, le sort désigne le membre qui doit être
soumis à la réélection. Les membres du Conseil d'administration sont indéfiniment rééligibles.

En cas de décès, démission ou empêchement durable d'un
membre du Conseil d'administration, le Conseil nomme un
membre provisoire, qui restera en fonctions jusqu'à la plus
prochaine assemblée générale. Cette nomination doit être
approuvée par le Conseil de surveillance.

Le Conseil d'administration choisit dans son sein le directeur qui préside ses délibérations et le vice-directeur qui sup-
plée le directeur en cas d'absence ou d'empêchement.

Le Conseil d'administration nomme et révoque le comptable, qui peut être pris dans son sein s'il n'est pas rétribué.

Le Conseil d'administration se réunit au moins une fois par
mois et plus souvent si c'est nécessaire. Pour la validité de ses
délibérations, il faut la présence de deux membres. En cas de
partage, la voix du directeur est prépondérante.

Le Conseil d'administration a pour mission :

1° De recevoir les demandes d'emprunt et d'accorder les prêts
selon les règles établies par l'Assemblée générale, après examen du but de l'emprunt et fixation des termes de remboursement; de donner son avis sur les demandes d'emprunt et les
délais de remboursement dépassant le maximum fixé par l'Assemblée générale et prévu par l'article 11, n° 3; de fixer le
taux des prêts et des emprunts; de rédiger les titres de créance
et toutes pièces qui se rapportent aux affaires de la Société;
de surveiller l'emploi que l'emprunteur fait des sommes à lui
prêtées;

2° De décider l'admission et l'exclusion des membres;

3° De décider tous payements ou recettes; de veiller à la ren-
trée des fonds empruntés;

4° De surveiller, de concert avec le directeur, la gestion du
comptable, de vérifier la caisse tous les mois et de faire inventaire tous les trois mois;

5o D'établir, chaque année, les comptes et le bilan ;

6º D'autoriser le directeur à intenter une action en justice ou à y défendre ; de l'autoriser à transiger ou à compromettre sur toutes les affaires, mais, dans ce cas, avec l'approbation du Conseil de surveillance.

DU DIRECTEUR

ART. 9. — Le directeur représente la Société vis-à-vis de tous. Néanmoins, sa signature n'oblige la Société qu'autant qu'elle est contresignée par un autre membre du Conseil d'administration. Le directeur peut être suppléé par le vice-directeur.

Le directeur gère les affaires de la Société et est chargé notamment :

1º De représenter la Société en justice ou dans tous les actes extra-judiciaires ;

2º De signer la correspondance de la Société ;

3º De surveiller les opérations du comptable : de faire exécuter les décisions du Conseil d'administration relativement aux opérations de caisse ; de vérifier la caisse tous les mois et de faire dresser l'inventaire trimestriel ;

4º De surveiller la tenue régulière du registre des entrées et sorties des sociétaires ;

5º De présider les séances du Conseil d'administration ou de l'Assemblée générale, sauf dans le cas prévu à l'article 11.

DU CONSEIL DE SURVEILLANCE

ART. 10. — Le Conseil de surveillance se compose de cinq membres élus pour deux ans par l'Assemblée générale. Chaque année, trois ou deux membres sont alternativement soumis à la réélection. La première année, le sort désigne les deux membres sortants. Ils sont indéfiniment rééligibles.

Le Conseil de surveillance nomme chaque année, dans son sein, un président, un vice-président et un secrétaire.

Pour délibérer valablement, il faut au moins la présence de trois membres. Dans le cas où la présence de trois membres n'aurait pas été obtenue dans deux réunions successives, les membres absents sans excuses légitimes seront considérés comme démissionnaires, et une assemblée générale sera convoquée pour compléter le Conseil de surveillance.

Le Conseil de surveillance a pour mission :

1º De vérifier les écritures, la comptabilité et les opérations de la Caisse, et d'en faire un rapport écrit à l'Assemblée générale annuelle ;

2° De statuer en dernier ressort sur la concession des prêts alloués au-dessus de la somme ou pour des échéances supérieures à celles fixées par l'Assemblée générale, conformément à l'article 11, n° 3;

3° De statuer sur les demandes d'emprunt faites par les membres du Conseil d'administration et sur l'admission de ces mêmes membres comme caution ;

4° D'approuver la décision du Conseil d'administration autorisant le directeur à transiger et de compromettre ;

5° De procéder tous les trois mois à l'examen de la Caisse et de l'inventaire trimestriel, à la vérification de la solvabilité des emprunteurs et de leur caution, de la réalité du gage garantissant les emprunts, etc. Le Conseil de surveillance vérifiera notamment si l'argent prêté par la Caisse a été employé à l'usage indiqué par l'emprunteur. Dans le cas où cet argent aurait été détourné de sa destination première, ou si la solvabilité de l'emprunteur ou de la caution paraît avoir diminué, le Conseil de surveillance pourra ordonner le remboursement du prêt immédiatement dans le premier cas, et dans le délai d'un mois dans le second, malgré toutes les stipulations contraires de l'acte de prêt.

Le Conseil de surveillance se réunit au moins tous les trois mois, après la confection de l'inventaire, et plus souvent si c'est nécessaire. Il est convoqué par son président chaque fois que le président, le directeur ou trois membres de surveillance le jugent nécessaire.

DE L'ASSEMBLÉE GÉNÉRALE

ART. 11. — L'Assemblée générale se compose de tous les sociétaires; ils n'ont qu'une voix. Elle se réunit en session ordinaire tous les ans, après la confection de l'inventaire annuel. Des sessions extraordinaires ont lieu toutes les fois que le Conseil d'administration, le Conseil de surveillance ou un quart des associés le demandent. Les motifs de la convocation doivent, dans ces deux derniers cas, être présentés par écrit au directeur.

L'Assemblée générale est convoquée par le directeur. S'il se refusait à faire une convocation réclamée par le Conseil de surveillance, le président de ce conseil pourrait procéder à cette convocation. Si le directeur et le président du Conseil de surveillance refusaient de convoquer l'Assemblée générale réclamée par un quart des sociétaires, ceux-ci pourraient donner mandat écrit à l'un d'entre eux pour procéder à cette convocation.

La convocation de l'Assemblée est faite au moins huit jours à l'avance par   (écrire ici le mode de convocation qui aura été adopté. Les plus usités sont : 1° par un simple avis inséré dans le journal ; 2° par un simple avis affiché à la porte de l'église ; 4° par un simple avis publié à son de caisse ; 5° par lettre personnelle adressée aux sociétaires. La Caisse ne doit adopter qu'un seul de ces modes de convocation).

Pour les assemblées générales extraordinaires, l'avis mentionnera les objets portés à l'ordre du jour.

L'Assemblée générale est présidée par le directeur, sauf dans le cas où l'on doit délibérer sur l'approbation des comptes et la gestion du Conseil d'administration, et sauf aussi le cas où le directeur aurait refusé de convoquer l'Assemblée générale. Celle-ci élit alors son président.

L'Assemblée générale ordinaire ou extraordinaire ne délibère valablement qu'en présence d'un quart des sociétaires. Si le *quorum* n'est pas atteint, on convoque une nouvelle assemblée générale dans le délai de huit jours ; elle délibère valablement quel que soit le nombre des membres présents.

Les membres personnellement intéressés dans une discussion ne prennent pas part au vote.

Les décisions sont prises à la majorité des membres présents, sauf ce qui est dit aux articles 3, 11 § 5, 20 et 21. En cas de partage, la voix du président est prépondérante.

Dans la réunion ordinaire annuelle qui a lieu dans le courant du mois de janvier, après la confection de l'inventaire annuel et du bilan, l'Assemblée générale procède aux opérations suivantes :

1° Elle élit les membres du Conseil d'administration et du Conseil de surveillance en remplacement des membres sortants, démissionnaires ou décédés. Les membres qui remplacent les démissionnaires ou les décédés ne sont nommés que pour le temps qui restait à courir pour leur prédécesseur.

Au premier tour de scutin, la majorité absolue est nécessaire. Au second tour de scrutin, la majorité relative suffit. En cas de partage, le sort décide.

Les élections en remplacement de membres démissionnaires ou décédés peuvent se faire dans n'importe quelle session ;

2° L'Assemblée générale ordinaire reçoit les comptes et bilans du Conseil de surveillance et, s'il y a lieu, approuve la gestion du directeur et du comptable et leur donne décharge.

Les comptes et bilans et le rapport du Conseil de surveillance devront être à la disposition des sociétaires, au siège social, au moins huit jours avant l'Assemblée générale ;

3° L'Assemblée générale détermine le chiffre maximum que ne devront pas dépasser les emprunts et engagements de la Société. Elle détermine aussi le maximum des prêts que le Conseil d'administration pourra accorder à l'un quelconque des sociétaires. Elle détermine, s'il y a lieu, un autre maximum que ne pourra dépasser le Conseil d'administration, même autorisé par le Conseil de surveillance, conformément aux articles 8 et 10. A défaut de décision spéciale à ce sujet, le Conseil de surveillance pourra autoriser des prêts sans autres limites que celles fixées par le total des engagements de la Caisse ;

4° L'Assemblée générale fixe, s'il y a lieu, la rétribution à allouer au comptable ;

5° Elle décide, en dernier ressort, de l'admission ou de l'exclusion de certains membres, dans le cas où ceux-ci auraient fait appel des décisions du Conseil d'administration. L'exclusion ne peut être prononcée qu'à la majorité des deux tiers des membres présents conformément à l'article 3 des présents statuts.

Les Assemblées générales extraordinaires peuvent délibérer aussi sur les objets visés aux numéros 3, 4 et 5, pourvu qu'ils aient été portés régulièrement à l'ordre du jour.

L'Assemblée vote, en général, à mains levées, avec contre-épreuve. Mais le scrutin secret est de rigueur quand il s'agit d'élection ou quand un quart de l'Assemblée le demande.

DU COMPTABLE

Art. 12. — [Le comptable est nommé et révoqué par le Conseil d'administration. Il peut être choisi dans le sein de ce Conseil, s'il n'est pas rétribué. S'il reçoit une rétribution, il ne peut faire partie d'aucun Conseil, mais il peut seulement assister aux séances de l'un ou l'autre Conseil, sur convocation du directeur ou du président, avec voix consultative.

Le comptable est le chargé d'affaires de la Société et, comme tel, il a le devoir :

1° D'exécuter les décisions du Conseil d'administration en ce qui concerne la gestion de la Caisse, d'effectuer les recettes et dépenses conformément à ces décisions, de tenir les livres, de garder en dépôt les titres, les actes et le numéraire en caisse. Mais sa signature n'oblige pas le Société ;

2° De tenir la comptabilité, le registre des entrées et sorties des sociétaires, et d'établir les comptes mensuels, les inventaires trimestriels et le bilan annuel.

Le comptable est tenu à fournir une ou plusieurs cautions ou à déposer un cautionnement, s'il n'en est dispensé par le Conseil de surveillance, après avis conforme du Conseil d'administration. La fixation du cautionnement ou l'acceptation des cautions, si le comptable n'en est dispensé, appartiennent au Conseil de surveillance.

Dans le cas où le comptable n'est pas rétribué, il peut lui être adjoint un secrétaire, rétribué ou non, chargé du travail matériel des écritures. Ce secrétaire ne peut, en aucun cas, avoir la garde des effets ou valeurs, ni le maniement de l'argent. Il opère sous le contrôle et la responsabilité du comptable.

DISPOSITIONS GÉNÉRALES

Art. 13. — Les membres des conseils exercent leurs fonctions gratuitement et ne peuvent réclamer que le remboursement des dépenses faites pour le compte de la Société.

Le comptable ou son secrétaire peuvent seuls recevoir, s'il y a lieu, une rétribution en rapport avec leurs services. Cette rétribution est fixée par l'Assemblée générale. Elle doit être exprimée comme somme fixe, et non comme tantième.

Art. 14. — Les associés ne possèdent pas d'actions, ne font aucun versement et ne reçoivent pas de dividendes. Le capital social se compose exclusivement de la réserve qui est constituée par l'accumulation de tous les bénéfices réalisés par la Caisse sur ses opérations. Quand la réserve atteint le quart du capital suffisant aux opérations de la Caisse, le taux des prêts est abaissé par le Conseil d'administration de manière que la Caisse ne réalise que les bénéfices nécessaires pour couvrir ses frais généraux.

Art. 15. — La Société emprunte, soit à ses membres, soit à des étrangers, les capitaux strictement nécessaires à la réalisation des emprunts contractés par ses membres.

Art. 16. — Elle prête des capitaux à ses seuls membres, à l'exclusion de tous les autres, mais seulement en vue d'un usage déterminé et jugé utile par le Conseil d'administration qui est tenu d'en surveiller l'emploi. Tout emprunteur qui affecterait les fonds empruntés à un usage autre que celui en vue duquel le prêt a été consenti, est déchu du bénéfice du terme, obligé à rembourser immédiatement la somme à la Caisse et exclu de la Société.

La Société se fait souscrire, en échange du prêt, soit une obligation civile, soit une obligation hypothécaire.

Art. 17. — Le Conseil d'administration ne peut consentir des prêts supérieurs à la somme fixée par l'Assemblée générale.

Si, dans certains cas exceptionnels, un membre de la Société voulait emprunter une somme supérieure, le Conseil de surveillance devrait statuer en dernier ressort, après avis favorable du Conseil d'administration. Si l'Assemblée générale a fixé une limite au Conseil de surveillance, conformément à l'article 11, n° 3, le Conseil de surveillance ne pourra dépasser cette limite.

Art. 18. — Les prêts peuvent être consentis pour une durée maxima de cinq ans. Dans le cas où le terme excéderait une année, le prêt doit être remboursé par payements fractionnés au moins annuels ; l'obligation doit indiquer les diverses échéances qui correspondront aux époques où l'emprunteur réalise normalement ses principales recettes par la vente de ses récoltes ou de ses autres produits.

Art. 19. — Quelle que soit la solvabilité de l'emprunteur, aucun prêt ne peut être consenti sans bonnes garanties : caution, gage ou hypothèque.

Art. 20. — Les présents statuts ne pourront être modifiés que sur la proposition du Conseil d'administration, et par une Assemblée générale extraordinaire. La modification des statuts ne pourra être votée qu'à la majorité des deux tiers des membres présents.

Dans tous les cas, il ne pourra être dérogé aux dispositions des articles 13 et 14, qui interdisent la rémunération des membres du Conseil d'administration et du Conseil de surveillance et la distribution de dividendes.

Art. 21. — La Société est fondée pour un temps illimité. En cas de dissolution, sa réserve est employée à rembourser aux associés les intérêts payés par chacun d'eux, en commençant par les plus récents, et en remontant jusqu'à l'épuisement complet de la réserve.

La dissolution ne peut être prononcée que par l'Assemblée générale extraordinaire, réunie et statuant dans les conditions établies par l'article précédent.

Si sept membres déclarent s'opposer à la dissolution de la Société et vouloir continuer ses opérations, la dissolution ne pourra être prononcée, la réserve et la comptabilité seront remises à ces associés, les autres ayant seulement le droit de se retirer, conformément à l'article 3 des présents statuts.

Les membres qui veulent s'opposer à la dissolution de la

Société devront en faire la déclaration à l'Assemblée générale qui prononcera cette dissolution, ou notifier leur résolution, par acte d'huissier, au directeur de la Société, dans les deux mois qui suivront la résolution de dissolution. Passé ce délai, ils seront déchus de leur droit d'opposition et la réserve pourra être employée au remboursement des derniers intérêts payés comme il est dit ci-dessus.

Fait et signé en autant d'exemplaires que de parties, à le

Loi du 29 décembre 1906 autorisant des avances aux Sociétés coopératives agricoles.

ART. PREMIER. — L'article premier de la loi du 31 mars 1899 est ainsi complété :

Le gouvernement peut, en outre, prélever sur les redevances annuelles et remettre gratuitement aux dites caisses régionales des avances spéciales destinées aux sociétés coopératives agricoles et remboursables dans un délai maximum de vingt-cinq années.

Ces avances ne pourront dépasser le tiers des redevances versées annuellement par la Banque de France dans les caisses du Trésor, en vertu de la convention du 31 octobre 1896, approuvée par la loi du 17 novembre 1897.

ART. 2. — Les caisses régionales sont chargées de faciliter les opérations concernant l'industrie agricole, effectuées par les sociétés coopératives agricoles, régulièrement affiliées à une caisse locale de crédit mutuel régie par la loi du 5 novembre 1894.

Elles garantissent le remboursement, à l'expiration des délais fixés, des avances spéciales qui leur sont faites pour des sociétés coopératives agricoles.

Toutes opérations autres que celles prévues par le présent article et par la loi du 31 mars 1899 leur sont interdites.

ART. 3. — Les caisses régionales recevront des sociétés coopératives agricoles, sur les avances spéciales qu'elles auront remises à celles-ci, un intérêt qui sera fixé par elles et approuvé par le Gouvernement, après avis de la commission prévue à l'article 5.

ART. 4. — Les demandes d'avances émanant des sociétés agricoles devront indiquer d'une manière précise l'emploi des fonds sollicités ; elles seront présentées au Gouvernement par l'intermédiaire des caisses régionales de crédit agricole mutuel.

Pourront seules recevoir les avances prévues à l'article premier de la présente loi, quel que soit d'ailleurs leur régime juridique, les sociétés coopératives agricoles constituées par tout ou partie des membres d'un ou plusieurs syndicats professionnels agricoles, en vue d'effectuer ou de faciliter toutes les opérations concernant soit la production, la transformation, la conservation ou la vente des produits agricoles provenant exclusivement des exploitations des associés, soit l'exécution de travaux agricoles d'intérêt collectif, sans que ces sociétés aient pour but de réaliser des bénéfices commerciaux.

ART. 5. — La répartition des avances aux caisses régionales de crédit agricole, tant en vertu de la présente loi que de la loi du 31 mars 1899, sera faite par le ministre de l'Agriculture, sur l'avis d'une commission dont les membres, à l'exception des membres de droit, sont nommés par décret pour quatre années, composée ainsi qu'il suit :

Le ministre de l'Agriculture, président ;
Quatre sénateurs :
Six députés ;
Un membre du conseil d'Etat ;
Un membre de la cour des comptes ;
Le gouverneur de la Banque de France ;
Le directeur général de la comptabilité publique ;
Le directeur du secrétariat du service ;
Le directeur du mouvement général des fonds;
Un inspecteur général des finances;
Le directeur général des eaux et forêts ;
Le directeur de l'agriculture ;
Le directeur du secrétariat, du service central et de la comptabilité ;
Le directeur de l'hydraulique et des améliorations agricoles;
Le directeur des haras;
Le chef du service des caisses régionales de crédit agricole mutuel;
Six inspecteurs généraux ou inspecteurs du ministère de l'Agriculture.
Trois membres du conseil supérieur de l'agriculture ;
Huit représentants choisis parmi les membres des caisses de crédit agricole mutuel, régionales ou locales, des sociétés coopératives agricoles.
En dehors des membres permanents de la commission, les inspecteurs généraux et inspecteurs de l'agriculture, les inspecteurs des améliorations agricoles et les inspecteurs des caisses de crédit agricole mutuel chargés de rapports sont appelés à les soutenir devant la commission avec voix consultative.

Est abrogé l'article 4 de la loi du 31 mars 1899.

ART. 6. — Un décret rendu après avis de la commission de répartition des avances, sous le contreseing des ministres de l'Agriculture et des Finances, déterminera limitativement la nature des opérations que pourront entreprendre les sociétés coopératives agricoles susceptibles de recevoir des avances de l'Etat.

La commission de répartition déterminera la durée de chaque prêt, ainsi que le montant de l'avance, qui ne pourra excéder le double du capital de la société coopérative agricole, versé en espèces.

Cette avance spéciale deviendra immédiatement remboursable en cas de violation des statuts ou de modifications à ces statuts qui diminueraient les garanties de remboursement.

ART. 7. — Des règlements d'administration publique détermineront, pour les sociétés coopératives agricoles qui demanderont des avances par l'intermédiaire et avec la garantie des caisses régionales de crédit agricole, en vertu de la présente loi, la procédure à suivre, les dispositions éventuelles que devront contenir les statuts, le mode et la forme des enquêtes préliminaires d'ordre économique et technique à ouvrir pour les services intéressés du ministère de l'Agriculture, la surveillance à exercer sur l'emploi des avances qui ne devront pas être détournées de leur affectation, les garanties d'ordre général à prendre pour assurer le remboursement des prêts, ainsi que les moyens de contrôle à exercer sur ces sociétés coopératives agricoles pour sauvegarder les intérêts du Trésor.

Loi du 30 avril 1906 sur les warrants agricoles.

ART. PREMIER. — Tout agriculteur peut emprunter sur les produits agricoles ou industriels de son exploitation qui ne sont pas immeubles par destination, y compris le sel marin et les animaux lui appartenant, soit en en conservant la garde dans les bâtiments ou sur les terres de cette exploitation, soit en en confiant le dépôt aux syndicats, comices et sociétés agricoles dont il est adhérent, ou à des tiers convenus entre les parties.

L'emprunt peut également être contracté par les sociétés coopératives agricoles sur les produits dont elles sont devenues propriétaires, lorsque les statuts ne s'y opposent pas.

Le produit warranté reste, jusqu'au remboursement des sommes avancées, le gage du porteur du warrant.

L'emprunteur ou le dépositaire des produits warrantés est responsable de la marchandise qui reste confiée à ses soins et à sa garde, et cela sans aucune indemnité opposable aux bénéficiaires du warrant.

ART. 2. — Le cultivateur, lorsqu'il ne sera pas propriétaire ou usufruitier de son exploitation, devra, avant tout emprunt, sauf en ce qui sera dit ci-après, aviser le propriétaire du fonds loué de la nature, de la valeur et de la quantité des marchandises qui doivent servir de gage pour l'emprunt, ainsi que du montant des sommes à emprunter.

Cet avis devra être donné au propriétaire usufruitier ou à son mandataire légal désigné par l'intermédiaire du greffier de paix du canton de la situation des objets warrantés ; si l'emprunteur est une société coopérative agricole, la compétence appartiendra au greffier du canton du siège légal de cette société. La lettre d'avis sera remise au greffier, qui devra la viser, l'enregistrer et l'envoyer sous forme de pli d'affaires recommandé avec accusé de réception.

Le propriétaire, l'usufruitier ou le mandataire légal désigné pourront, dans le cas où des termes échus leur seraient dus, dans un délai de huit jours francs à partir de la date de l'accusé de réception, s'opposer au prêt sur lesdits produits par une lettre envoyée également sous pli d'affaires recommandé au greffier du juge de paix.

Toutefois, si le prêteur y consent et sous la condition que l'emprunteur devra conserver la garde des produits warrantés dans les bâtiments ou sur les terres de l'exploitation, aucun avis ne sera donné au propriétaire ou usufruitier et le consentement donné sera mentionné dans les clauses particulières du warrant ; mais, en ce cas, le privilège du bailleur subsistera dans les termes de droit.

Le bailleur pourra renoncer à son privilège jusqu'à concurrence de la dette contractée, en apposant sa signature sur le warrant.

ART. 3. — Pour établir la pièce dénommée warrant, le greffier de la justice de paix du canton où se trouvent les objets à warranter inscrira, d'après les déclarations de l'emprunteur, la nature, la quantité, la valeur et le lieu de situation des produits gage de l'emprunt, le montant des sommes empruntées, ainsi que les clauses et conditions particulières relatives au warrant, arrêtées entre les parties.

Il transcrira sur un registre spécial le warrant ainsi rédigé et, sur le warrant, il mentionnera le volume et le numéro de la transcription avec la mention des warrants préexistants sur les mêmes produits.

Si l'emprunteur ne sait signer, le warrant est signé pour lui, en sa présence dûment constatée par le greffier.

Lorsque les produits warrantés ne restent pas entre les mains de l'emprunteur lui-même, le dépositaire et le bailleur des lieux où est effectué le dépôt ne peuvent faire valoir aucun droit de rétention ou de privilège à l'enquête du bénéficiaire du warrant ou de ses ayants cause. L'acceptation de la garde des produits engagés sera constatée par récépissé signé du dépositaire des produits et, s'il y a lieu, du bailleur des locaux où ils sont en dépôt, porté sur le warrant lui-même ou donné séparément pour l'accompagner.

Dans le cas où l'emprunteur ne sera point propriétaire ou usufruitier de l'exploitation, le greffier devra, en outre des indications ci-dessus, mentionner la date de l'envoi de l'avis au propriétaire ou usufruitier, ainsi que la non-opposition de leur part après huit jours francs, à partir de la date de l'accusé de réception de la lettre recommandée, comme il est dit ci-dessus.

Art. 4. — Le warrant agricole peut également être établi, entre les parties, sans l'observation des formalités ci-dessus prescrites.

Mais, en ce cas, d'une part, il n'est opposable aux tiers qu'après sa transcription au greffe de la justice de paix conformément à l'article 3 qui précède et, d'autre part, il ne prime les privilèges, soit du bailleur, soit du dépositaire des produits warrantés et du propriétaire des locaux où est effectué le dépôt, que si les avis ou consentement prévus par les articles précédents ont été donnés.

Art. 5. — Le warrant indiquera si le produit warranté est assuré ou non et, en cas d'assurance, le nom et l'adresse de l'assureur.

Faculté est donnée aux prêteurs de continuer ladite assurance jusqu'à la réalisation du produit warranté.

Les porteurs de warrants ont, sur les indemnités d'assurance dues en cas de sinistres, les mêmes droits et privilèges que sur les produits assurés.

Art. 6. — Le greffier délivrera à tout prêteur qui le requerra, avec l'autorisation de l'emprunteur, un état des warrants inscrits au nom de ce dernier ou un certificat établissant qu'il n'existe pas d'inscription. Cet état ne remontera pas à une époque antérieure à cinq années.

Art. 7. — La radiation de l'inscription sera opérée sur la justification soit du remboursement de la créance garantie par le warrant, soit d'une mainlevée régulière.

L'emprunteur qui aura remboursé son warrant fera constater

le remboursement au greffe de la justice de paix ; mention du remboursement ou de la mainlevée sera faite sur le registre prévu à l'article 3 ; certificat lui sera donné de la radiation de l'inscription. L'inscription sera radiée d'office après cinq ans si elle n'a pas été renouvelée avant l'expiration de ce délai : si elle est inscrite à nouveau après la radiation d'office, elle ne vaudra à l'égard des tiers que du jour de la nouvelle date.

ART. 8. — L'emprunteur conserve le droit de vendre les produits warrantés à l'amiable et avant le payement de la créance même sans le concours du prêteur ; mais la tradition à l'acquéreur ne peut être opérée que lorsque le créancier a été désintéressé.

L'emprunteur peut, même avant l'échéance, rembourser la créance garantie par le warrant ; si le porteur du warrant refuse les offres du débiteur, celui-ci peut, pour se libérer, consigner la somme offerte en observant les formalités prescrites par l'article 1259 du Code civil ; les offres sont faites au dernier ayant droit connu par les avis donnés au greffier en conformité de l'article 10 qui suit. Sur le vu d'une quittance de consignation régulière et suffisante, le juge de paix du canton où le warrant est inscrit rendra une ordonnance aux termes de laquelle le gage sera transporté sur la somme consignée.

En cas de remboursement anticipé d'un warrant agricole, l'emprunteur bénéficie des intérêts qui restaient à courir jusqu'à l'échéance du warrant, déduction faite d'un délai de dix jours.

ART. 9. — Les établissements publics de crédit peuvent recevoir les warrants comme effets de commerce, avec dispense d'une des signatures exigées par leurs statuts.

ART. 10. — Le warrant est transmissible par voie d'endossement. L'endossement est daté et signé ; il énonce les noms, profession, domicile des parties.

Tous ceux qui ont signé ou endossé un warrant sont tenus à la garantie solidaire envers le porteur.

L'escompteur ou les réescompteurs d'un warrant seront tenus d'aviser dans les huit jours le greffier du juge de paix par pli recommandé, avec accusé de réception, ou verbalement contre récépissé de l'avis. L'emprunteur pourra, par une mention spéciale inscrite au warrant, dispenser l'escompteur et les réescompteurs de donner cet avis ; mais, dans ce cas, il n'y a pas lieu à l'application des dispositions des deux derniers paragraphes de l'article 8.

ART. 11. — Le porteur du warrant doit réclamer à l'emprunteur payement de sa créance échue et, à défaut de ce payement, constater et réitérer sa réclamation par lettre recommandée adressée au débiteur et pour laquelle un avis de réception sera demandé.

S'il n'est pas payé dans les cinq jours de l'envoi de cette lettre, le porteur du warrant est tenu, à peine de perdre ses droits contre les endosseurs, de dénoncer le défaut de payement, quinze jours francs au plus tard après l'échéance, par avertissement pour chacun des endosseurs remis au greffier de la justice de paix compétent, qui lui en donne récépissé. Le greffier fait connaître cet avertissement, dans la huitaine qui le suit, aux endosseurs, par lettre recommandée, pour laquelle un avis de réception doit être demandé.

En cas de refus de payement, le porteur du warrant peut, quinze jours après la lettre recommandée adressée à l'emprunteur comme il est ci-dessus prescrit, faire procéder par un officier public ou ministériel à la vente publique de la marchandise engagée. Il y est procédé en vertu d'une ordonnance du juge de paix rendue sur requête, fixant les jour, lieu et heure de la vente ; elle sera annoncée huit jours au moins à l'avance, par affiches apposées dans les lieux indiqués par le juge de paix, qui pourra même l'autoriser sans affiches après une ou plusieurs annonces, à son de trompe ou de caisse ; le juge de paix pourra, dans tous les cas, en autoriser l'annonce par la voie des journaux. La publicité donnée sera constatée par une mention insérée au procès-verbal de vente.

L'officier public chargé de procéder préviendra par lettre recommandée le débiteur et les endosseurs, huit jours à l'avance, des lieu, jour et heure de la vente.

Les articles 622, 623, 624 et 625 du Code de procédure civile sont applicables aux ventes prévues par la présente loi.

Pour les tabacs warrantés, la vente publique est remplacée par une opposition entre les mains du comptable chargé d'en effectuer le payement lors de sa livraison au magasin de la régie où il doit être livré et ce par simple pli recommandé avec accusé de réception. Ce magasin sera désigné dès la création du warrant et dans son libellé même.

Art. 12. — Le porteur du warrant est payé directement de sa créance sur le prix de vente, par privilège et de préférence à tous créanciers, sauf l'exception prévue par l'avant-dernier paragraphe de l'article 2 et sans autre déduction que celle des contributions directes et des frais de vente et sans autre formalité qu'une ordonnance du juge de paix.

Art. 13. — Si le porteur du warrant fait procéder à la vente conformément à l'article 11 ci-dessus, il ne peut plus exercer son recours contre les endosseurs et même contre l'emprunteur qu'après avoir fait valoir ses droits sur le prix des produits warrantés. En cas d'insuffisance du prix pour le désintéresser, un délai d'un mois lui est imparti à dater du jour où la vente de la marchandise est réalisée, pour exercer son recours contre les endosseurs.

Art. 14. — Tout emprunteur convaincu d'avoir fait une fausse déclaration ou d'avoir constitué un warrant sur des produits déjà warrantés, sans avis préalable donné au nouveau prêteur, tout emprunteur ou dépositaire convaincu d'avoir détourné, dissipé ou volontairement détérioré au préjudice de son créancier le gage de celui-ci, sera poursuivi correctionnellement sous l'inculpation d'escroquerie ou d'abus de confiance, selon les cas et frappé des peines prévues aux articles 405 ou 406 et 408 du Code pénal.

Art. 15. — Lorsque, pour l'exécution de la présente loi, il y aura lieu à référé, ce référé sera porté devant le juge de paix de la situation des objets warrantés.

Art. 16. — Les tarifs établis et les mesures ordonnées antérieurement pour l'exécution de la loi du 17 juillet 1898 resteront en vigueur jusqu'à ce qu'il ait été ordonné autrement par décret nouveau.

Le montant des droits du greffier à prévoir audit décret devra être inférieur d'un tiers au total des droits prévus par le décret du 29 octobre 1898 pour les warrants ne dépassant pas 1.000 francs en capital, à moins que l'emprunteur ne demande la délivrance simultanée de plusieurs warrants dont le total serait supérieur à cette somme.

Les avis prescrits par la présente loi seront envoyés en la forme et avec la taxe des papiers d'affaires recommandés.

Art. 17. — Sont dispensés de la formalité du timbre et de l'enregistrement les lettres et accusés de réception, les renonciations, acceptations et consentements prévus aux articles 2, 3, 10 et 11, le registre sur lequel les warrants seront inscrits, la copie des inscriptions d'emprunt, le certificat négatif et le certificat de radiation mentionnés aux articles 6 et 7.

Le warrant est passible du droit de timbre des effets de commerce (0,05 0/0).

L'enregistrement (0,50 0/0) ne deviendra obligatoire qu'en cas de vente opérée en vertu de l'article 11.

Le droit à percevoir sur le prix de ladite vente sera de 0,10 0/0 (comme pour les marchandises neuves).

Art. 18. — Le bénéfice de la présente loi s'appliquera aux ostréiculteurs.

Art. 19. — La présente loi est applicable à l'Algérie.

L'article 463 du Code pénal est applicable à la présente loi.

La loi du 18 juillet 1898 est abrogée.

Rapport du Ministre de l'Agriculture au Président de la République sur le fonctionnement du crédit agricole mutuel et les résultats obtenus pendant l'année 1907.

Monsieur le Président,

Suivant les dispositions de l'article 6 de la loi du 31 mars 1899, j'ai l'honneur de vous rendre compte du fonctionnement des caisses de crédit agricole mutuel et des résultats obtenus en 1907.

Dans le cours de cette année, il a été créé 14 caisses régionales nouvelles et le nombre de ces institutions s'est trouvé porté de 74 à 88.

Pendant la même période, le montant des avances mises gratuitement par l'Etat à la disposition de ces caisses s'est accru d'une somme de 5.800.715 fr. et a atteint le total de 20.786.096 francs ; mais ce chiffre s'est trouvé réduit à 20.628.447 fr. par suite des remboursements se montant à 157.619 fr. imposés par la commission de répartition à 25 caisses dont les anciennes avances arrivaient à échéance et n'ont été renouvelées que partiellement jusqu'à concurrence de 3.278.800 francs.

Le tableau ci-après indique comment se répartissent les avances à la fin de 1906 et de 1907 :

Caisses régionales bénéficiaires	Avances dont elles disposaient à la fin de 1906	de 1907.
Aixoise	160.000	160.000
Alpes-Maritimes	111.450	107.600
Ardèche	»	90.000
Aube	144.600	139.600
Avignon	180.000	180.000
Basses-Alpes	87.050	87.050
Basses-Pyrénées	906 400	1.106.400
Beauce et Perche	1.976.600	2.176.600
Beauvais	90.000	200 000
Belfort	»	127.900
Bourbonnaise	18.000	61.000
Bourg. et Fr.-Comté	408.750	400.450
Brie	657.212	657.212
Briey	11.250	11.250
Bugey et Pays Gex	»	44.910
Calvados	38.200	88.200
Cambrésis	1.100.000	1.196.000
Cantal	»	126.400

Caisses régionales bénéficiaires	Avances dont elles disposaient à la fin de 1906	de 1907.
Deux-Sèvres	140.000	140.000
Cévennes	45.020	57.500
Châlons-sur-Marne	454.449	453.449
Charente	504.800	500.000
Charente-Inférieure	»	27.500
Cher	34.200	34.300
Corrèze	300.800	351.200
Côte-d'Or	82.460	94.800
Côtes-du-Nord	25.000	32.820
Creuse	360.000	618.320
Dauphiné	52.700	52.700
Dordogne	27.200	48.200
Doubs	320.000	480.000
Drôme	204.000	204.000
Est (Epinal)	281.800	319.200
Est (Nancy)	498.300	493.300
Fure	»	200.000
Forézienne	33.000	33.000
Gâtinais	95.025	95.025
Gers	420.000	540.000
Gironde	729.500	1.143.848
Gray et Haute-Saône	10.000	15.000
Hautes-Alpes	51.600	51.600
Haute-Bretagne	35.700	35.700
Haute-Loire	»	170.000
Haute-Marne	640.000	630.000
Haute-Normandie	156.400	149.400
Haute-Savoie	»	122.600
Haute-Vienne	»	110.000
Ile-de-France	218.000	215.500
Ille-et-Vilaine	15.000	15.000
Indre	706.000	695.200
Indre-et-Loire et Maine-et-Loire	261.997	255.277
Jura	»	364.275
Lille	195.000	255.000
Loire-Inférieure	119.200	190.800
Loir-et-Cher	1.000.000	1.200.000
Loiret	»	25.600
Lot-et-Garonne	63.638	113.638
Lozère	69.300	79.300
Maine	555.100	703.100
Maine et Anjou	68.000	62.000
Marne, Aisne, Ardennes	982.020	961.470
Midi	2.132.000	2.274.000
Manche	36.000	63.000
Morbihan	26.500	34.780
Nyons	80.000	78.500
Orne	»	100.000
Pas-de-Calais	1.225.000	1.225.000
Pays d'Auge	70.000	270.000
Puy-de-Dôme	170.400	250.400
Puyméras	7.500	7.500

Caisses régionales bénéficiaires	Avances dont elles disposaient à la fin de 1906	de 1907.
Pyrénées-Orientales	160.000	353.453
Rhône	»	150.000
Roannaise	76.300	76.300
Santerre	186.000	186.000
Saône-et-Loire	160.000	160.000
Savoie	»	46.100
Seine-et-Oise	530.400	930 400
Sud-Est	610.200	785 200
Sud-Ouest	686.445	786.115
Tarbes	393.250	387.650
Tarn	89.550	144.400
Tarn-et-Garonne	72.000	150.000
Toulouse	115.400	138.400
Var	147.000	213.480
Vendée	81 000	129.000
Véxin	130.500	110.000
Vienne	67.725	100.725
Yonne	81.420	177.840
Totaux	22.985.381	28.628.677

Le capital versé de ces caisses régionales a atteint la somme de 9.075.383 fr. et les versements des caisses locales se sont montés à 5.273.009 francs.

L'intérêt servi au capital se maintient entre 3 et 4 p. 100 en se rapprochant du taux le plus bas suivant le vœu que la commission de répartition des avances a fréquemment renouvelé.

Pour assurer leur fonctionnement, les caisses régionales disposaient donc l'année dernière :

De leur capital versé	9.075.383
Des avances de l'Etat	28.628.477
De leurs réserves à la fin de 1906	1.026.583
Soit ensemble	38.730.443

Contre 31.045.653 fr. en 1906.

Les fonds versés en dépôt dans les caisses régionales par les diverses œuvres mutualistes de leur circonscription et par des particuliers s'ajoutaient dans une certaine mesure à ces chiffres ; mais comme je vous l'indiquais dans mon précédent rapport, ces dépôts sont en général d'une grande mobilité et d'importance très variable. Pour l'année 1907 ils se sont élevés à 6.825.584 fr., en augmentation de plus de 100.000 fr. sur 1906 avec un solde créditeur qui a oscillé suivant les époques entre 600.000 et 800.000 francs.

Les opérations d'escompte de caisses régionales ont progressé dans la même mesure que les années précédentes, et sont passées de 62.474.430 fr. en 1906 à 79.888.564 francs, y compris les renouvellements; l'accroissement dans l'année a été de 17.414.134 francs.

Au point de vue du concours qu'elles ont prêté à leurs caisses locales affiliées, les opérations des caisses régionales se résument et se répartissent comme suit :

Avances pour fonds de roulement..........	4.827.292
Avances sous forme d'escompte d'effets représentant des prêts nouveaux....	43.184.886
Reliquat des opérations de 1906 représenté par des effets non échus et des avances en cours au 31 décembre de ladite année	23.857.144
Total............................	68.869.322
Remboursements effectués............	40.547.577
Capitaux engagés à la fin de 1907..........	28.321.745

Le bilan des opérations de 1906 s'établissait comme suit :

Capitaux engagés en 1906...............	37.081.931
Reliquat de 1906....................	18.347.061
Total............	55.428 992
Remboursements..................	31.571.848
Prêts en cours à la fin de 1906..........	23.857.144

Rapprochés des précédents, ces chiffres font ressortir une diminution des avances pour fonds de roulement de 390.864 fr. et une augmentation de 8.321.123 fr. dans le montant des avances sous forme d'escompte de billets représentant des prêts nouveaux.

En raison de la raréfaction du numéraire résultant de la crise économique qui a frappé divers États et a été une des caractéristiques de l'année 1907, la Banque de France et à la suite tous les établissements de crédit ont relevé le taux de leur escompte à 3.50 p. 100 d'abord, puis à 4 p. 100. La plupart des caisses régionales se sont trouvées obligées de suivre ce mouvement et si les termes extrêmes : 2.50 et 4 pour 100 n'ont pas varié, il faut constater dans l'ensemble une augmentation sensible. Les conditions générales du marché financier se sont heureusement améliorées rapidement au commencement de 1908 et l'escompte est revenu à son taux normal de 3 p. 100.

Les dépenses de frais généraux se sont élevées à 194.444 fr. contre 155.541 fr. en 1906 et restent dans la même moyenne de 28 centimes pour 100 fr. de capitaux engagés. Cependant la commission de répartition des avances, examinant les dossiers produits par diverses caisses, a reconnu que ces dépenses étaient quelquefois exagérées et elle a estimé avec raison qu'il convenait de signaler particulièrement la nécessité de les limiter ou de ne les augmenter qu'avec beaucoup de ménagement en vue de favoriser la constitution de fonds de réserve.

Ces réserves étaient à la fin de 1906 de 1.026.583 fr., à la clôture des opérations de 1907 elles se montaient à 1.481.168 fr. en augmentation de 454.585 francs.

Le développement des Caisses locales a été particulièrement remarquable pendant la dernière année.

Les agriculteurs ont utilisé en 1907 70.708.456 fr., provenant des caisses locales de crédit agricole mutuel, soit près de 14 millions de plus qu'en 1906. Dans ce chiffre sont comprises les sommes que se sont fait avancer les diverses sociétés coopératives agricoles, et plus particulièrement les syndicats, qui peuvent être évaluées à près de 10 millions.

Le fonds de réserve des caisses locales est en progression sensible, passant de 512.915 fr. en 1906 à 739.481 fr., en augmentation de 226.566 francs.

L'évolution de l'esprit de solidarité que je vous signalais dans mes deux rapports précédents s'est manifestée en 1907 par l'accroissement du nombre des caisses à responsabilité solidaire constituées avec un capital souvent important ; l'on en comptait, au 31 décembre dernier, 538, soit 77 de plus que l'année précédente, et il y a lieu d'espérer que les intéressantes discussions soulevées par cette question au congrès de Bordeaux en feront mieux connaître l'importance et la portée pratique.

Parmi les caisses régionales dont les locales ont fait le plus gros chiffre de prêts, il convient de mentionner celles du Midi (plus de 10 millions) ; de la Beauce et du Perche (près de 6 millions) ; du Cambrésis (4 millions) ; de la Gironde (3 millions) ; de Loir-et-Cher (près de 4 millions) ; neuf autres approchent ou dépassent le chiffre de 2 millions.

La crise viticole, qui a sévi avec une si grande intensité sur beaucoup de régions, n'a pas éprouvé les caisses de crédit agricole ; aussi convient-il de rendre hommage aux administrateurs éclairés et prévoyants qui les ont dirigées, pendant une période particulièrement difficile et leur ont permis de rendre des services si appréciés. Sans doute il a été nécessaire d'user de ménagements et d'accorder des facilités à certains emprunteurs pour leur permettre de faire face aux engagements pris, mais aucune perte ne s'est produite. Cette rude épreuve aura donc fait ressortir pour ceux qui en doutaient encore l'utilité des institutions de crédit agricole, leur solidité et la sagesse de leur administration.

Je rappelais plus haut l'importance des prêts collectifs à court terme consentis à des syndicats et à diverses sociétés coopératives agricoles ; bon nombre de sociétés de ce genre se sont constituées à la fin de 1907 en vue de bénéficier des dispositions de la loi du 29 décembre 1906 qui a autorisé en leur faveur le crédit collectif à long terme ; 13 d'entre elles ont reçu des avances en 1908, parmi lesquelles figurent 3 laiteries, 2 huileries, 2 distilleries, 1 cave pour la vinification en commun, 1 société pour la production et la conservation des légumes, 1 société pour la production et la vente du lin, 1 meunerie, 1 sucrerie, 1 féculerie.

Beaucoup d'autres sociétés coopératives sont en voie d'organisation ou en instance pour obtenir des avances. L'application de cette loi du 29 décembre 1906 et de celle du 15 janvier 1908, qui autorise les sociétés d'assurances mutuelles constitées sous le régime de la loi du 4 juillet 1900 et leurs membres à participer à la formation et aux opérations des caisses de crédit agricole, va donner à celles-ci un vigoureux essor en provoquant et facilitant leur développement.

La vitalité des caisses régionales s'est encore manifestée par l'organisation d'un important congrès qui s'est tenu à Bordeaux en juillet 1907 et dans lequel ont été discutées devant les représentants de toutes les caisses les questions nouvelles suivantes :

I

Voies et moyens à adopter pour amener les sociétés locales de crédit agricole à se placer sous le régime de la responsabilité solidaire illimitée ou mitigée. Répartition des pertes entre les emprunteurs sous ce régime.

II

Relations à établir entre les coopératives, les sociétés agricoles d'assurances et les caisses de crédit agricole. Etude étendue des coopératives agricoles soumises à la loi du 29 décembre 1906.

III

Serait-il désirable que les caisses régionales puissent s'escompter mutuellement leur papier ? Recouvrement des effets de commerce agricole par cette voie.

IV

Situation légale du porteur d'un warrant agricole à l'encontre de l'acheteur qui laisse une récolte à la propriété. Vente antérieure et postérieure au warrant. Saisie mobilière avant transcription. Validité du warrant en cas de faillite du débiteur.

V

Taux normal de l'intérêt en matière agricole.

Ce congrès avait décidé la création d'une fédération nationale des caisses régionales de crédit agricole mutuel, qui est aujourd'hui réalisée et réunit la presque totalité de ces caisses ; elle est présidée par M. Jules Bénard, l'éminent agriculteur auquel vous avez bien voulu conférer récemment, sur ma proposition, la haute distinction de commandeur de la Légion d'honneur.

Je suis persuadé que vous voudrez bien reconnaître, monsieur le Président, que les institutions de crédit agricole se développent de très heureuse façon et sont en mesure de rendre à nos agriculteurs tous les services qu'ils peuvent en attendre.

Veuillez agréer, monsieur le Président, l'hommage de mon profond respect.

Le ministre de l'Agriculture.
J. Ruau.

---

*Statuts d'une caisse de prévoyance contre
la mortalité du bétail.*

ARTICLE PREMIER. — Sous les auspices du Syndicat agricole de   , il est formé, entre les agriculteurs de la commune (1) de   , qui ont adhéré ou adhéreront aux présents statuts, une société d'assurance mutuelle agricole contre la mortalité du bétail, conformément à la loi du 4 juillet 1900.

ART. 2. — Cette société prend le titre de : Caisse de Prévoyance contre la mortalité du bétail de la commune de   . Son siège est à   . Sa durée est illimitée.

ART. 3. — La Société a pour objet d'indemniser de leurs pertes, comme il sera dit ci-après, uniquement les possesseurs d'animaux de l'espèce bovine (2).

ART. 4. — Ne seront admis à profiter des avantages de la Caisse, comme membres participants, que les agriculteurs, pro-

---

(1) En principe, faire l'application de la Caisse de Prévoyance par commune. Mais si, par suite de la configuration du terrain ou pour tel autre motif, il est nécessaire de comprendre plusieurs communes, alors, dans le texte, on mettra « les communes de.......... », au lieu de la commune de.......... »

(2) Les risques variant avec les espèces animales, des comptes distincts doivent être créés pour chaque genre de bestiaux.

priétaires, fermiers ou métayers ayant des animaux de l'espèce bovine dans la commune sus-désignée et réputés comme soignant bien les animaux.

Art. 5. — Les adhésions seront recueillies sur un registre *ad hoc*, par les soins du secrétaire.

Si le postulant ne sait ou ne peut signer, il en sera fait mention en présence de deux participants, qui signeront pour lui.

L'admission sera prononcée par le bureau, qui pourra la refuser sans motiver sa décision.

Acte de l'admission sera donné au postulant par le reçu du droit d'entrée qu'il devra payer de suite.

Art. 6. — L'admission ne pourra être prononcée, tant qu'il y aura dans l'étable du postulant des animaux en mauvais état, hors de service, ou atteints de maladies épidémiques ou contagieuses.

Avant de se prononcer, le bureau pourra faire visiter l'étable.

Art. 7. — Les démissions seront données par lettre recommandée, adressée au président ; elles ne seront acceptées et définitives qu'autant que le participant aura acquitté sa contribution annuelle et rempli toutes ses obligations.

Art. 8. — Le Conseil d'administration pourra prononcer l'exclusion d'un participant pour faute grave : notamment pour mauvais traitements à l'égard des animaux du fait du participant ou des personnes dont il est responsable, pour fraude, tentative de corruption, défaut de paiement de la contribution, violation des présents statuts, etc. ; sans préjudice des poursuites qui pourraient être exercées contre lui et du droit de lui refuser le paiement de toute indemnité, ainsi que de lui réclamer l'exécution de toutes ses obligations.

L'exclusion n'a pas à être motivée.

Art. 9. — En cas de démission ou d'exclusion, le participant perd tous ses droits.

Art. 10. — Le Conseil d'administration peut admettre des membres honoraires qui verseront au moins 10 fr. par an, ou 100 fr. une fois versés ; mais ceux-ci ne jouiront d'aucune des prérogatives réservées aux participants et ne supporteront aucune des charges qui incombent à ces derniers (1).

Art. 11. — La Caisse de Prévoyance garantit, par tête, tous les animaux qui composent l'étable du participant, sauf les exceptions portées à l'article 12.

Le participant doit les faire inscrire par le secrétaire en don-

(1) L'intervention des membres honoraires pourra être précieuse au point de vue de l'administration. Elle permettra de plus aux propriétaires non exploitants de seconder l'effort de leurs fermiers, métayers ou vignerons.

Les Associations agricoles. 21

nant leur estimation et autant que possible leur signalement et leur âge.

Toute dissimulation fera perdre tout droit à indemnité.

Mais le Conseil, sur l'avis des commissaires-experts, dont il est parlé plus loin, peut refuser de garantir un animal, s'il juge qu'il n'est pas dans les conditions voulues.

Art. 12. — Les animaux ne bénéficieront de la garantie qu'un mois après leur inscription (1).

La perte des animaux morts avant l'âge de trois mois révolus ne sera pas indemnisée.

Sont exclues de la garantie les vaches âgées de plus de 12 ans (2).

Sont exclus également de la garantie les animaux appartenant à des marchands de bestiaux non cultivateurs et ceux qui, bien que n'appartenant pas à des patentés, seraient notoirement l'objet d'un trafic constant.

Cessent d'être garantis les animaux qui ne font plus partie de l'étable du participant, dans les limites de la circonscription de Prévoyance. Il y a dès lors diminution de la valeur de l'étable qui doit être déclarée par le participant.

Art. 13. — Les participants versent un droit d'entrée de 0 fr. 50 par animal, la première année après la fondation et 1 fr. les années suivantes; ce droit d'entrée pourra être élevé par le Conseil proportionnellement à l'importance des réserves. Toutefois les fondateurs ne paieront qu'un droit d'entrée unique de 0 fr. 50.

Chaque participant s'engage en outre à payer, par trimestre ou semestre et d'avance, la contribution annuelle réclamée par le bureau.

Il n'y a entre les participants aucune solidarité, chacun d'eux n'est tenu qu'au maximum de contribution fixé ci-après.

Art. 14. — La contribution annuelle sera de 1 % de la valeur

(1) Dans certaines régions, les cultivateurs achètent les vaches prêtes à faire le veau. On pourrait peut-être garantir les conséquences du vêlage, même dans le mois.

De plus et d'une façon générale, il pourrait être stipulé que, en devenant participant, un cultivateur serait garanti de suite contre la perte de tous ses animaux, s'il présentait un certificat de vétérinaire établissant le bon état de son écurie, joint à une déclaration qu'il possède les animaux depuis un mois.

Postérieurement, tout nouvel animal inscrit pourrait être garanti de suite, moyennant un certificat du vétérinaire, constatant que la bête a subi l'épreuve de la tuberculine.

(2) On pourrait garantir les vaches âgées de plus de 12 ans moyennant une élévation de 10 % pour chaque année au-dessus de cet âge. Si par exemple la prime est fixée à 1 %, une vache de 13 ans payerait 1, 10 %, une de 14 ans 1, 20 et ainsi de suite.

de chaque bête estimée comme il est dit à l'article 24. Elle sera payée par semestre ou trimestre.

Si les ressources ne permettent pas de faire face aux charges, le Conseil pourra faire, chaque semestre ou trimestre, un rappel de contribution supplémentaire, sans que le montant total de la contribution pour l'année puisse dépasser 2 % de la valeur de chaque bête.

Mention de ce rappel de contribution sera faite à chaque membre participant dans l'avertissement dont il est parlé à l'article suivant. Ce supplément de contribution sera payé par le participant en même temps que la contribution du semestre ou trimestre suivant.

Si, malgré ce rappel, les ressources sont insuffisantes, le fonds de réserve, après autorisation des participants en réunion générale, sera mis à contribution, mais jusqu'à concurrence seulement de 50 % par semestre.

Par contre, le Conseil pourra, suivant l'importance du fonds de réserve, abaisser le taux de la contribution au-dessous de 1 % pour l'exercice suivant, sans que jamais ce taux puisse descendre au-dessous de fr. 0,50 %. Cette décision ne vaudra que pour un an, étant bien entendu que le rappel jusqu'à 2 % pourra néanmoins avoir lieu avant l'absorption de 50 % du fonds de réserve.

Art. 15. — Avant les réunions générales prévues à l'article 35, chaque participant recevra un avertissement indiquant :

1° Le montant de sa contribution à payer pour le semestre ou trimestre suivant;

2° Le surplus de contribution dû sur le semestre ou trimestre écoulé pour les augmentations de valeur survenues dans son étable;

3° Le rappel de contribution prévu à l'article 14.

Ledit avertissement indiquera en somme au participant ce qu'il doit sur le semestre ou trimestre suivant.

En cas de perte d'une bête qui a produit une augmentation de valeur de l'étable déclarée en cours du semestre ou trimestre, le surplus de contribution dû sera retenu sur le montant de l'indemnité.

Tant que le participant n'a pas payé le montant total de contribution porté sur l'avertissement ci-dessus mentionné, il n'a droit à aucune indemnité en cas de sinistre. De plus, passé le délai d'un mois après la réunion générale ci-dessus visée, s'il n'a pas payé, il pourra être poursuivi, conformément aux lois, à la requête du Président; il pourra en outre être exclu (art. 8).

Art. 16. — Le participant est toujours tenu de se conformer

en tout aux instructions du Conseil pour toutes les mesures préventives ou hygiéniques à prendre, notamment pour l'emploi du vaccin contre la fièvre charbonneuse ou de la tuberculine pour déceler la tuberculose, sous peine de perdre tout droit à une indemnité.

ART. 17. — Les participants s'engagent pour une année au moins, l'année en cours.

Le semestre ou trimestre en cours est toujours dû entier.

Au bout de l'année, le participant reste engagé pour une année nouvelle s'il n'a pas donné sa démission un mois avant.

En cas de décès du participant, les héritiers sont tenus des engagements de leur auteur pour l'année courante.

Si un participant abandonne la culture ou quitte la circonscription de Prévoyance, il cesse de participer à la Caisse et perd tout droit aux sommes qu'il aura pu verser, mais il est tenu de remplir toutes ses obligations de l'année, notamment en cas de rappel de contribution.

ART. 18. — Est indemnisée toute perte résultant de maladies, d'accidents ou d'abatage obligatoire.

L'abatage obligatoire comprend celui ordonné par l'Administration et aussi celui opéré sur l'avis d'un vétérinaire ou d'un des trois commissaires-experts.

ART. 19. — La Société payera jusqu'à concurrence de ses ressources, à chaque participant ayant éprouvé des pertes de bestiaux, les 4/5 seulement de la valeur des animaux perdus, soit 80 0/0; le participant se garantissant lui-même pour le surplus, afin qu'il ait intérêt à bien soigner son bétail.

ART. 20. — Il sera déduit du montant des indemnités dues :

1o Toute valeur que le sinistré, ou pour le compte de celui-ci le bureau aura pu tirer soit de la viande, soit de la peau ou autrement;

2o Toute somme que le sinistré obtiendrait de l'Etat, du département ou d'ailleurs, notamment en cas d'abatage par mesure administrative ou de recours contre un tiers.

ART. 21. — Aucune indemnité n'est accordée pour les sinistres couverts ou qui auraient pu être couverts par des assurances spéciales et dont le sinistré aurait le droit de se faire dédommager autrement.

ART. 22. — Le paiement des pertes sera fait par le bureau dans les limites fixées par les articles 19 et suivants, dès qu'il possédera tous les éléments lui permettant d'établir exactement l'indemnité due.

Mais si les ressources deviennent insuffisantes pour régler, pendant le semestre ou trimestre, tous les sinistres dans les proportions susdites, le secrétaire déterminera exactement, à la fin du semestre ou trimestre, l'indemnité de chaque sinistré par rapport à l'importance des ressources, et, dans l'avertissement mentionné plus haut, réclamera, s'il y a lieu, ce qu'un sinistré indemnisé aura perçu en trop.

Le remboursement de ce trop perçu est soumis aux prescriptions de l'article 15.

En cas d'épizootie ou de mortalité anormale, les participants, en réunion générale extraordinaire, pourront renvoyer le paiement des pertes à la fin du semestre, pour qu'il ait lieu proportionnellement à l'importance des sinistres et des ressources. Dans le cas d'épizootie administrativement reconnue, l'indemnité sera suspendue.

ART. 23. — Ne sont pas indemnisés les accidents de force majeure, tels que : guerre, émeute, guerre civile, vol, pillage, inondation, incendie, écroulement de bâtiments, transport par terre, fer ou eau.

Il n'est pas répondu non plus des sinistres survenus par suite d'excès de travail, de manque de soins, de violences et mauvais traitements exercés sur les animaux par les participants ou les personnes dont ils sont civilement responsables.

Les animaux menés en foire ou à un concours, même hors de la circonscription, restent garantis.

En cas de sinistre imputable à un tiers, le participant sera tenu d'exercer son recours avant de toucher l'indemnité.

ART. 24. — Trois commissaires-experts, pris parmi les participants et désignés par ceux-ci en réunion générale sur la présentation du Conseil, seront chargés de vérifier les déclarations et estimations, et dans leur âme et conscience de fixer définitivement la valeur de chaque animal.

En cas de désaccord entre les experts, c'est d'après la moyenne de leurs estimations que le secrétaire inscrira la valeur des animaux.

L'expertise peut au besoin, si le Conseil le décide, être faite par un seul des commissaires-experts assisté de deux participants choisis par lui. Mais, dans ce cas, si le participant intéressé l'exige, une contre-expertise aura lieu par les trois commissaires-experts.

Mention détaillée du nombre des animaux et de leur estimation sera faite sur un registre que le participant pourra toujours consulter.

Chaque semestre ou trimestre, avant la réunion générale prévue à l'article 35, cet état estimatif sera mis à jour et servira à fixer la contribution de chaque participant.

Du reste, le Conseil peut ordonner une revision générale ou partielle des estimations quand il le juge à propos, de même qu'il a toujours le droit de faire visiter, quand et par qui bon lui semble, les étables d'un participant.

Art. 25. — Toute modification, dans la composition et la valeur de l'étable, doit être déclarée par le participant et portée au registre.

D'après ces déclarations, le secrétaire calcule le montant de la contribution de chaque participant pour le semestre ou trimestre suivant, en tenant compte, non seulement du nombre des animaux, mais aussi de leur plus ou moins-value due à l'âge ou au cours du bétail. Il s'en remet, s'il y a lieu, à l'appréciation des commissaires-experts.

Art. 26. —Aussitôt qu'un participant aura un animal malade, il devra en avertir un des commissaires-experts qui, avec deux participants, proches voisins de l'étable, estimera l'animal au cours du jour; puis, si la bête vient à périr, le participant en préviendra de nouveau le même commissaire qui constatera la perte et ses causes et consignera le tout dans un certificat signé de lui.

L'expert pourra aviser au meilleur parti à tirer de la dépouille.

En cas d'accident, il sera procédé de même.

En cas de contestation sur le prix fixé par l'expert assisté de deux voisins, les deux autres commissaires-experts seront appelés à se prononcer avec leur collègue, en dernier ressort.

En cas de sinistre, si la valeur des animaux est supérieure à celle qui a été déclarée, on ne tiendra compte pour le règlement que de la valeur déclarée et enregistrée.

Dans les 48 heures, le sinistré devra déposer le certificat entre les mains du secrétaire et le plus tôt possible faire une déclaration de la valeur des dépouilles utilisées, ainsi que du montant des indemnités ou allocations auxquelles la perte pourrait lui donner droit, d'autre part, à un titre quelconque.

Art. 27. — Faute par le sinistré d'avoir appelé en temps utile, même en cas d'accident, un commissaire-expert, toute indemnité sera refusée.

Si le sinistré n'a pas fait appeler un vétérinaire, le commissaire-expert pourra le faire de sa propre autorité, s'il le juge à propos.

Si l'homme de l'art déclare que l'animal doit être vendu sur pied ou abattu, la mesure sera exécutée immédiatement, à la diligence du commissaire-expert, s'il y a lieu, et si le sinistré s'y refuse, il perdra son droit à l'indemnité.

Les frais de vétérinaire et de médicaments sont moitié à la

charge du participant et moitié à la charge de la Société, ainsi que les frais d'abatage et de vente.

Les frais seront avancés par la Société, qui se remboursera de moitié, lors du règlement du sinistre, après vérification par le commissaire-expert appelé.

Art. 28. — S'il était reconnu qu'un participant ait laissé périr des bestiaux faute de soins, ou qu'il ait cherché à tromper ou corrompre les commissaires-experts ou le vétérinaire, il serait exclu sans préjudice des poursuites à exercer contre lui et du droit, dans ce cas, de lui refuser toute indemnité.

Art. 29. — La Société est administrée par un Conseil composé de 3 à 9 membres élus en assemblée générale à la majorité des votants.

Les administrateurs sont élus pour 6 ans, et renouvelables par tiers tous les 2 ans.

Ils sont rééligibles. Leurs fonctions sont gratuites.

Seul le secrétaire peut recevoir une indemnité ou gratification par décision de l'Assemblée générale.

Art. 30. — Le Conseil élit, chaque année, un bureau composé d'un président, un trésorier et un secrétaire.

Les membres honoraires peuvent faire partie du Conseil d'administration.

Art. 31. — Le Conseil reçoit les adhésions et les démissions, prononce les exclusions, veille au paiement des contributions, prélève sur les fonds en caisse les sommes nécessaires en vue de se procurer la garantie d'une partie des risques couverts par la Société, procède au règlement des sinistres et fait annuellement à l'Assemblée générale un compte rendu de sa gestion.

Art. 32. — Le président peut réunir les membres participants toutes les fois qu'il le juge à propos. En cas d'absence ou d'empêchement, il est remplacé par le trésorier.

Le secrétaire tient la correspondance et les registres. Il rédige les procès-verbaux des séances du Conseil et des réunions générales, il inscrit les demandes d'administration et les démissions, il rédige les propositions d'exclusions, il enregistre les déclarations de pertes et les estimations ainsi que les augmentations ou diminutions survenues dans les étables.

Le trésorier tient la comptabilité, fixe et recouvre les contributions, en fait le placement ou l'emploi, solde les dépenses, arrête le compte à la fin de l'exercice.

Les comptes sont approuvés par l'Assemblée générale sur le rapport du trésorier.

Art. 33. — Si l'un des commissaires experts, désigné comme

il est dit à l'article 24, est absent et refuse, il est pourvu à son remplacement par le Conseil.

Les commissaires-experts peuvent être révoqués de leurs fonctions par le Conseil qui pourvoira à leur remplacement jusqu'à la prochaine réunion générale des participants. Il en sera de même pour les commissaires-adjoints, dont il sera parlé ci-après.

Les commissaires-experts sont spécialement chargés des estimations et des constatations de sinistres.

Ils ont d'une façon générale à veiller, chacun dans son rayon, aux intérêts de la Société et au respect des statuts.

Si l'étendue du ressort l'exige, les participants, en réunion générale et sur la présentation du Conseil, pourront nommer des commissaires adjoints, par lesquels les commissaires-experts, en cas de besoin, pourront se faire suppléer.

ART. 34. — Les membres du Conseil, les commissaires adjoints, ne contractent, en raison de leur gestion, aucune obligation personnelle ou solidaire relativement aux engagements de la Société, ils ne répondent que de l'exécution de leur mandat.

Lorsqu'un sinistre intéresse personnellement l'un des commissaires-experts ou l'un des commissaires adjoints, ou leurs ascendants ou descendants, le Conseil peut désigner un autre participant pour remplir les fonctions.

ART. 35. — L'exercice annuel va du   au   Par exception, le premier exercice durera du jour du dépôt des statuts au

Les participants se réuniront en réunion générale à la fin de chaque semestre ou trimestre.

Les réunions générales seront présidées par le président, et, à son défaut, par le trésorier du Conseil.

Les participants ne peuvent se faire représenter aux réunions et chacun ne dispose que d'une voix.

A chaque réunion, les participants doivent faire leurs versements, comme il est dit aux articles 13 et suivants.

A la réunion de fin d'exercice, dite assemblée générale annuelle, il sera rendu compte des opérations effectuées dans l'année, de la situation financière, et ce compte rendu sera communiqué au président du Syndicat agricole de   .

ART. 36. — Les ressources de la Société sont :

1° Les produits des entrées ;

2° Les sommes versées par les membres honoraires ;

3° La contribution annuelle payée par chaque participant, proportionnellement à la valeur de ses bestiaux;

4° Les dons et les legs;

5° Les subventions ou avances versées par l'État, le département, la commune, une Caisse de crédit agricole, une Société d'agriculture, un Comice agricole, etc.

Partie des fonds versés par les participants peut,après décision de l'Assemblée générale, être versée à la Coopérative agricole du Sud-Est, pour que celle-ci se charge proportionnellement d'une partie des risques. Dans ce cas, le Conseil, afin de n'avoir pas à réclamer de trop perçu à un sinistré, et afin de régler les 4/5 des pertes, pourra demander à la Coopérative agricole du Sud-Est une avance, dans les conditions prévues au règlement du compte de garantie.

L'excédent des recettes sur les dépenses est versé à un fonds de réserve destiné, le cas échéant, à suppléer à l'insuffisance des contributions payées par les participants, dans les limites des statuts.

Aucun participant, même s'il cesse de l'être, ne peut réclamer ni exercer un droit quelconque sur le fonds de réserve.

Lorsque la situation financière le permettra,le Conseil pourra employer une partie du fonds de réserve pour faire exécuter par d'autres participants les travaux de culture qu'un participant ne pourrait faire, à cause de la maladie d'un de ses animaux, ou pour organiser tout service analogue.

ART. 37. — Les modifications aux statuts et la dissolution de la Société seront décidées en Assemblée générale, à la majorité des 3/4 des sociétaires.

ART. 38. — Si un syndiqué, habitant sur les confins de la circonscription de Prévoyance, demande à participer provisoirement à la Société, en attendant une création analogue dans sa région, le Conseil pourra l'y autoriser.

Il pourra en être ainsi pour ceux qui, étant déjà participants, auront des étables en dehors de la circonscription de Prévoyance.

ART. 39. — En cas de dissolution de la Société, l'emploi des fonds sera réglé par l'Assemblée générale. En aucun cas, ces fonds ne pourront être partagés entre les participants : ils seront attribués à une œuvre d'intérêt agricole.

Statuts d'un syndicat de défense contre la grêle et la gelée.

ARTICLE PREMIER. — Sont réunis en association de défense contre la grêle et la gelée, notamment par les détonations d'artillerie, les propriétaires de terrains bâtis et non bâtis dont l'état figure au plan cadastral de la commune de La Chapelle-de-Guinchay, les vignerons et intéressés de ladite commune, où le siège est établi. Cette association fonctionnera conformément à la loi du 21 mars 1884.

Sa durée est illimitée ainsi que le nombre de ses membres. Elle commence à partir de l'accomplissement des formalités légales.

Art. 2. — Peuvent faire partie de l'association tous les propriétaires, vignerons, fermiers, ouvriers, jardiniers, etc., et généralement tous ceux ayant intérêt à se protéger contre la grêle et la gelée.

Art. 3. — Les adhérents devront apposer leur signature sur le registre matricule des propriétés à défendre, ou sur un registre spécial.

Art. 4. — Les membres s'engagent à verser une cotisation annuelle, mais il n'y a entre eux aucune solidarité. Chacun n'est tenu qu'au maximum de la cotisation.

Art. 5. — La cotisation est établie par hectare et fraction d'hectare. Elle est proportionnelle à l'étendue de la propriété à protéger.

Art. 6. — Une assemblée générale aura lieu chaque année à la fin de l'exercice au 1er novembre.

Les membres de l'association y seront convoqués ou individuellement ou par affiches, ou par la presse. S'ils ne peuvent y assister, ils pourront s'y faire représenter par un autre sociétaire.

Cette assemblée générale approuvera les comptes du trésorier, fixera la cotisation pour l'exercice suivant, nommera pour trois ans les membres de la commission administrative et pourvoira chaque année aux vacances.

En outre, elle donnera son avis sur toutes les questions qui lui seront soumises.

Elle délibérera valablement, quel que soit le nombre des membres présents ou représentés.

En cas de besoin, d'autres assemblées générales pourront avoir lieu en cours d'exercice.

Toutes les assemblées générales se tiendront dans un local clos et couvert et ne pourront y assister que les membres de l'association.

Les discussions politiques, religieuses, ou étrangères au but de l'association y seront formellement interdites.

Art. 7. — Les membres de l'association s'engagent pour une période de trois ans. Au bout de ce temps, ils restent engagés pour une nouvelle période semblable, s'ils n'ont donné leur démission par lettre recommandée avant le 1er novembre.

En cas de décès d'un membre, ses héritiers sont tenus à tous ses engagements.

Si un membre aliène sa propriété ou abandonne la culture, il perd tout droit aux sommes qu'il aura versées et demeurera néanmoins tenu de remplir toutes les obligations de l'année.

ART. 8. — L'association est administrée par une commission composée d'un président, de deux vice-présidents, d'un trésorier, d'un secrétaire, d'un directeur de poste-signal et d'un nombre variable de syndics, nommés pour trois ans par l'Assemblée générale de fin d'exercice, à la majorité des membres présents ou représentés, le vote ayant lieu soit à main levée, soit au bulletin secret, si plus de vingt sociétaires le demandent.

La première commission administrative sera désignée par l'Association générale constitutive de la société à la même majorité et de la même manière que ci-dessus.

Toutes les fonctions seront gratuites; toutefois, la commission peut se faire aider par une ou plusieurs personnes salariées.

La commission administrative se réunit aussi souvent que l'intérêt de l'association l'exige.

C'est elle qui organise la défense, autorise les achats de matériel et de poudre, désigne la Compagnie avec laquelle sera contractée une assurance contre tous les accidents matériels et corporels, et prend généralement toutes les mesures nécessaires pour le bon fonctionnement de l'association.

Elle peut aussi s'entendre avec les Commissions administratives des sociétés voisines.

Le Président préside les séances de la commission et les assemblées générales, dirige les débats de l'association, la représente en justice et dans tous les articles de la vie civile, ordonne les dépenses.

Les vice-présidents remplacent le président en cas d'empêchement.

Le secrétaire rédige les procès-verbaux, met à jour les divers registres, tient la correspondance et fait la convocation sur ordre du président.

Le trésorier reçoit les cotisations annuelles, encaisse les sommes pouvant revenir à l'association à un titre quelconque, paye les dépenses sur le visa du président, garde ou place, d'accord avec le président, les fonds disponibles, établit chaque année la situation financière.

Art. 9. — Les membres de la commission administrative ne contractent, en raison de leur gestion, aucune obligation personnelle ou solidaire relativement aux engagements ou opérations de l'association. Ils ne répondent que de l'exécution de leur mandat.

Art. 10. — La cotisation fixée pour l'année future est recouvrée de suite après l'assemblée de fin d'exercice.

Passé le délai d'un mois après ladite assemblée, le sociétaire qui n'aura pas payé entre les mains du trésorier pourra être poursuivi à la requête du président, même par voie extra-judiciaire.

Art. 11. — La caisse de l'association est alimentée par :

1° Les cotisations ;

2° Les dons qui peuvent être faits à l'association ;

3° Les subventions qu'elle peut recevoir de l'Etat, du département, de la commune, d'un comice, d'un syndicat, ou d'une union de syndicats agricoles, d'une société ou association agricole, etc.

Art. 12. — Les présents statuts ne pourront être modifiés qu'en assemblée générale, à la majorité et de la façon fixée par le § 2.

La dissolution de la Société ne pourra aussi être prononcée qu'en assemblée générale, mais à la majorité de la moitié plus un des sociétaires représentant au moins la moitié du total des cotisations.

Cette assemblée décidera à la même majorité du mode de liquidation de l'association.

Statuts d'une association de défense contre la grêle, déclarée d'après la loi du 1er juillet 1901.

Article premier. — Il est formé entre ceux qui adhéreront aux présents statuts dans la commune de   une société de défense contre la grêle, notamment par les détonations d'artillerie.

Son siège est établi à   au domicile du président.

Les membres de la société pourront se réunir dans une des salles de la Mairie, avec l'assentiment de la municipalité.

Sa durée est illimitée, ainsi que le nombre de ses membres.

Elle commencera à partir de l'accomplissement des formalités légales.

Elle se conformera aux prescriptions de l'article 5 de la loi du 1er juillet 1901.

Art. 2. — Peuvent faire partie de la société tous les propriétaires vignerons, fermiers, métayers, maraîchers, etc., et généralement tous ceux ayant intérêt à se protéger contre la grêle.

Les femmes mariées et les mineurs ne peuvent faire partie de la société sans l'autorisation de leurs maris, parents ou tuteurs, qui seront responsables du paiement de la cotisation.

L'admission des membres participants sera prononcée par le bureau, qui statuera au bulletin secret à la majorité relative.

Art. 3. — Les adhérents devront apposer leur signature sur le registre matricule des propriétés à défendre ou sur un registre spécial.

Art. 4. — Les membres s'engagent à verser une cotisation chaque année, mais il n'y a entre eux aucune solidarité. Chacun n'est tenu qu'au maximum de la cotisation.

Art. 5. — La cotisation est établie par hectare ou fraction d'hectare. Elle est proportionnelle à l'étendue de la propriété à protéger.

Art. 6. — Une assemblée générale aura lieu tous les ans à l'automne, après la fin de chaque exercice, fixée au 30 septembre.

Les membres de la Société y seront convoqués individuellement, ou par affiche, ou par la presse.

S'ils ne peuvent y assister, ils pourront s'y faire représenter par un autre sociétaire.

Cette assemblée générale approuvera les comptes du trésorier, fixera la cotisation pour l'exercice suivant, nommera pour trois ans les membres de la Commission administrative ou pourvoira chaque année aux vacances. En outre, elle donnera son avis sur toutes les questions qui lui seront soumises.

Elle délibérera valablement, quel que soit le nombre des membres présents ou représentés.

En cas de besoin, d'autres assemblées générales pourront avoir lieu en cours d'exercice.

Toutes les assemblées générales se tiendront dans un local clos et couvert, et ne pourront y assister que les membres de la société.

Les discussions politiques, religieuses, ou étrangères au but de la société y sont formellement interdites.

Art. 7. — Les membres de la société s'engagent pour une période de   (1)

Au bout de ce temps, ils restent engagés pour une nouvelle

____

(1) Un an ou plus, selon que les dépenses d'installation seront amorties en une ou plusieurs années.

période semblable, s'ils n'ont donné leur démission par lettre recommandée avant le 1er octobre.

En cas de décès d'un membre, ses héritiers sont tenus à tous ses engagements.

Si un membre aliène sa propriété ou abandonne la culture, il perd tout droit aux sommes qu'il aura versées et demeure néanmoins tenu de remplir toutes les obligations de l'année.

Art. 8. — La société est administrée par une commission composée d'un président, d'un vice-président, d'un trésorier, d'un secrétaire et d'un nombre variable d'assesseurs nommés pour trois ans par l'assemblée générale de fin d'exercice, à la majorité des membres présents ou représentés, le vote ayant lieu soit à main levée, soit au bulletin secret, si plus de vingt sociétaires le demandent.

La première commission administrative sera désignée par l'assemblée générale constitutive de la société à la même majorité et de la même manière que ci-dessus.

Toutes les fonctions sont gratuites ; toutefois, la Commission peut se faire aider par une ou plusieurs personnes salariées.

La Commission administrative se réunit aussi souvent que l'intérêt de la société l'exige.

C'est elle qui organise la défense, autorise notamment les achats de matériels et de poudre, désigne la compagnie avec laquelle sera contractée une assurance contre tous les accidents matériels et corporels, et prend généralement toutes les mesures nécessaires pour le bon fonctionnement de la société.

Elle peut aussi s'entendre avec les commissions administratives de sociétés voisines.

Le président préside les séances de la Commission et les assemblées générales, dirige les débats et les travaux de la société, la représente dans les actions judiciaires intentées par elle contre les sociétaires ou des tiers et contre elle par des sociétaires ou des tiers. Toute signification par lui faite ou à lui faite en ladite qualité sera suffisante et régulière en ce qui concerne les membres ayant adhéré aux statuts ou les tiers.

Le président ordonnance les dépenses. Tous pouvoirs lui sont donnés, en outre, pour stipuler tant au nom et pour le compte de la société qu'au nom et pour le compte de chacun et de tous les associés, pris en cette qualité seulement.

Le vice-président remplace le président en cas d'empêchement.

Le secrétaire rédige les procès-verbaux, met à jour les divers registres, tient la correspondance et fait les convocations sur l'ordre du président.

Le trésorier reçoit les cotisations annuelles, encaisse les sommes pouvant revenir à la société à un titre quelconque, paye les dépenses sur le visa du président, garde ou place les fonds disponibles, établit chaque année la situation financière.

ART. 9. — Les membres de la Commission administrative ne contractent, en raison de leur gestion, aucune obligation personnelle ou solidaire relativement aux engagements ou opérations de la société.

Ils ne répondent que de l'exécution de leurs mandats.

ART. 10. — La cotisation fixée pour l'année future est recouvrée de suite après l'assemblée générale de fin d'exercice.

Passé le délai d'un mois après ladite assemblée, le sociétaire qui n'aura pas payé entre les mains du trésorier pourra être poursuivi à la requête du président.

ART. 11. — La caisse de la société est alimentée par :

1° Les cotisations ;

2° Les dons manuels qui peuvent être faits à la société ;

3° Les subventions qu'elle peut recevoir de l'Etat, du département, de la commune, d'un comice, d'un syndicat ou d'une union de syndicats agricoles, d'une société ou association agricole, etc.

ART. 12. — Les présents statuts ne pourront être modifiés qu'en assemblée générale, à la majorité et de la façon prévues à l'article 8 pour l'élection des membres de la Commission administrative. Toutefois, ces modifications, avant leur mise en vigueur, seront l'objet de la déclaration prescrite en l'article 5 de la loi du 1er juillet 1901.

ART. 13. — La dissolution de la société ne pourra être aussi prononcée qu'en assemblée générale, mais à la majorité de la moitié plus un des sociétaires représentant au moins la moitié du total des cotisations.

Cette assemblée décidera à la même majorité du mode de liquidation de la société.

(Union Beaujolaise.)

Modèle de police d'assurance contre la grêle

Entre les compagnies d'assurances contre les accidents dont le siège est à
représentée par son directeur M.

d'une part ;

Et M

demeurant à

agissant en qualité de président de la *Société de défense contre la grêle*, notamment par les détonations d'artillerie, de la commune de

et stipulant tant au nom et pour le compte de la société qu'au nom et pour le compte de chacun et de tous les membres présents ou futurs de ladite société.

d'autre part ;

Il a été arrêté et convenu ce qui suit :

ARTICLE PREMIER. — La Compagnie   garantit la responsabilité civile de la « Société de défense contre la grêle », notamment par les détonations d'artillerie, de la commune de   et celle de chacun des membres de la société pris en cette qualité pour tous accidents corporels pouvant survenir soit aux personnes chargées du service des appareils de tir (vulgairement appelés canons), que ces personnes soient ou non membres de la société, soit à d'autres personnes, et résultant tant du fait de la détention et de l'explosion de la poudre que du fait du tir desdits appareils ou manipulations de la poudre et fabrication des cartouches, ainsi que de tout travail exécuté pour le compte de la société en vue de l'organisation de la défense, notamment pour le transport ou l'installation du matériel.

ART. 2. — La garantie de la Compagnie est limitée à la somme de quinze mille francs par victime et cent mille francs par accident quel que soit le nombre de victimes. Néanmoins, dans le cas où les lois des 9 avril 1898 et 30 juin 1899 seraient reconnues applicables, la Compagnie assure le paiement de toutes les indemnités prévues par les dites lois.

ART. 3. — Dans le cas où un accident survenu par le fait ou à l'occasion d'un travail quelconque inhérent à la défense contre la grêle ne saurait engager la responsabilité de la société, ni en vertu du droit commun, ni en vertu des lois des 9 avril 1898 et 30 juin 1899, de même qu'en cas d'accident survenu dans les maisons des détenteurs de poudre, aux parents ou serviteurs habitant sous le même toit, la Compagnie

s'engage conventionnellement à accorder le bénéfice de la loi du 9 avril 1898. Les indemnités et pensions seront basées sur le salaire moyen agricole de la commune (1). Pour les accidents

---

(1) On se propose de remplacer cette phrase par la suivante, et pour éviter toute contestation. les indemnités et pensions seront basées sur le salaire moyen agricole de la commune fixé à douze cents francs. En cas d'incapacité temporaire, l'indemnité journalière sera de deux francs.

atteignant les enfants de moins de seize ans, le salaire sera le tiers de celui fixé pour les adultes.

Art. 4. — La garantie de la Compagnie s'étend, dans les circonstances précitées, même aux cas de foudre.

Art. 6. — Les sinistres devront être déclarés immédiatement à la Compagnie et au plus tard dans les huit jours de leur date. La déclaration devra fournir tous les renseignements utiles. La société est tenue de transmettre à la Compagnie toutes les réclamations et pièces judiciaires qui lui seraient adressées au sujet des accidents, les procès devant être suivis exclusivement par la Compagnie.

Art. 7. — Le présent contrat est souscrit pour une durée de cinq ans, avec faculté pour les parties de résilier à l'expiration de chaque période annuelle, en se prévenant réciproquement un mois à l'avance par lettre recommandée.

Art. 8. — Le présent contrat sera résilié de plein droit : 1° en cas de dissolution de la société, et 2° dans le cas où la Compagnie ne remplirait pas les conditions de la loi du 9 avril 1898 et des décrets s'y rattachant.

Art. 9. — Aucune clause de déchéance ne pourra être opposée aux ouvriers créanciers.

Suit un extrait de la loi du 9 avril 1898, reproduit conformément aux prescriptions de l'article 11 du décret du 28 février 1899, sur les sociétés d'assurances.

Fait double à   , le

Pour la société de défense, le président,
Pour la compagnie, le directeur,

Loi du 12 juillet 1909 sur la constitution d'un bien de famille insaisissable.

TITRE PREMIER
Constitution d'un bien de famille.

Article premier. — Il peut être constitué, au profit de toute famille, un bien insaisissable qui portera le nom de bien de famille.

Les étrangers ne pourront jouir des prérogatives de la présente loi qu'après avoir été autorisés, conformément à l'article 13 du Code civil, à établir leur domicile en France.

Art. 2. — Le bien de famille pourra comprendre soit une

maison ou portion divise de maison, soit à la fois une maison et des terres attenantes ou voisines, occupées et exploitées par la famille. La valeur dudit bien, y compris celle des cheptels et immeubles par destination, ne devra pas, lors de sa fondation, dépasser huit mille francs (8.000 francs).

Art. 3. — La constitution est faite :

Par le mari sur ses biens personnels, sur ceux de la communauté ou, avec le consentement de la femme, sur les biens qui appartiennent à celle-ci et dont il a l'administration ;

Par la femme, sans l'autorisation du mari ou de justice, sur les biens dont l'administration lui a été réservée ;

Par le survivant des époux ou l'époux divorcé, s'il existe des enfants mineurs, sur ses biens personnels ;

Par l'aïeul ou l'aïeule, suivant les distinctions ci-dessus, qui recueille ses petits-enfants orphelins de père et de mère ou moralement abandonnés ;

Par le père ou la mère, sans descendants légitimes, d'un enfant naturel reconnu ou d'un enfant adopté.

Toute personne capable de disposer pourra constituer un bien de famille au profit d'une autre personne réunissant elle-même les conditions exigées par la loi pour pouvoir le constituer.

Art. 4. — Le bien de famille ne peut être établi que sur un immeuble non indivis.

Il ne peut être constitué plus d'un par famille.

Toutefois, lorsque le bien est d'une valeur inférieure à 8.000 francs, il peut être porté à cette valeur au moyen d'acquisitions qui sont soumises aux mêmes conditions et formalités que la fondation.

Le bénéfice de la constitution du bien de famille reste acquis alors même que, par le seul fait de la plus-value postérieure à la constitution, le chiffre de 8.000 francs se trouverait dépassé.

Art. 5. — La constitution du bien ne peut porter sur un immeuble grevé d'un privilège ou d'une hypothèque, soit conventionnelle, soit judiciaire, lorsque les créanciers ont pris inscription antérieurement à l'acte constitutif ou, au plus tard, dans le délai fixé à l'article 6 ci-après.

Les hypothèques légales, même inscrites avant l'expiration de ce délai, ne font pas obstacle à la constitution et conservent leur effet.

Celles qui prendraient naissance postérieurement pourront être valablement inscrites, mais l'exercice du droit de poursuite qu'elles confèrent sera suspendu jusqu'à la désaffectation du bien.

Art. 6. — La constitution du bien de famille résulte d'une déclaration reçue par un notaire, d'un testament ou d'une donation.

Cet acte contient la description détaillée de l'immeuble avec l'estimation de sa valeur, ainsi que les nom, prénoms, profession et domicile du constituant, et, s'il y a lieu, du bénéficiaire de la constitution.

Il reste affiché pendant deux mois par extrait sommaire et au moyen de placards manuscrits apposés sans procès-verbal d'huissier à la justice de paix et à la mairie de la commune où les biens sont situés.

Un avis est, en outre, inséré par deux fois, à quinze jours d'intervalle, dans un journal du département recevant les annonces légales.

Art. 7. — Jusqu'à l'expiration de ce délai de deux mois, pourront être inscrits tous privilèges et hypothèques garantissant des créances antérieures à la constitution du bien. Pendant ce même délai, les créanciers chirographaires seront admis à former, en l'étude du notaire rédacteur de l'acte, opposition à la constitution.

Art. 8. — A l'expiration du délai de deux mois, l'acte est soumis, avec toutes les pièces justificatives, à l'homologation du juge de paix.

Celui-ci ne donnera son homologation qu'après s'être assuré:

1° Par les pièces produites, et s'il les juge insuffisantes, par un rapport d'expert commis d'office, de la valeur des immeubles constituant le bien de la famille ;

2° Qu'il n'existe ni privilège ni hypothèque autres que ceux visés à l'article 5 ;

3° Que mainlevée a été donnée de toutes les oppositions ;

4° Que les bâtiments sont assurés contre les risques de l'incendie.

Art. 9. — Dans le mois qui suivra son homologation, l'acte de constitution de bien sera transcrit, à peine de nullité.

TITRE II

Régime du bien de famille.

Art. 10. — A partir de la transcription, le bien de famille ainsi que ses fruits sont insaisissables, même en cas de faillite ou de liquidation judiciaire ; il n'est fait exception qu'en faveur des créanciers antérieurs qui se sont conformés aux dispositions qui précèdent, pour conserver l'exercice de leurs droits.

Il ne peut être ni hypothéqué, ni vendu à réméré.

Néanmoins, les fruits pourront être saisis pour le payement :

1° Des dettes résultant de condamnations en matière criminelle, correctionnelle ou de simple police ;

2° Des impôts afférents au bien et des primes d'assurances contre l'incendie ;

3° Des dettes alimentaires.

Le propriétaire ne peut renoncer à l'insaisissabilité du bien de famille.

Art. 11. — Le propriétaire peut aliéner tout ou partie du bien de famille ou renoncer à la constitution. Mais, s'il est marié ou s'il a des enfants mineurs, l'aliénation ou la renonciation sera subordonnée, dans le premier cas, au consentement de la femme donné devant le juge de paix et, dans le second cas, à l'autorisation du conseil de famille, qui ne l'accordera que s'il estime l'opération avantageuse aux mineurs. Sa décision sera sans appel.

Art. 12. — En cas d'expropriation pour cause d'utilité publique, si l'un des époux est prédécédé et s'il existe des enfants mineurs, le juge de paix ordonnera les mesures de conservation et de remploi qu'il estimera nécessaires.

Art. 13. — Dans le cas de substitution volontaire d'un bien de famille à un autre, la constitution du premier bien est maintenue jusqu'à ce que la constitution du second soit définitive.

Art. 14. — En cas de destruction partielle ou totale du bien, l'indemnité d'assurance est versée à la Caisse des dépôts et consignations pour demeurer affectée à la reconstitution de ce bien et, pendant un an à dater du payement de l'indemnité, elle ne peut être l'objet d'aucune saisie, sans préjudice pourtant des dispositions de l'article 10 ci-dessus.

Les Compagnies d'assurances ne sont, en aucun cas, garantes du défaut de remploi.

Art. 15. — Il en sera de même pour l'indemnité allouée à la suite d'une expropriation pour cause d'utilité publique.

La femme pourra exiger l'emploi des indemnités d'assurances ou d'expropriation soit en immeubles, soit en rentes sur l'État français, à concurrence d'un maximum de 8.000 francs.

Art. 16. — Le tribunal civil statue, la femme et, en cas de prédécès de l'un des époux, le représentant légal des mineurs appelés, sur toutes les demandes relatives à la validité de la constitution, de la renonciation à la constitution, de l'aliénation totale ou partielle du bien de famille.

L'affaire est jugée comme en matière sommaire.

La femme n'a besoin d'aucune autorisation pour poursuivre

en justice l'exercice des droits que lui confère la présente loi.

Art. 17. — L'insaisissabilité subsiste même après la dissolution du mariage sans enfants au profit du survivant des époux
s'il est propriétaire du bien.

Art. 18. — Elle peut également se prolonger par l'effet du
maintien de l'indivision prononcée dans les conditions et pour
la durée ci-après déterminées.

S'il existe des mineurs au moment du décès de l'époux propriétaire de tout ou partie du bien, le juge de paix peut, soit à
la requête du conjoint survivant, du tuteur ou d'un enfant
majeur, soit à la demande du conseil de famille, ordonner la
prolongation de l'indivision jusqu'à la majorité du plus jeune,
et allouer, s'il y a lieu, une indemnité pour ajournement du
partage, aux héritiers qui sont ou qui deviennent majeurs et
ne profitent pas de l'habitation.

Art. 19. — Le survivant des époux, s'il est copropriétaire
du bien et s'il habite la maison, a la faculté de réclamer, à
l'exclusion des héritiers, l'attribution intégrale du bien sur estimation.

Ce droit s'ouvre à son profit, soit au décès de son conjoint,
si tous les descendants sont majeurs ou, même lorsqu'il y a des
mineurs, si la demande en maintien d'indivision a été rejetée,
soit à la majorité des enfants, lorsque l'indivision a été maintenue.

Art. 20. — Il est constitué auprès du ministre de l'Agriculture un conseil supérieur de la petite propriété rurale auquel
doivent être soumis tous les règlements à faire en vertu de la
présente loi et, d'une façon générale, toutes les dispositions
intéressant la petite propriété rurale.

L'organisation et le fonctionnement de ce conseil seront fixés
par le règlement d'administration publique prévu à l'article 21.

Art. 21. — Un règlement d'administration publique déterminera les mesures d'application de la présente loi.

---

*Loi du 10 avril 1908 relative à la petite propriété
et aux maisons à bon marché.*

Article premier. — Tous les avantages prévus par la loi du
12 avril 1906 pour les maisons à bon marché, sauf l'exemption
temporaire d'impôt foncier, s'appliquent aux jardins ou champs
n'excédant pas 1 hectare.

Les terrains visés au paragraphe précédent bénéficient, en
outre, des avantages prévus aux articles ci-après, pourvu :

1° Que la valeur locative réelle du logement de l'acquéreur

n'excède pas, au moment de l'acquisition, les deux tiers du chiffre fixé pour la commune, par la commission instituée en vertu de l'article 5 de la loi précitée ;

2° Que le prix d'acquisition, y compris les charges, ne dépasse pas douze cents francs (1.200 fr.) ;

3° Que l'acquéreur s'engage vis-à-vis de la société qui lui aura consenti un prêt hypothécaire dans les conditions indiquées à l'article 2 de la présente loi, à cultiver lui-même, ce terrain ou à le faire cultiver par les membres de sa famille.

Si l'acquéreur est déjà, au moment de l'acquisition, propriétaire d'un terrain bâti ou non bâti, la contenance et la valeur de ce terrain viennent en déduction des chiffres fixés aux paragraphes précédents.

Art. 2. — Des prêts au taux de 2 pour 100 peuvent être consentis par l'Etat aux sociétés régionales de crédit immobilier qui ont pour objet :

1° De consentir aux emprunteurs remplissant les conditions prévues par la présente loi des prêts hypothécaires individuels destinés soit à l'acquisition de champs ou jardins dans les termes indiqués à l'article 1er, soit à l'acquisition ou à la construction de maisons individuelles à bon marché ;

2° De faire des avances aux sociétés d'habitations à bon marché, constituées selon la loi du 12 avril 1906, pour celles de leurs opérations effectuées en conformité du paragraphe précédent.

Art. 3. — Chacun des emprunteurs visés à l'article 2 doit remplir les conditions suivantes :

1° Posséder, au moment de la conclusion du prêt hypothécaire, le cinquième au moins du prix du terrain ou de la maison ;

2° Passer avec la caisse nationale d'assurance en cas de décès un contrat à prime unique garantissant le payement des annuités qui resteraient à échoir au moment de sa mort, le montant de cette prime pouvant être incorporé au prêt hypothécaire ;

3° Etre muni d'un certificat administratif constatant qu'il a été satisfait aux conditions imposées, soit par l'article 1er de la présente loi s'il s'agit de l'acquisition d'un champ ou jardin, soit par l'article 5 de la loi du 12 avril 1906 s'il s'agit de l'acquisition ou de la construction d'une maison individuelle ; dans ce dernier cas, l'emprunteur doit également obtenir, avant la conclusion du prêt, le certificat de salubrité prévu à l'article 5 de la loi de 1906 précitée.

Art. 4. — Pour obtenir des prêts de l'Etat, les sociétés

régionales de crédit immobilier devront se constituer sous la forme anonyme et au capital minimum de deux cent mille francs (200.000 fr.).

Les actions ne pourront être libérées de plus de moitié, à moins d'autorisation spéciale donnée par décret, sur la proposition du ministre des Finances et du ministre du Travail et de la Prévoyance sociale, après avis du Conseil supérieur des habitations à bon marché.

Le dividende annuel à servir aux actionnaires ne devra pas dépasser 4 pour 100.

Les sommes restant dues par une société ne pourront dépasser le chiffre obtenu en ajoutant au quadruple de la partie versée du capital social le montant de la partie non appelée.

Art. 5. — Les sociétés locales de crédit immobilier qui rempliront les conditions requises aux articles 2 et 4 pourront bénéficier des dispositions de la présente loi.

Art. 6. — Le total des avances que pourra faire l'Etat aux sociétés de crédit immobilier, dans les conditions de la présente loi, est fixé à cent millions de francs (100 millions).

Le ministre des Finances est autorisé à se procurer les fonds nécessaires, dans les limites d'un crédit ouvert chaque année par la loi de finances, au moyen d'avances qui pourront être faites au Trésor par la caisse nationale des retraites pour la vieillesse. Ces avances seront représentées par des titres d'annuités dont les intérêts seront réglés trimestriellement, au taux fixé pour le tarif de ladite caisse, conformément à l'article 12 de la loi du 20 juillet 1886, et en vigueur au moment de la réalisation de chaque avance.

Les prêts aux sociétés sont effectués pour le compte de l'Etat par la caisse nationale des retraites, sur la désignation d'une commission spéciale instituée auprès du ministère du Travail par l'article 8 de la présente loi. Les frais d'administration afférents à ce service sont remboursés, chaque année, à la caisse nationale.

Art. 7. — Les remboursements à effectuer par les sociétés sont passibles d'intérêts de retard calculés au taux de 4 pour 100 à partir de leur échéance, s'ils n'ont pas été opérés dans le mois de cette échéance.

Le recouvrement des sommes non remboursées dans un délai de trois mois et des intérêts de retard y relatifs est poursuivi par l'agent judiciaire du Trésor.

Art. 8. — La commission d'attribution des prêts est nommée par décret sur la proposition du ministre du Travail et de la Prévoyance sociale pour une durée de cinq ans ; elle est composée de seize membres, ainsi qu'il suit:

Le ministre du Travail, président ;

Deux sénateurs ;

Deux députés ;

Un membre du Conseil d'Etat ;

Un membre de la Cour des comptes ;

Deux fonctionnaires du ministère des Finances ;

Le directeur général de la caisse des dépôts et consignations ou son délégué ;

Le directeur de l'assurance et de la prévoyance sociales ou son délégué ;

Le directeur de l'hydraulique et des améliorations agricoles ou son délégué ;

Deux représentants des sociétés régionales de crédit immobilier ;

Deux membres du Conseil supérieur des habitations à bon marché.

Le décret désigne le vice-président de la commission, ainsi qu'un chef ou sous-chef de bureau du ministère du Travail et de la Prévoyance sociale, qui remplit les fonctions de secrétaire

Art. 9. — En ce qui concerne les contrats d'assurance temporaire que les emprunteurs hypothécaires doivent passer avec la caisse nationale d'assurance en cas de décès, conformément à l'article 3 de la présente loi, le proposant sera soumis à la visite du médecin désigné par elle.

Toutefois, il en sera dispensé lorsqu'il aura, deux ans au moins avant l'acquisition de la maison, du champ ou du jardin, formé une demande d'assurance et opéré à la caisse nationale un versement égal à 1 pour 100 du capital à garantir, sans que la somme versée puisse être inférieure à 10 francs. La souscription de la police devra être effectuée dans un délai d'une année après l'expiration de la période de deux ans visée ci-dessus, et la somme versée viendra en déduction de la prime unique. Si la police n'est pas souscrite dans le délai fixé, le versement restera acquis à la Caisse nationale.

Art. 10. — Un règlement d'administration publique, rendu sur la proposition du ministre du Travail et du ministre des Finances, déterminera toutes les mesures propres à assurer l'application des dispositions qui précèdent, et notamment :

1° Les clauses que devront contenir les statuts des sociétés de crédit immobilier pour que ces sociétés puissent recevoir, après avis du Conseil supérieur des habitations à bon marché, l'approbation du ministre du Travail, en vue de bénéficier des

faveurs accordées par la présente loi et par celle du 12 avril
1906, ainsi que les conditions dans lesquelles serait retirée
cette approbation aux sociétés qui ne se conformeraient pas à
la présente loi ;

Loi du 28 mars 1885 sur les marchés à terme.

ART. PREMIER. — Tous marchés à terme sur effets publics et
autres, tous marchés à livrer sur denrées et marchandises
sont reconnus légaux. Nul ne peut, pour se soustraire aux
obligations qui en résultent, se prévaloir de l'article 1965 du
Code civil, lors même qu'ils se résoudraient par le payement
d'une simple différence.

ART. 2. — Les articles 421 et 422 du Code pénal sont abrogés.

ART. 3. — Sont abrogées les dispositions des anciens arrêts
du conseil, des 24 septembre 1724, 7 août, 2 octobre 1785 et
22 septembre 1786, l'article 15, chapitre 1er, l'article 4, chapitre 2 de la loi du 28 vendémiaire an IV, les articles 85, paragraphe 3, et 86 du Code de commerce.

ART. 4. — L'article 13 de l'arrêté du 27 prairial an X est
modifié ainsi qu'il suit :
« Chaque agent de change est responsable de la livraison et
« du payement de ce qu'il aura vendu et acheté. Son caution-
« nement sera affecté à cette garantie. »

ART. 5. — Les conditions d'exécution des marchés à terme
par les agents de change seront fixées par le règlement d'administration publique prévu par l'article 90 du Code de commerce.

Loi du 12 avril 1906 sur les habitations à bon marché.

ART. PREMIER. — Il sera établi dans chaque département un ou
plusieurs comités de patronage des habitations à bon marché et
de la prévoyance sociale. Ces comités ont pour mission d'encourager toutes les manifestations de la prévoyance sociale,
notamment la construction de maisons salubres et à bon
marché, soit par des particuliers ou des sociétés en vue de les
louer ou de les vendre à des personnes peu fortunées, notamment à des travailleurs vivant principalement de leur salaire,
soit par les intéressés eux-mêmes pour leur usage personnel.

ART. 5. — Les avantages concédés par la présente loi s'appliquent aux maisons destinées à l'habitation collective lorsque
la valeur locative réelle de chaque logement ne dépasse pas,

Les Associations agricoles.   23

au moment de la construction, le chiffre fixé, pour chaque commune, tous les cinq ans, par une commission siégeant au chef-lieu du département et composée d'un juge au tribunal civil, d'un conseiller général et d'un agent des contributions directes, désignés par le préfet. Les maires seront admis à présenter verbalement ou par écrit leurs observations sur la fixation de cette valeur locative, dans leurs communes respectives.

Art. 9. — Sont affranchies de la contribution foncière et de la contribution des portes et fenêtres, les maisons individuelles ou collectives destinées à être louées ou vendues et celles construites par les intéressés eux-mêmes, pourvu qu'elles remplissent les conditions prévues à l'article 5.

Art. 12. — Les mêmes sociétés sont dispensées de toute patente et de l'impôt sur le revenu, attribué aux actions, parts d'intérêts et obligations.

BIBLIOGRAPHIE

1. Comte de Rocquigny. — *Les Syndicats agricoles.*
2. L. Mabilleau. — *La Prévoyance sociale en Italie.*
3. P. de Rousiers. — *Le Trade-unionisme en Angleterre.*
4. Aynard. — *Le Crédit agricole.*
5. De Barral. — *Enquête sur le Crédit agricole.*
6. Bernard. — *Le Crédit Agricole et les syndicats.*
7. Douilhet. — *Le Crédit agricole en France et à l'étranger.*
8. Beyne. — *Manuel de l'emprunteur sur warrants.*
9. Bizemont. — *Monographie d'une caisse rurale.*
10. La Loge. — *Aperçu sommaire sur le Crédit agricole.*
11. *Rapport de M. Tardy au Congrès de Périgueux* (1905).
12. Compte rendu du Congrès agricole de Lyon.
13. E. Fournière. — *L'Unité coopérative.*
14. Souchon. — *Organisation coopérative de la vente du blé.* (*Revue politique et parlementaire*, 10 juillet 1901, p. 63).
15. A. Dubois. — *Manuel de la vente coopérative des grains.*
16. *L'Organisation collective de la vente des céréales en France* (rapport au IV⁰ Congrès des Syndicats agricoles, Arras, 1904).
17. *L'Organisation de la vente du blé* (rapport au V⁰ Congrès national des Syndicats agricoles, Périgueux, 1905).
18. Bouillon. — *La Vente coopérative des céréales.*
19. Sabatier. — *Sociétés coopératives de production agricole.*
20. *Congrès de la vente du blé.* Versailles, 1900.
21. Correspondance du Comité permanent de la vente du

blé et de la coopération agricole. Collection de 1901 à 1908.

22. Tiéfaine. — *Les Laiteries coopératives.*

23. G. Lorette. — *Les Laiteries coopératives.*

24. E. Jamet. — *Les Sociétés coopératives de vente.*

25. *Annales du Commerce extérieur.*

26. Comte de Rocquigny. — *La Coopération de production dans l'agriculture.*

27. R. Duguay. — *La Question des assurances agricoles.*

28. H. Boiret. — *L'Assurance contre la mortalité du bétail.*

29. Bouzin. — *Les Soc. Mut. d'Ass. contre la mortalité du bétail.*

30. Comte de Rocquigny. — *L'Assurance du bétail.*

31. Marquis de Marcillac. — *L'Assurance mutuelle du bétail.*

32. *Organisation de l'Assurance agricole mutuelle contre l'Incendie.* Rapport de la Commission départementale d'études de la Haute-Marne, 1905.

33. Sagot. — *Assurances-accidents dans les travaux agricoles.* IVe Congrès des Syndicats agricoles, Arras, 1904.

34. A. des Essarts. — *L'Assurance mutuelle agricole contre l'incendie.* — Union des Syndicats du Sud-Est, Lyon, 1902.

35. Pelud et A. des Essarts. — *L'Assurance agricole mutuelle contre l'incendie.*

36. Taillandier. — *Les Assurances agricoles en France.*

37. Desplanques. — *La Mutualité dans l'assurance agricole.*

38. Comte de Rocquigny. — *L'Avenir des Assurances mutuelles agricoles.*

39. Abbé Gruel. — *La Réforme agricole.*

40. Comte de Calonne. — *L'Enseignement pratique de l'agriculture dans l'école rurale.* Revue des Deux Mondes, 15 août 1897.

41. Journal officiel, 20 juin au 21 nov. 1897.

42. Louis Rivière. — *La Terre et l'atelier. Jardins ouvriers.*

43. P. Deschanel. — *Discours sur le Socialisme agraire.* (Chambre des Députés. Séance du 10 juillet 1897.)

44. R. Jamet. — *Les Retraites ouvrières dans l'Agriculture.*

45. Gailhard-Bancel. *Id.*

46. J. Méline. — *Le Retour à la terre.*

47. Alex. Klein. — *Les Théories agraires du collectivisme.*

48. Escarra. — *Nationalisation du sol.*

49. Gide. — *La Coopération.*

50. Veber. — *Le Socialisme agraire,* Revue socialiste, 1894.

51. Hubert Walleroux. — *Le Socialisme.*

52. P. Louis. — *Histoire du Socialisme français.*

53. Souchon. — *La Propriété paysanne.*

54. A. Guillon. — *Retraites ouvrières et paysannes.*

55. Hébrard de Villeneuve. — *Mutualité et retr. ouvrières.*

TABLE DES MATIÈRES

Poitiers. — Imp. Blais et Roy, 7, rue Victor-Hugo.